U0182008

数字免疫分析

盖宏伟 张清泉 等 著

科学出版社

北京

内 容 简 介

　　本书是一部关于数字免疫分析的专著，也是国际上首部系统介绍数字免疫分析技术的专著。全书共分6章，第1章介绍免疫分析的基本概念和主要分类，第2章介绍数字免疫分析的概念、原理和发展现状，第3章介绍数字免疫分析的关键技术——离散方法，第4章和第5章分别介绍非均相数字免疫分析和均相数字免疫分析的实现方案和技术原理，第6章介绍数字免疫分析在肿瘤标志物、神经退行性疾病、病毒检测等领域的主要应用。全书以作者实验室十余年在单分子检测和数字免疫分析领域的积累为基础，兼收国内外其他实验室的工作，对数字免疫分析做了较为详尽的介绍。

　　本书取材前沿，内容丰富，广深兼顾，可供生命科学、医学、化学测量学等领域的科学研究人员、高等院校教师、体外诊断行业的研发与管理人员阅读，也适合作为相关专业研究生的参考教材。

图书在版编目（CIP）数据

数字免疫分析/盖宏伟等著. —北京：科学出版社，2023.8
ISBN 978-7-03-076032-6

Ⅰ. ①数⋯　Ⅱ. ①盖⋯　Ⅲ. ①免疫学-生物分析　Ⅳ. ①Q939.91

中国国家版本馆 CIP 数据核字（2023）第 134827 号

责任编辑：杨　震　刘　冉/责任校对：杨　赛
责任印制：肖　兴/封面设计：盖悦涵

科　学　出　版　社　出版
北京东黄城根北街 16 号
邮政编码：100717
http://www.sciencep.com
河北鑫玉鸿程印刷有限公司　印刷
科学出版社发行　各地新华书店经销
*

2023 年 8 月第 一 版　　开本：720×1000　1/16
2023 年 8 月第一次印刷　　印张：16 1/4
字数：330 000

定价：150.00 元
（如有印装质量问题，我社负责调换）

前　　言

　　病毒感染、恶性肿瘤、心血管疾病、神经退行性疾病等重大疾病严重危害人类健康和生命质量，也给社会经济带来沉重负担。早期筛查、早期诊断是抵御重大疾病、提高患者存活率和生命质量的重要途径。为了实现重大疾病的早期筛查和早期诊断，首先要解决检测方法灵敏度低的问题。疾病早期阶段，血液中抗原浓度在 fM(fmol/L)级别甚至更低，而常规免疫分析仅能检测到血液中 nM～pM 浓度的抗原分子。其次要推广和普及个体化诊疗。现有的诊断标准将群体统计平均值设为阈值，超出阈值为阳性，低于阈值为阴性。然而，以群体的均值作为个体早期筛查和早期诊断的阈值并不恰当，个体标志物的表达差异较大，标志物表达低的人，即使表达量上升了 1000 倍，已处于疾病状态，但标志物浓度还是处在"正常"范围内，错失早诊、早筛的机会。

　　数字免疫分析(digital immunoassay)技术是一种以计量免疫复合体分子个数为定量方式的免疫分析技术。当检测、统计对象为单个分子时，也称为单分子计数免疫分析。数字免疫分析方法因超高灵敏检测能力有望协助解决上述问题，发现重大疾病极早期阶段标志物表达的异常，探知到现有方法无法探知的"正常"范围以下的变化情况。便携式、自动化的数学免疫分析仪器有助于追踪个体的生物标志物含量随时间变化情况，构建标志物含量与疾病演进的关联性，判断个体发生疾病的可能性，从而改变人们应对重大疾病的方式，从疾病发生后的被动响应转变为发病前的主动预防。可以看到并预见到，数字免疫分析技术无论是在发现自然现象与规律的基础研究中，抑或筛选与验证生物标志物的应用研究中，以及面向重大疾病的临床诊断与监测研究中，正在发挥着、也必将发挥出不可替代的重要作用。

　　数字免疫分析被认为是下一代免疫分析技术，是近些年体外诊断(IVD)行业的投资热点。国际上先行进入数字免疫分析领域的公司获得了大量资本投入，受到了 IVD 行业的认同，形成了仪器市场上的垄断。研发我国自主知识产权的数字免疫分析仪必须另辟蹊径，走与现有仪器相同的技术路线无法突破其商业技术壁垒，难以达到与其竞争的水平。

　　本书以江苏师范大学盖宏伟教授课题组十余年来在单分子检测和数字免疫分析领域的研究积累为基础，系统总结了数字免疫分析的基本原理、关键技术、主要类型和最新应用进展，分析了数字免疫分析技术以及相关仪器产业化的研究现状、发展趋势和面临问题，提出了课题组对这一技术的见解。

本书由盖宏伟构思框架，把握全局，撰写了第 1 章、第 2 章、第 5 章和第 6 章，张清泉撰写了第 3 章和第 4 章，刘晓君参与了第 5 章的撰写，宗成华参与了第 2 章的撰写，深圳市博瑞生物科技有限公司的於林芬博士和阳巍工程师参与了第 3 章中微液滴离散方法的撰写，课题组部分研究生参与了成稿工作，包括第 6 章的资料收集、初稿撰写以及全书的文献汇编。她们是：苏玉婷、韩月、柴文文、徐子涵、胡佳佳、王亚芳、黄超楠、荣叶、杨晓晓、王雅梦。感谢国家自然科学基金委员会、江苏省科技厅、江苏省教育厅和江苏师范大学对作者团队研究工作的支持。感谢曾经在课题组学习过的研究生们，包括作者在湖南大学工作期间的研究生，他们的贡献是本书得以出版不可或缺的基础。还要感谢中国科学院大连化学物理研究所林炳承教授，他也是本书作者的博士研究生指导教师，无论是作者求学时还是独立工作后，他为我们提供了无私的帮助，本书的最终出版也离不开林老师的支持。

作　者
2023 年 3 月

致　谢

国家自然科学基金(22174056，20705007，21075033，21575053，21775057，21405064，21505058，21804060)

江苏省科技厅自然科学基金(BK20140233，BK20150228)

江苏省教育厅高校优秀科技创新团队项目、高校自然科学重大基础研究项目、高校"青蓝工程"中青年学术带头人项目

江苏省"六大人才高峰"高层次人才和"333 高层次人才培养工程"

深圳市博瑞生物科技有限公司

中国科学院大连化学物理研究所：
林炳承教授

江苏大学：
张业旺教授

湖南大学研究生：
李群、李难、陈华平、韩瑞、石星波、卜晓兵、孙利春、刘新亮、丁海霞

江苏师范大学研究生：

涂洋、李敏敏、董苏利、许梦、王敏、王舒展、黄聪慧、李翰林、雷甜、李波、孙觅觅、张雪冰、张玉苏、王静、田文韬、陈佳瞿、武张健、孙园园、吕适、李佳佳、金潇婷、葛梦怡、丁红伟、郑维维、王震、林欣怡、钟紫茵、苏玉婷、韩月、柴文文、徐子涵、胡佳佳、王亚芳、黄超楠、荣叶、杨晓晓、王雅梦

目　　录

第1章 免疫分析

1.1 免疫概要

人体每天都会遇到大量外来毒性物质，它们会通过皮肤、消化系统、呼吸系统侵入人体。大多数入侵并没有对人体造成严重损害，这归功于人体的免疫系统。免疫系统的主要功能就是防止、防御外来物质对人体的伤害。免疫是指机体对自身物质和非己物质的识别，以及对非己物质的反应应答，在应答的过程中产生特异性抗体、特异性激活淋巴细胞。免疫反应（免疫应答）即免疫系统对非己物质刺激产生的一系列复杂过程。免疫的相关知识在免疫学专业书籍中有详尽的介绍[1-3]，为方便阅读后面的章节，本章概述免疫及免疫分析。

1.1.1 抗原

能够刺激机体免疫系统产生免疫反应，与免疫反应产物发生特异性结合的物质，即为抗原（antigen）。自然界的许多物质都可以成为抗原，但并非所有外源物质都能成为抗原。抗原具有两种重要属性，免疫原性（immunogenicity）和免疫反应性（immunoreactivity）。同时具有免疫原性和免疫反应性的抗原称为完全抗原。仅有免疫反应性而无免疫原性的抗原称为半抗原（hapten）或不完全抗原。

免疫原性是抗原刺激免疫系统产生抗体或特异淋巴细胞的能力，是抗原的最重要性质。抗原能显示免疫原性的前提是抗原对机体具有异物性，也就是说对免疫系统而言抗原是非己物质。所谓异物性是机体胚系基因编码产物之外的所有物质，以及免疫细胞在发育中未曾接触过的物质。正常情况下，机体免疫系统不会对自身正常物质产生免疫应答，但当免疫系统异常或机体受到伤害刺激时，免疫系统将自身物质当作异物识别，诱发自身免疫应答。抗原能显示免疫原性还要求抗原具有一定的理化性质、化学组成和结构。分子量越大，结构越复杂，化学性质越稳定，免疫原性越强。抗原大多数是蛋白质，通常分子量都较大，一般在 10 kDa 以上。

免疫反应性是指抗原与其刺激机体产生的免疫效应物（抗体或特异性淋巴细胞）特异性结合的能力。抗原和抗体的结合是免疫反应性的典型表现形式，它们的结合表现出高度的专一性，即抗原仅能与其诱导产生的抗体发生反应。抗原的特异性是由抗原决定簇或表位(epitope)决定的。抗原决定簇指抗原表面决定抗原特异性的化学基团及其空间结构，一个多肽表位由 5～15 个氨基酸残基组成，一个多糖表位由 5～7 个单糖组成，一个核酸半抗原表位由 6～8 个核苷酸残基组成。抗原与抗体结合的表位总数称为抗原结合价。有的半抗原只有一个表位，只能与一个抗体结合，为单价抗原；天然抗原分子表面常有多个相同或不同的表位，属于多价抗原。不同抗原之间可能含有相同的抗原表位，这种表位称为共同抗原表位。抗体除了与其相应抗原发生特异性结合之外，还可与含有共同抗原表位的其他抗原发生反应，称为交叉反应。特异性是免疫分析的基础，交叉反应影响免疫分析的准确性。

1.1.2 抗体

B 淋巴细胞经抗原激活后，增殖、分化为浆细胞。抗体(antibody)是浆细胞分泌的一类免疫球蛋白(immunoglobulin，Ig)。所有的抗体均是免疫球蛋白，但并非所有的免疫球蛋白都是抗体。有些 Ig 仅是化学结构与抗体相似，但没有抗体活性。活性抗体能与相应抗原特异性结合。抗体在血清和组织液中，与抗原结合形成免疫复合体，通过中和、凝集、沉淀、补体激活和固定等机制阻断抗原破坏细胞的路径，灭活抗原。

Ig 单体分子是由 2 条相同的重链(heavy chain，H；450～550 个氨基酸组成，分子量为 50～70 kDa)和 2 条相同的轻链(light chain，L；由 220 个氨基酸组成，分子量为 25 kDa)通过二硫键连接而成的四肽链，呈 "Y" 形结构(图 1-1)。肽链 N 端由 100 多个氨基酸组成，序列变化较大，称为可变区(variable region，V 区)，是抗原结合部位。重链和轻链可变区分别以 V_H 和 V_L 表示。在 V_H 和 V_L 结构域中，各有 3 个氨基酸的组成排列变化频率极高的区域，称为高变区(HVR)，这是 Ig 与抗原表位形成空间匹配的关键部位，也称为互补决定区(CDR)。V 区以外的氨基酸组成和序列相对恒定称为恒定区(constant region，C 区)。重链恒定区可以分为 3～4 个结构域，分别用 C_{H1}、C_{H2}、C_{H3} 等表示。轻链恒定区只有一个结构域。C_{H1} 和 C_{H2} 之间的区域称为铰链区，富含脯氨酸，易于发生形变，改变 Ig 构型，便于 Ig 暴露结合位点，适应与抗原分子不同距离的结合。两个重链的铰链区由二硫键相连。Fab 部分为抗原结合片段。

抗体在临床诊断、免疫分析、疾病治疗中发挥着重要的作用。抗体质量的好坏直接影响免疫分析的效果。人工制备抗体是获得大量抗体的主要途径。按照制备方法，抗体可分为多克隆抗体、单克隆抗体、基因工程抗体。

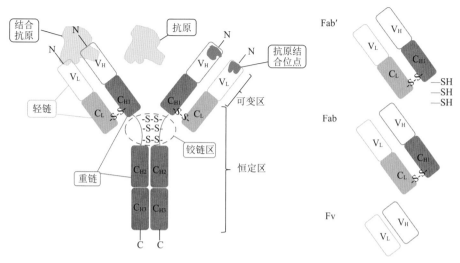

图 1-1　免疫球蛋白单体结构示意图

1. 多克隆抗体（polyclonal antibody）

将抗原注入动物体内，体内多个 B 细胞被激活，产生的抗体进入血液。因为注入的抗原由多种抗原成分组成，含有多种表位。即使是纯蛋白抗原分子也含有多个抗原表位。机体针对多表位抗原免疫产生的抗体是混合抗体，具有高度异质性，称为多克隆抗体。同一个抗原表位，由不同 B 淋巴细胞产生的不同质抗体，也是多克隆抗体。含有多克隆抗体的免疫动物血清、恢复期患者或免疫接种人群血清，称为免疫血清或抗血清。

2. 单克隆抗体（monoclonal antibody）

单克隆抗体是由一个 B 淋巴细胞分化、增生的浆细胞产生的针对单一抗原表位的抗体。单克隆抗体的特异性、亲和力、生物学性状及分子结构均完全相同。由于浆细胞寿命短，难以培养，Köhler 和 Milstein 在 1975 年将小鼠 B 细胞与骨髓瘤细胞融合，形成 B 细胞杂交瘤，既有骨髓瘤细胞的无限增殖特性，又具有 B 细胞分泌特异性抗体的能力。B 细胞杂交瘤产生的抗体为单克隆抗体。单克隆抗体技术极大地推动了免疫学的发展，于 1984 年获得诺贝尔生理学或医学奖。

3. 基因工程抗体

目前单克隆抗体多为鼠源性，用于人体可能会导致不良反应。借助基因工程技术，在基因水平对 Ig 分子突变、切合、拼接、修饰，能够制备出部分或完全人源化的新型抗体分子，如人-鼠双嵌合抗体、双特异性抗体、人源化抗体等。基因工程抗体既保持了单克隆抗体均一性高、特异性强的优点，又克服了鼠源性的弊端，应用范围更加广泛。全人源抗体是抗体药物的发展方向。

1.1.3 抗原-抗体的结合反应

抗原-抗体的结合是一种特异性的可逆化学反应，是免疫分析的基础。反应过程用质量作用定律描述：

$$[Ag] + [Ab] \underset{k_d}{\overset{k_a}{\rightleftharpoons}} [Ag\text{-}Ab] \tag{1-1}$$

式中，[Ag]为抗原浓度；[Ab]为抗体浓度；[Ag-Ab]为抗原-抗体复合物浓度；k_a为结合速率常数，L/(mol·s)，也作k_{on}；k_d为解离速率常数，s^{-1}，也作k_{off}。常见生物体系中，k_a约在$10^3 \sim 10^7$ L/(mol·s)，k_d约在$10^{-6} \sim 10^{-1}$ s^{-1}。速率常数可以使用表面等离子体共振(SPR)测量。

当反应达到平衡时：

$$k_a[Ag][Ab] = k_d[Ag\text{-}Ab] \tag{1-2}$$

$$K_{eq} = \frac{k_a}{k_d} = \frac{[Ag\text{-}Ab]}{[Ag][Ab]} \tag{1-3}$$

式中，K_{eq}为平衡常数，即结合常数或亲和常数(K_a)，L/mol；其倒数为解离常数K_d，mol/L。结合常数和解离常数均可以用来表征亲和力大小，结合常数越大或解离常数越小，亲和力越强，表示抗原-抗体结合的牢固程度越高。多数抗体的解离常数在$10^{-9} \sim 10^{-6}$ mol/L。解离常数为10^{-9} mol/L的抗体可以视为高亲和抗体，解离常数为10^{-12} mol/L的抗体是超高亲和抗体。亲和力高的抗体用于临床检测时，反应快、用量少、灵敏度高。亲和常数和解离常数可以通过测量速率常数进行计算，也可以通过毛细管电泳、免疫分析等技术测定。

1.2 免疫分析概要

免疫分析法(immunoassay)是一种化学测量方法，利用抗原与抗体之间的特异性反应捕获研究体系中的待测分子，进而使用试剂使捕获到的待测分子产生信号进行定量分析。待测分子可以是抗原，也可以是抗体。由于研究体系中的其他干扰物一般不会发生免疫识别，免疫分析具有特异性高、灵敏度高的优点，在医学检测、生物制药、环境化学等领域广泛应用。

免疫分析最早由美国科学家 Berson 和 Yalow 在 1959 年建立[4]。为了检测血液中胰岛素含量，他们在胰岛素标准品上标记放射碘(^{131}I)，将标记标准品连同胰岛素抗体加入到样品中。标记 ^{131}I 的胰岛素与未标记的待测胰岛素竞争结合抗体。

孵育完成后，用纸色谱分离结合抗体和未结合抗体的胰岛素，分别测量这两部分的放射性，根据放射强度实现胰岛素的定量。1977 年 Yalow 因此获得诺贝尔生理学或医学奖。1968 年 Miles 和 Hales 将放射元素标记在抗体而不是标记在抗原上实现单位点免疫分析[5]。1971 年，瑞典科学家 Perlmann 发表了第一篇酶联免疫吸附法(ELISA)的论文，用碱性磷酸酶而不是放射元素作为报告探针检测了 IgG[6]。同一年，荷兰科学家 Schuurs 利用过氧化氢酶作为报告标签检测了尿液中绒毛膜促性腺激素含量，发明了酶免疫分析(EIA)技术[7]。这两篇文章是酶标记免疫分析的发端。1973 年，Belanger 第一次报道了夹心免疫分析法用于甲胎蛋白检测[8]。此后，夹心结构的分析形式被广泛采用。1975 年，Köhler 和 Milstein 创立的杂交瘤技术可以大规模生产单克隆抗体，促进了免疫分析的快速发展[9]。他们也因此获得 1984 年诺贝尔生理学或医学奖。1976 年，化学发光第一次用于免疫分析标记[10]。化学发光也是商业化程度最高的免疫分析法，在医院检验科使用得最多。这些免疫分析的基础形态和必要条件具备后，免疫分析迅猛发展，在临床检测上广泛应用。近些年，免疫分析除了应用到不同的场景之外，免疫技术本身向着高灵敏和多组分分析发展。1992 年 Sano 等将 PCR 技术引入免疫分析，以一段可扩增的 DNA 标记抗体，以 PCR 扩增 DNA 进行信号放大，实现血清中 10^{-18} mol 的检测[11]。2010 年美国 Quanterix 公司开发了单分子 ELISA 技术，实现了亚飞摩尔浓度的蛋白抗原检测，开启了数字免疫分析(digital immunoassay)的研究[12]。了解更详尽的免疫分析发展历史可以阅读相关文献[13-15]。

1.3　免疫分析的类型

免疫分析经过 60 多年的发展，分析模式多种多样，分析类型层出不穷，而且仍有新的信号放大、信号检测策略不断产生。免疫分析的分类角度各不相同，按照是否需要分离步骤分为均相(homogeneous)免疫分析和非均相(heterogeneous)免疫分析；按照待测目标分子种类和数量分为单组分分析和多组分(multiplex)分析；按照是否标记报告分子分为标记免疫和非标记免疫；标记免疫又可以按照标记分子类型分为放射免疫、荧光免疫、酶免疫、化学发光免疫、电化学免疫、比色免疫、拉曼免疫、等离子体共振免疫、脂质体放大免疫等等；按照标记位置不同又可以分为标记在抗原上和标记在抗体上，标记在抗原上为竞争型免疫，标记在抗体上称为抗体免疫(immunometric)；按照形成免疫复合体的构型可分为单位点免疫和双位点免疫，双位点又称为夹心(sandwich)免疫分析；按照检测平台的不同可分为毛细管电泳免疫、微流控芯片免疫、侧向流免疫、流动注射免疫、质谱免疫等；按照信号处理方式可以分为宏观免疫分析和单分子免疫分析或数字免疫分析。上述分类之间又可以交叉重叠,互相借鉴,彼此融合。比如基于微流控芯片的多组分均相拉曼免疫分析,量子点标记的多组分均相数字免疫分析等。下面介绍一些重要而常用的免疫分析类型。

1.3.1 非标记免疫和标记免疫

非标记免疫分析属于传统免疫分析技术,利用抗原-抗体结合后物理化学性质的变化进行抗原或抗体测定的方法,主要包括沉淀反应、凝集反应、免疫扩散、免疫浊度等。这一类分析方法相对简单,是免疫分析早期建立起来的方法,其中有些方法现在还在临床上使用。但是这些方法共同的问题就是灵敏度低,不适于定量检测。因此,开发了标记免疫分析技术。将能够产生放射性、光、电等各种可检测信号的物质连接到抗原或抗体上,称为标记。信号物又称标记物、标签分子、示踪分子。连接了标记物的抗体或抗原称为探针。根据探针的信号强度对抗原抗体进行定量。标记免疫技术大幅度提高了检测灵敏度和检测动态范围,丰富了免疫分析的方法和适用场景。

标记免疫是现在免疫分析的最常用技术,标记物可以连接在抗原上,也可以连接在抗体上,在抗原上标记的免疫方法属于竞争型免疫分析,用于检测抗原。标记在抗体上的免疫分析最为常见,免疫复合体以双位点夹心结构为主,用于检测抗原。标记在抗体上的方法也可以设计成单位点的竞争型免疫,既可用于检测抗原,也可以用来检测抗体。它们的逻辑关系如表 1-1 所示。

表 1-1　常用标记免疫分析分类表

标记位置	检测对象	免疫分析类型	结合位点
抗原	抗原(图 1-2)	竞争免疫	单
抗体	抗体(图 1-3) 抗原(图 1-4)		
	抗原(图 1-5)	夹心免疫	双

1. 竞争型免疫分析

1)标记抗原检测抗原

在抗原标记的竞争型免疫分析中,需要预先制备标记了的抗原,标记抗原与样品中待测抗原种类一致。典型的分析过程如图 1-2 所示。将一定量的抗体连接在固定相上,加入标记抗原和样品中未标记抗原,两种抗原均能与抗体结合,相互竞争。反应一段时间后,分离去除未结合的抗原,检测固定相上标记抗原信号强度。信号越强说明抗体上的结合位点被标记抗原占据得越多,则样品中未标记抗原越少。反之，信号越弱，样品中抗原浓度越高。通过预先建立的标准曲线定量未知样品浓度。从占位理论来说，竞争型免疫分析没有直接检测待测物，检测的是未被待测物分子占据的空位，属于间接检测。竞争型免疫分析只需要一种抗体，适用于检测低分子量的小分子，比如药物、激素等。在竞争型免疫分析中，需要精确知道固定的抗体量和标记的抗原量。它们的用量都需要优化，不能过剩。可以想象，如果固定的抗体过剩，无论标记还是未标记抗原均被全部结合，不能产生信号差异。如果标记抗原过量，将在竞争中占绝对优势，未标记抗原也不能产生显著信号差异。因此，竞争型免疫分析也被称为试剂限量(reagent limited)分析。标记在抗原上的检测方法有一些固有的缺点。灵敏度主要受抗原-抗体结合常数限制，结合常数低的分析物不利于检测；在小分子抗原上标记容易影响抗体识别。

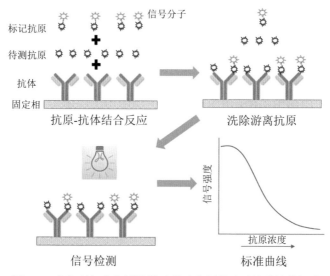

图 1-2　竞争型免疫分析检测过程示意图(标记抗原检测抗原)

2)标记抗体检测抗体

与标记抗原检测抗原流程类似，只是抗原抗体角色互换，抗体标记，抗原固定。标记的抗体与样品中待测抗体竞争结合固定的抗原。信号强则标记抗体占位多，待测抗体占位少，待测样品中抗体浓度小；信号弱则标记抗体占位少，待测抗体占位多，样品中待测抗体浓度高。如图 1-3 所示。

3)标记抗体检测抗原

抗原固定，加入标记了的抗体与待测抗原。固定相上的抗原与加入的待测抗原竞争结合标记抗体。反应后，洗除游离的抗体。检测固定相上抗体信号强度。加入的待测抗原浓度越低，更多的抗体结合到固定相上，信号越强。待测抗原浓度越高，结合到固定相上的抗体越少，信号越弱。如图 1-4 所示。

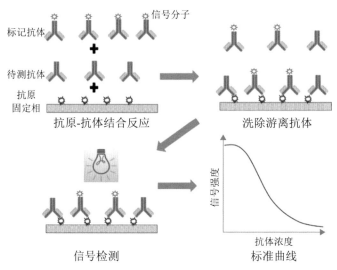

图 1-3　竞争型免疫分析检测过程示意图(标记抗体检测抗体)

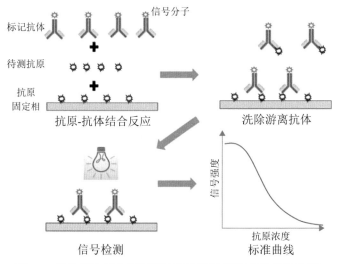

图 1-4　竞争型免疫分析检测过程示意图(标记抗体检测抗原)

2. 抗体免疫分析(immunometric)

抗体免疫分析是指标记抗体的免疫分析类型。用于检测抗原时,以双抗体夹心结构为主。用于检测抗体时,采用竞争法(图 1-4)或第二抗体检测法(图 1-7)。

1)夹心结构检测抗原

夹心结构或称三明治结构也被称为非竞争免疫,需要捕获抗体和检测抗体两种抗体。捕获抗体固定在表面(也可以不固定,图 1-5 以固定为例加以说明),用于特异性捕捉样品中的抗原分子。检测抗体上标记信号分子。检测抗体与抗原分子上另一个表位结合。捕获抗体、抗原、检测抗体构成形如三明治的夹心结构免疫复合体。捕获抗体和检测抗体均充分过量以保证最大可能地捕获抗原,因此也称为试剂过量法(reagent excess)。抗原-抗体结合反应完成后,分离去除游离的检测抗体。检测抗体的信号强度用来定量。抗原浓度越大,则形成的免疫复合体越多,信号越强。根据预先建立检测抗体信号强度与抗原浓度关系的标准曲线定量未知样品浓度。从图 1-5 中的信号与浓度曲线可以看到,最初信号强度随着浓度的增大而线性增大,这一部分是用来定量的校正曲线。随着待测抗原浓度增高,固定相的抗体位点全部被占满,再增加抗原浓度信号强度不会进一步增大,这是饱和阶段。如果继续增大抗原浓度,会产生信号下降的情况,叫作高剂量引起的Hook 效应。这是因为,过量的抗原没有结合到捕获抗体上,而是与检测抗体结合,导致标记的检测抗体无法在固相上形成免疫复合体,而被清洗去除掉了,造成固相上信号强度下降。与竞争型免疫相比,夹心结构免疫分析特异性和检测灵敏度更高。夹心结构检测抗原是目前免疫分析中最为经典而常用的方法,也是数字免疫分析的主要类型。

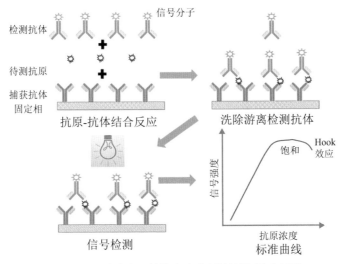

图 1-5 三明治夹心结构免疫分析检测抗原示意图

在夹心结构免疫分析中有一类新型模式,称为开放式夹心免疫(open-sandwich),它不是利用两个完整的抗体形成夹心结构,而是利用抗体的轻链可变区(V_L)和重链可变区(V_H)与抗原共同形成夹心结构(图 1-6)。标准夹心免疫适合检测具有多个抗原表位的蛋白分子,不适合检测只有一个表位的小分子。开放式免疫不受表位数量制约,可以检测到分子量 1000 以下的物质,比如污染物、激素等[16]。

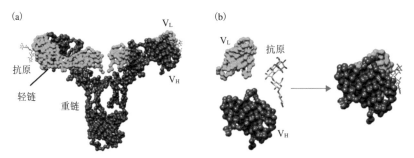

图 1-6　开放式夹心免疫示意图

(a)抗体结构；(b)开放式夹心免疫

参照文献[16]重新绘制

2)标记第二抗体检测抗体(间接免疫)

如图 1-7 所示,将抗原固定在固相表面,加入待测抗体样品,待测抗体与抗原结合。正如前文所述,抗体也可以作为抗原,也有与之特异结合的抗体。能与抗体或抗原-抗体复合物特异结合的抗体称为第二抗体或抗抗体(简称二抗)。用信号分子标记二抗,把充分过量的二抗加入反应体系。孵育后分离去除没有结合的游离二抗,检测固相上二抗的信号强度。检测到的信号强度越大,说明样品中待测抗体含量越高。

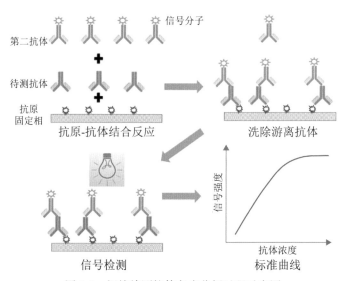

图 1-7　间接检测抗体免疫分析过程示意图

比较而言,夹心结构的免疫形式比竞争免疫灵敏度更高。一方面是因为使用双抗体(或 V_H 与 V_L)提高了检测特异性;另一方面是因为夹心结构免疫中,信号强度随着待测分子浓度的增高而增大,低浓度时背景低,容易检测。而竞争免疫在低浓度时，信号强度高，记录高强度信号之间的差异更困难一些。

1.3.2　非均相免疫分析

非均相免疫分析的一般过程是将捕获抗体连接在固定相(微孔板或微球)表面，结合上抗原后再加入检测抗体，然后对捕获抗体-抗原-检测抗体的免疫复合物进行光、电、磁等信号的标记，最后完成信号检测及定量分析。在这个过程中需要多次洗脱分离去除游离的抗体、探针等物质，因此称为非均相。酶联免疫吸附分析(ELISA)是最为典型的非均相免疫分析，其过程如图1-8所示。

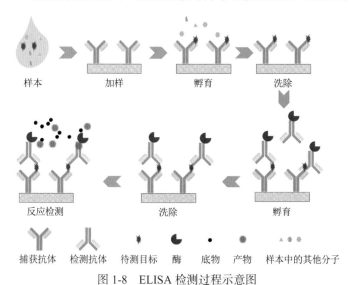

图1-8　ELISA检测过程示意图

将捕获抗体与固相表面相连接是免疫分析的起点。固定化抗体的密度、取向和牢固程度对后续的免疫分析起到决定性作用。与抗体连接的固相载体表面必须具有活性基团，必须具有良好的生物相容性和稳定性，减少抗体固定的生物活性损失。常用固相载体包括聚二甲基硅氧烷(PDMS)、玻璃、聚苯乙烯(PS)、硝酸纤维素膜、聚偏氟乙烯(PVDF)等。固态材料不同，其表面的化学物理性质差异较大，与抗体的结合能力和结合方式均不相同，各有优势和不足，应依据分析对象和分析场景选择合适的固相载体。依据抗体Fab的取向，固定技术可分为随机偶联和定向偶联。

1. 抗体随机偶联技术

随机偶联是指抗体在固相表面结合时呈现无规则的空间取向，Fab端随机分布，并不总是远离固相表面。Fab端的无规则取向可能引起蛋白质构象的变化，增加空间位阻，损害抗体的免疫活性，降低抗原捕获效率。尽管随机偶联存在活性损失问题，但是其方法多样，技术相对成熟，可满足不同分析场景需求，是目前应用最广泛的抗体固定手段。依据结合作用差异，随机偶联可进一步细分为物理吸附法、共价偶联法和亲和偶联法。

1) 物理吸附法

物理吸附是利用抗体与固相介质之间的离子键、疏水作用、静电力及范德瓦耳斯力等非共价作用，将抗体偶联至固相表面的方法，具有操作简单、不需要添加偶联试剂、无需对目标抗体进行修饰等特点。固相介质与抗体之间的作用力容易受到离子强度、pH、温度等影响，导致物理吸附的结合力相对较弱，抗体可能会在免疫分析过程中解吸附，影响抗原的捕获效率和免疫分析的重现性。

物理吸附法适用于聚合物表面的抗体偶联，比如 PS、PVDF 膜等。商品化 ELISA 的微孔板属于 PS 物理吸附的典型代表。抗体被碳酸盐缓冲液(pH 9.6)稀释，添加到微孔里孵育，经物理吸附作用固定在微孔底部。微孔板的活性位点有限，抗体偶联效率不高。提高抗体偶联效率可使用聚乙酰亚胺(PEI)处理孔板底部，使 PS 表面带电荷，金纳米颗粒沉积于微孔底部，形成 PEI-GNP 复合涂层。捕获抗体在 PEI-GNP 涂层的微孔内孵育，吸附于涂层表面，在不封闭的情况下，实现 CEA 的免疫分析。PS 溶液旋涂在硅片表面，形成薄膜，可提高表面粗糙度，增加活性位点数。相比微孔板，PS 薄膜的免疫分析在高浓度抗原范围响应更好，线性范围增大。

溶胶-凝胶法合成的硅氧烷聚合物属于另一种蛋白质物理吸附的载体。Jia 等[17] 以三种有机硅前体水解形成液态杂交聚硅氧烷，其中一种硅前体含有的碳碳双键被保留在溶胶中。当溶胶旋涂于硅片表面后，紫外光照引发在碳碳双键反应，加热除去溶剂，在硅片表面形成透明的硅氧烷聚合物薄膜。该聚合物薄膜具有良好的透光性和中等程度的疏水性，适合蛋白质的吸附。通过蛋白溶液浸泡的方式，三种荧光标记的蛋白质均可以在硅氧烷聚合物薄膜表面形成稳定、致密、均匀的吸附层，吸附效率远远高于裸硅片表面，为生物传感或免疫分析提供了稳定、可靠的界面。

PDMS 是微流控生化分析的常用载体，在疏水性、柔性、透明度、生物相容性等方面性能优异。在微流控技术早期，蛋白分子一般采用物理吸附固定于 PDMS 表面。以接触光刻和反应离子刻蚀制备硅基微结构，氧等离子体亲水处理，与 PDMS 块状基底可逆封接，形成微流控通道。荧光标记的抗原溶液进入微通道，吸附于通道底部的 PDMS 表面，形成抗原条带。封闭后，新的硅基微结构与抗原条带正交封接，荧光标记的抗体分子进入微通道，与抗原反应，形成荧光微阵列。该方法可以方便进行多蛋白、多浓度的免疫分析。

2)共价偶联法

共价偶联是指蛋白分子中的活性基团(比如伯氨基、羧基、巯基等)与固相载体表面修饰的功能基团进行化学反应,生成稳定的共价键。共价偶联的特点是抗体固定的稳定性好、不易脱落、偶联效率高、蛋白密度分布均匀。天然氨基酸中可以发生共价结合的活性基团有伯氨基、羧基、巯基等。

伯氨基是蛋白共价偶联的主要功能基团。蛋白的 C 端以及暴露表面的谷氨酸和天冬氨酸含有羧基,可在碳酰亚胺作用下与伯胺快速定量反应,形成肽键。1-(3-二甲氨基丙基)-3-乙基碳二亚胺[1-(3-dimethylaminopropyl)-3-ethylcarbodiimide,EDC]和 1-环己基-2-吗啉乙基碳二亚胺[1-cyclohexyl-3-(2-(4-morpholinyl)ethyl)carbodiimide,CMC]是常见的氨基和羧基偶联剂,可一步法直接将抗体固定到羧基或氨基固相表面;也可与 N-羟基琥珀酰亚胺(N-hydroxysuccinimide,NHS)联合使用,先活化固相表面的羧基,然后与抗体的氨基形成酰胺键。EDC 与 NHS 的组合使用可以提高活化效率,减少抗体自身的交联。

EDC/NHS 活化羧基表面的原理为:EDC 与固相表面的羧基反应生成不稳定的 O-酰基脲(O-acylurea)中间体。O-酰基脲中间体存在三种反应途径:①与 NHS 反应,生成相对稳定的琥珀酰亚胺酯产物和尿素(图 1-9 步骤 2);②与邻近的羧基反应,在固相表面接枝酸酐(anhydride),释放尿素(图 1-9 步骤 3);③分子内发生酰基迁移重排生成 N-酰基脲(N-acylurea)(图 1-9 步骤 4)。原理上,O-酰基脲中间体可直接与抗体的伯胺反应生成酰胺键,但是反应速率较慢。N-酰基脲不具有反应活性。反应过程中 NHS 的作用在于形成更稳定的琥珀酰亚胺酯产物,与其他的反应路径进行竞争,提高反应速率。酸酐也可与 NHS 进一步反应,生成活化酯和羧酸。在酸浓度较高的情况下,酸酐可以作为琥珀酰亚胺酯的二级形成路径,但表面活化效率不高。

戊二醛是另一种常用偶联剂。玻璃基底戊二醛介导的抗体固定流程一般如下:玻璃基底采用铬酸浸泡过夜,去离子水超声清洗 2 次,每次 10 min,氮气吹干。干净的玻璃基底在 1%(体积分数)氨丙基三乙氧基硅烷(APTES)丙酮溶液浸泡 30 min,丙酮洗涤三次,氮气吹干,形成表面氨基化的玻璃基底。氨基玻璃基底浸入 10%(体积分数)戊二醛溶液,37℃反应 1 小时,去离子水清洗,去除过量戊二醛,氮气吹干,然后与 0.7 mg/mL 抗体溶液(10 mM PBS,pH 7.4)在 4℃反应过夜。PBS 缓冲液清洗去除非特异性结合的抗体,然后 4% 牛血清白蛋白(BSA)溶液孵育 30 min,封闭未反应活性位点,完成抗体在玻璃基底的共价偶联。采用 γ-缩水甘油醚氧丙基三甲氧基硅烷(3-glycidyloxypropyltrimethoxysilane)代替 APTES,可在玻璃基底修饰上环氧功能团。环氧基可进一步与羧基、伯氨基、硫醇、羟基等反应,分别生成酯、仲胺、硫醚和烷基醚。玻璃基底的环氧基可进一步用于抗体的共价固定。

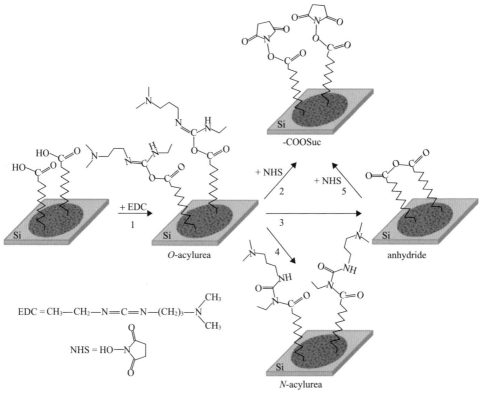

图 1-9 EDC/NHS 活化羧基表面的原理示意图[18]

除此之外，1,4-丁二醇二缩水甘油醚(1,4-butanediol diglycidyl ether)也常用于固相表面羟基转化为环氧基。

3) 亲和偶联法

亲和偶联法主要采用生物素和亲和素体系。生物素的分子量约 244 000，常从卵黄和肝组织中提取。亲和素的分子量约 66 000，是由 4 个相同亚基组成的糖蛋白，主要从链霉菌中提取，又称链霉亲和素。单个亲和素能结合 4 个生物素，二者的解离常数约 $10^{-15}\sim10^{-13}$ moL/L，结合的特异性高、稳定性好，被广泛应用于免疫分析。

Ouerghi 等[19]合成生物素化的吡咯，在洁净的金电极表面电聚合生物素化的吡咯，形成聚吡咯薄膜。薄膜表面暴露的生物素与链霉亲和素结合，将亲和素固定于电极表面。生物素化的抗人 IgG 与亲和素的剩余位点结合，从而被固定于电极表面，实现对目标抗原的检测，检测线性范围可达到 10～80 ng/mL，最低检测限可达 10 pg/mL。

PDMS 的表面基团是硅羟基，反应活性很低，共价偶联效率不高，且 PDMS

疏水性很强，蛋白分子非特异性吸附影响较大。Cheng 团队利用生物素化磷酸乙醇胺和磷脂酰胆碱的混合溶液，在 PDMS 表面自组装磷脂双分子薄膜[20]。该薄膜将蛋白非特异性吸附降低 100～1000 倍，并在表面提供生物素功能团。链霉亲和素溶液在 PDMS 通道内孵育，与磷脂双分子薄膜表面的生物素结合，生物素化的抗体与膜表面的亲和素位点结合，从而被固定于 PDMS 通道表面。该方法用于食源性葡萄球菌 B 型肠毒素的检测，检测限可达 0.5 ng/mL。

2. 抗体定向偶联技术

抗体定向偶联是将抗体的 Fc 片段连接到固相表面，保持抗体的天然构象，Fab 片段则暴露于溶液，相邻的抗体分子之间不存在抗原结合的空间位阻，是一种趋向于免疫活性最佳的蛋白偶联技术(图 1-10)。

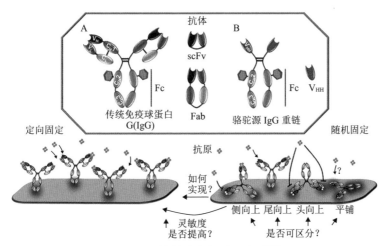

图 1-10　抗体定向偶联示意图[21]

1) 基于糖基化位点的定向固定

糖蛋白一般含有一个或多个寡糖单元，与蛋白氨基酸残基共价偶联，以酶、抗体、激素、受体等多种功能蛋白质的形式存在。寡糖单元在体内与细胞识别、免疫源性、稳定性等功能有关，在体外可作为反应位点定向固定蛋白质。一般采用高碘酸盐氧化寡糖单元的邻二醇产生反应活性的醛基，醛基与固相表面的伯胺或酰肼反应，分别生成席夫碱或稳定的腙键。席夫碱在酸性条件下容易断裂，需采用 $NaBH_4$ 或 $NaBH_3CN$ 将席夫碱还原为仲胺，从而稳定蛋白质。该策略同样适用于生物素-亲和素体系。亲和素是一种典型的糖蛋白，每个亚基均含有一个寡糖单元，可以作为定向固定位点。凝聚素和硼酸衍生物也可用来进行糖蛋白的定向固定。

糖基化位点多位于抗体的 Fc 片段，基于 Fc 端糖基氧化等反应固定抗体时，偶联位点远离抗原决定簇，空间位阻小，可以和较多的抗原结合。但是由于存在抗体氧化步骤，过程较烦琐，且可能对抗体结构造成破坏而导致部分活性损失。

2) 蛋白 A 或蛋白 G 固定

蛋白 A 是一种金黄色葡萄球菌细胞壁蛋白，能够与人或哺乳动物抗体（主要是 IgG）的 Fc 区特异性结合。天然蛋白 A 由 5 个 IgG 结合域和其他未知功能的非 Fc 结合域组成，分子量约 42 kDa。利用基因工程技术可以方便对蛋白 A 进行氨基酸修饰，赋予功能性反应位点。比如蛋白 A 的 C 端表达组氨酸标签，带标签的蛋白 A 可通过聚组氨酸标签定向固定在次氨基三乙酸修饰的固相载体表面。IgG 的 Fc 区与固相表面的蛋白 A 结合。IgG 和蛋白 A 的复合物进一步被二甲基吡咪酯（dimethyl pimelemidate，DMP）交联，增强抗体的稳定性。蛋白 G（Protein G）是从 G 类链球菌（Streptococci）中分离出来的细胞壁蛋白，分子量 25 kDa。相对于蛋白 A，蛋白 G 对于哺乳动物 IgG 亲和作用更强，可用于与蛋白 A 结合弱的哺乳动物单抗和多抗 IgG 固定。重组蛋白 G 一般不与人 IgM，IgD 和 IgA 结合。以兔抗人血清白蛋白与固相表面的醛基偶联为例，直接共价偶联的抗体量是蛋白 A 连接的 3.5 倍，但是蛋白 A 连接的抗原结合能力是共价偶联的 2 倍，表明蛋白 A 法使抗体取向一致，减少了对抗体 Fab 端活性的响应。

3) 半胱氨酸介导的定向固定

现代分子生物学技术可在天然蛋白中引入特异性结合位点，比如定点突变引入特殊氨基酸残基，基因融合引入特定氨基酸序列等。目前，较普遍的方法是在蛋白的恰当位置引入自由半胱氨酸，以半胱氨酸的巯基作为蛋白固定的活性基团。半胱氨酸残基可与固相表面的功能基团（比如碘代乙酰基、二硫键、对氯汞基苯甲酰胺、马来酰亚胺等）反应，从而实现蛋白的定向偶联。半胱氨酸介导的定向偶联既适用于不含天然半胱氨酸的抗体（如小分子基因工程抗体），也适用于某些含有半胱氨酸的抗体。对于含有半胱氨酸的抗体，需确认半胱氨酸是否对抗体活性或稳定性有影响，如无影响，可先将原半胱氨酸位点突变为其他氨基酸，于合适位点引入定向偶联的半胱氨酸。

1.3.3　均相免疫分析

在 ELISA 过程中需要多个孵育步骤完成样品中目标分子的结合、检测抗体的结合和酶反应过程，也需要多个分离步骤去除样品中的干扰分子和过量的检测抗体。待测组分数越多，孵育、结合、洗涤步骤越多，实验条件越复杂，积累误差增加，测量结果难以精准控制。均相免疫分析只需将样品与捕获抗体和标记好信号分子的检测抗体在溶液中混合反应即可，无需分离去除未结合的游离抗体。与非均相免疫分析相比，均相免疫分析更具优势：①抗原-抗体结合发生在溶液中，扩散距离小,孵育时间短,反应完成速度快;不需要洗涤步骤,整体分析时间缩短。②由于没有洗涤步骤,中弱相互作用的结合体系也能用于分析,分析范围更广。③一步混合就能得到测量结果,累积误差少,测量准确性高。另外,结合反应发生在溶液中而不是固体表面,减小了蛋白构象变化引起的变性可能性,也有助于提高测量准确性。④易于检测仪器的自动化及进一步开发床边个体化诊断仪器。⑤有利于加快生物标志物从实验室研究到临床应用的筛选过程。理论上,均相免疫分析灵敏度应高于非均相免疫分析。因为非均相分析中的分离和洗除步骤使结合反应平衡向解离方向移动,不利于结合反应,免疫复合体减少,灵敏度降低。然而,均相免疫分析没有去除探针,背景较高,灵敏度降低。两相抵消,目前的均相免疫分析的平均灵敏度比非均相免疫分析要低 1~2 个数量级。

实现均相免疫分析的关键在于建立免疫复合体与抗体之间的可检测差异。在反应体系中,游离的检测抗体有信号,免疫复合体上也有信号,在没有分离的前提下,如何辨别出二者的差异、检测出免疫复合体,是均相免疫分析的关键。按照信号的差异将均相免疫分析方法分类介绍如下。

1.信号转移类

1)荧光共振能量转移(FRET)

FRET 是指在一定条件下供体荧光物质与受体物质之间的非辐射能量转移过程。受体物质是接受能量的一方,可以是荧光团也可以是石墨烯等纳米材料。所谓的一定条件包括:①供体与受体之间的距离满足能量传递的距离要求,不能过远。在供体和受体都为荧光团时,二者距离一般不大于 10 nm。FRET 效率随着供受体之间的距离增大而减小。②供体的发射光谱与受体的吸收光谱有效重叠。③供体与受体的偶极矩具有一定的相对取向。FRET 的结果可以是受体发光,也可以是供体荧光猝灭。图 1-11(a)示意了 FRET 免疫的基本原理。当供体和受体没有发生免疫反应,未形成免疫复合体时,蓝光照明,只有绿色的供体荧光团被激发,发射绿光,红色受体荧光团不发光。当加入抗原,形成夹心结构的免疫复合体时,蓝光照明,激发供体,受激发的能量非辐射转移给受体,使受体荧光团发红光。受体发光的强度反映了抗原含量的多少,这样就不需要分离也能区分样品中是否含有抗原了。在夹心结构的免疫复合体中,供受体之间的距离限制了 FRET 免疫的检测灵敏度。一般检测灵敏度在 pM 左右。

开放式夹心免疫设计成 FRET 检测模式有一定的优势。V_H 和 V_L 上分别标记供体和受体荧光探针,实现均相免疫分析,由于 V_H 和 V_L 距离远小于完整的两个抗体之间的距离,FRET 信号更强。

图 1-11(b)是另外一种 FRET 模式。以量子点为供体，石墨烯为受体，当二者因抗原形成免疫复合体后，量子点受光激发产生的能量通过非辐射过程转移给石墨烯，量子点荧光强度下降[22]。这种方法的能量转移距离最大可达 22 nm，提高了检测的动态范围。

2)光激活化学发光免疫(luminescent oxygen-channeling immunoassay，LOCI)

LOCI 原理如图 1-11(c)所示。商品名叫 Alpha LISA。供体微球表面涂层光敏剂苯二甲蓝，在 680 nm 激光照射时，光敏剂分解环境中的氧，产生单线态氧。受体微球涂层发光剂二甲噻吩衍生物螯合铕。单线态氧分子激发铕原子在 615 nm 处发光，半衰期为 0.3 s。当供体和受体微球由抗原连接形成夹心复合体后，680 nm 激发的单线态氧分子扩散到受体微球产生 615 nm 发光[23]。单线态氧分子扩散距离为 200 nm，突破了 FRET 的距离局限。

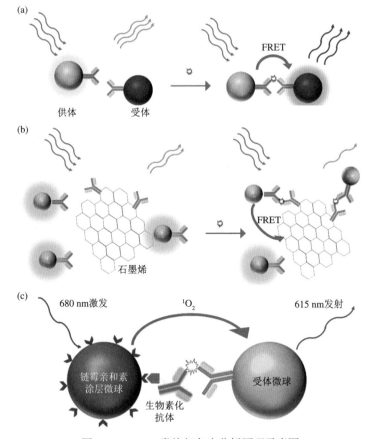

图 1-11　FRET 类均相免疫分析原理示意图

(a)三明治夹心结构 FRET 过程；(b)石墨烯猝灭量子点荧光的免疫分析[22]；(c)LOCI 原理示意图

2. 信号恢复类

1)酶增强免疫技术(enzyme multiplied immunoassay technique,EMIT®)

EMIT 的基本原理为免疫分析中的抗原-抗体结合影响酶活性,也就是酶活性被免疫复合体调制。抗原上连接酶分子,当结合上抗体时由于空间位阻或者构象变化引起酶活性的降低,检测信号降低。加入的待测抗原与标记抗原竞争结合抗体,酶活性恢复,检测信号增强[图 1-12(a)]。EMIT 最初用于药物滥用的监测。利用溶菌酶可以检测尿液中的药物分子,但不适用于血清中。以苹果酸脱氢酶(MDH)、葡萄糖-6-磷酸脱氢酶(G6PDH)代替溶菌酶实现了血清中药物的检测。虽然 EMIT 在检测小分子药物取得了成功,但却难以用于蛋白的检测。因为,抗体与蛋白的结合位点对酶活几乎没有影响。也有零星案例采用 EMIT 的思路检测蛋白,但没有产生较大的影响。

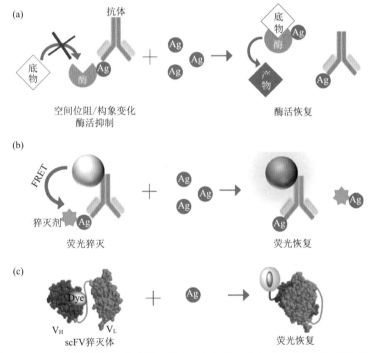

图 1-12 EMIT 检测(a)、荧光猝灭恢复(b)和猝灭体免疫分析(c)原理示意图[26]

2)荧光猝灭恢复

抗原标记荧光猝灭剂为受体,自身不发光。抗体标记荧光发光体为供体,二者结合后,由于荧光共振能量转移,供体荧光猝灭。加入样品时,待测抗原分子与标记抗原分子相互竞争抗体的结合位点,竞争成功的待测分子取代标记的抗原分子,抗体上的猝灭剂被解除,抗体荧光恢复[图 1-12(b)]。荧光强度与样品浓度正相关。Mattoussi 等检测水中的 2,4,6-三硝基甲苯(TNT)就是采用的这种方法。将 TNT 连接猝灭剂，TNT 抗体标记量子点，二者结合后，量子点荧光猝灭。当加入待测样品，TNT 与标记 TNT 竞争结合抗体位点，使量子点荧光恢复，TNT 越高，荧光强度越强[24]。Kokko 等用类似的思路检测了血清中的雌二酮(E2)。E2 连接猝灭剂 QSY21，E2 抗体连接铕螯合物，二者结合铕螯合物荧光被猝灭。当加入样品 E2 后，取代结合到抗体上的 E2-QSY21，消除 FRET，铕螯合物恢复荧光，检测限在缓冲液和血清中分别达到 18 pM 和 64 pM[25]。在这类方法中，需要考虑到供体和猝灭剂之间的匹配，以及猝灭剂标记抗原对抗原抗体结合的影响，一般不具有通用性。2011 年，Ueda 等发现了单链抗体可变区(scFv)中染料的猝灭和荧光恢复现象，构建了猝灭体(quenchbody)型的免疫传感方法[26]。猝灭体的主体是一个 scFv，其轻链可变区和重链可变区由一个连接肽相连。荧光染料也通过一个 4~25 个氨基酸的柔性短肽连接到 scFv 的 N 端附近，由于疏水作用染料进入可变区。可变区内存在若干个色氨酸残基为激发态的染料提供电子，使染料荧光猝灭。猝灭体与抗原结合，使 Fv 结构趋向稳定，而将染料挤出可变区。染料离开可变区与色氨酸距离拉远，电子传递阻断，荧光恢复。抗原越多，染料荧光越强。用于免疫分析简单，快捷，已经用于药物、蛋白、细胞成像，展现出一定的应用前景。但猝灭体的构建相对复杂，需要进一步优化。

3. 尺寸变化类

抗原-抗体结合后物理尺寸发生变化，随即旋转速度、扩散系数相应变化，通过检测反映这些变化的参数进行定量分析。

1)荧光偏振免疫分析(fluorescence polarization immunoassay，FPIA)

光的电场矢量振动方向称为光的偏振方向。荧光偏振是指荧光发射的各向异性。对于固定不动的荧光分子，受到某一特定方向的偏振光激发后，发射荧光的偏振性与激发光的偏振性保持一致。如果荧光分子发生转动，则其荧光偏振与激发偏振产生差别。同一研究体系中，大分子和小分子流体力学半径不同，转动速度不同，它们的偏振值不同，据此区分识别抗原和抗原-抗体复合物。FPIA 大多设计成竞争型免疫分析[图 1-13(a)]，用于小分子检测。将抗原标记荧光分子，与抗体结合形成复合物。加入待测抗原后，待测抗原与标记抗原发生竞争，待测抗原与抗体结合，标记荧光分子的抗原游离在溶液中，转动速度加快，偏振值减小。这种方法非常简便、可靠。但是检测范围和可检测最低浓度都不如其他方法，适用于样品浓度在 mg/mL 范围的检测。另外在用于高亲和常数抗体体系时，竞争反应时间长，不利于快速检测。为了将 FPIA 应用于大分子检测，FPIA 也可以设计成非竞争型的。将抗体标记染料，考察抗体结合抗原后与抗体本身的偏振度差异。但这时 FPIA 面临一个主要问题，就是分辨率不足。30 kDa 的单体结合成 60 kDa 的二聚体，偏振度的变化为 0.047，尚可识别出差异；将 50 kDa 的单体结合成 100 kDa 的二聚体时，偏振度的变化只有 0.033，识别困难；将 150 kDa 的 IgG 抗体与 50 kDa 的 IgG 结合，只能产生 10%的偏振度差异，检测灵敏度十分有限。因此降低抗体的分子量是一种研究策略。Fukuyama 使用抗体重链可变区(15 kDa)代替抗体使偏振度变化提高到 60%[27]。

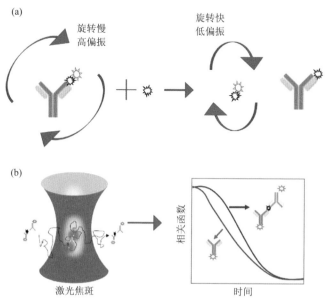

图 1-13　两种分子尺寸依赖型的均相免疫原理示意图
(a)竞争型 FPIA；(b)FCS

2)荧光相关光谱法(fluorescence correlation spectroscopy，FCS)

FCS 是另一种依据分子大小变化进行均相免疫分析的技术。FCS 利用激光共聚焦技术激发荧光分子，荧光分子因布朗运动进出激光焦斑引起荧光信号变化。通过对荧光信号变化的相关函数分析获得分子扩散时间、扩散系数、浓度等信息。图 1-13(b) 左图示意了绿色激光聚焦处的光束，其中间椭圆形发光处为激光焦斑。当荧光分子进出激光焦斑时产生荧光强度的涨落。根据相关函数可以得到相关曲线[图 1-13(b)右图]。曲线包含了特征扩散时间，结合焦斑体积，可以计算出分子扩散系数。尺寸不同的分子特征扩散时间不同，可用于区分游离抗体和免疫复合体。FCS 与 FPIA 面临同样的问题，即在检测大分子量目标物时，流体力学尺度变化有限，检测灵敏度和动态范围受限。为了提高抗原与免疫复合体的分子量差别，任吉存等构建了基于金纳米粒子散射相关光谱的均相免疫分析方法[28]。

4. 单分子水平上的均相免疫分析

标记免疫分析中，抗体标记了信号分子，免疫复合体也相应地标记了相同的信号物。均相免疫分析中没有分离过程，标记了相同探针的抗体和免疫复合体同时存在于溶液中，如何识别它们是均相免疫分析成功的关键点和难点。

在信号形式不发生变化的情况下，宏观层面上不容易找到抗体和免疫复合体信号的区别，单分子层面上也许能够找到差异。我们课题组一直从事单分子成像研究，建立了基于透射光栅的单分子光谱成像技术，研究了单分子层面上量子点和金纳米粒子光学性质，发现了它们的某些光学性质适用于均相免疫分析研究，比如量子点团聚体中的每个量子点具有闪烁不同步性、光谱蓝移不同步性和光漂白不同步性等。利用这些性质，我们先后实现了突破衍射距离的测量、汞离子的超灵敏检测、fM 级检测限的均相免疫分析等。简要地说，利用单分子光谱成像技术可以观察到形成免疫复合体的量子点二聚体和抗体上的单个量子点在光谱成像上的差异，进而识别并计数出免疫复合体的数量，实现定量分析。单分子层面的免疫分析属于数字免疫分析范畴，在后面的章节将详细介绍其中的原理。

均相免疫分析具有操作简单、易于自动化等优点，是免疫分析方法发展的方向，但面临的主要问题是检测灵敏度与非均相相比还有一定距离。单分子均相分析灵敏度已经可以与典型的非均相技术相比，但是在仪器自动化方面还需要进一步发展。表 1-2 比较了几种代表性均相免疫分析效果。

表 1-2　几种均相免疫分析效果比较

方法	对象	检测限	动态范围	文献
非竞争 FPIA	兔 IgG	NA	0.45～41 nM	[27]
竞争 FPIA	藻毒素	约 1 nM	1.5～46 nM	[29]
FCS	AFP	20 pM	20 pM～5 nM	[30]
共振光散射相关光谱	AFP	100 pM	100 pM～10 nM	[31]
猝灭恢复型	雌二酮	18 pM	18 pM～0.4 nM	[25]
FRET	AFP	6 pM	0～13.9 nM	[32]
猝灭体	人表皮生长因子受体 2	20 pM	EC_{50} = 0.3 nM	[33a]
单分子分析	AFP	3.4 fM	43.7～1399.3 pM	[33b]

1.3.4　单组分分析和多组分分析

每次分析只检测一种目标分子的免疫分析称为单组分免疫分析。多组分免疫分析是指在同一样品的同一体积中一次性完成两种以上分析物的免疫分析方法。与多指标免疫分析不同，多组分免疫分析突出强调在同一次测试中同时测定几个分析物，而不是简单的单组分免疫分析的串行或并行叠加。多组分的分析方式可以保证测试条件完全一致，减小串行或并行检测之间实验条件不完全一致产生的测量误差。多组分肿瘤标志物的联合检测能够大幅度降低肿瘤检测的假阳性和假阴性结果，既能提高恶性肿瘤诊断精准度，又可避免过度治疗。在肿瘤早期诊断中，检测生物标志物组（biomarker panel）比检测单一标志物更精准。FDA 批准上市的 OVA1 就是一个典型的肿瘤诊断生物标志物组。它由 5 种蛋白质构成，预测卵巢癌准确度达到 91.4%，而单独检测其中一个指标 CA125 的准确率只有 65.7%[34]。多组分分析时需要同时使用多种抗体，每种抗体用不同的标签分子进行标记是目前经常采用的分析策略。

　　Luminex 公司生产的基于多色微球和流式检测技术的仪器是商品化多组分分析仪的典型代表，也被称为液相芯片技术（图 1-14）。聚苯乙烯微球表面连接捕获抗体，检测抗体上标记藻红蛋白（PE），与待测物反应形成夹心结构免疫复合体。当免疫复合体穿过激光束时，红色和绿色激光分别激发微球和 PE 发光。绿光通道的荧光检测强度表示抗原量的多少，红光通道的荧光表示抗原种类。微球中按一定比例封装了 2～3 种染料，微球的荧光光谱种类可以调制到几百种，用于检测不同种类的抗原，最多可达 500 种多组分分析[35]。2018 年，Cohen 等[36]利用 CancerSEEK 技术检测了血液中的循环肿瘤 DNA 和蛋白标志物的含量，对 8 种常见癌症进行早期检测，比对健康者和确诊患者的 39 种候选蛋白含量的差异，这 39 种蛋白中有 9 种蛋白在至少 50% 的健康者中含量低于或接近现有检测方法的检测限，从中筛选出 8 种蛋白标志物。

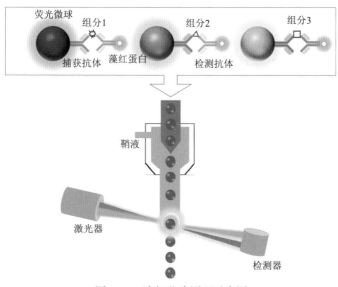

图 1-14　液相芯片原理示意图

多组分免疫分析按照是否需要分离步骤可分为非均相免疫分析和均相免疫分析。多组分非均相免疫分析需要多个分离步骤以除去过量的检测抗体和检测探针。随着待测组分数增加，孵育、结合、洗涤步骤相应增多，条件要求更复杂，积累误差增加，导致测量结果难以精准控制。多组分均相免疫分析只需将样品与标记好信号探针的捕获抗体和检测抗体在溶液中混合反应即可，无需分离去除未结合的游离抗体。因此，多组分均相免疫分析测量过程简易、测量结果更加精准，更具优势。

构建多组分均相免疫分析方法的关键是：通过合理设计传感策略，使免疫复合体信号与游离抗体和探针背景出现显著差异，从而在复杂溶液中将多种免疫复合体从游离抗体中区分识别出来。近几年发展了一些多组分均相免疫分析方法，包括荧光偏振免疫法、共振能量转移法、拉曼光谱法、发光氧通道免疫法、单分子计数、DNA 邻位免疫法、液相芯片法等。在这些方法中，前三种方法检测组分数低，只能检测 2~3 种标志物，而且由于探针筛选以及编码能力的限制，检测组分数很难进一步提高。后四种方法能够检测 4 种以上的肿瘤标志物，但是各有局限性，要么仪器复杂(4 束激光器)难以微型化，要么操作复杂(点样 300 次)检测效率低，要么检测时间长(24 小时)不能满足即时检测要求。更为不利的是，现有的多组分均相免疫分析方法的检测限仅在 nM~pM 之间，复杂体系中可靠性不够高，远不能满足精准检测的需求。信号识别的准确性和抗干扰性决定了检测方法的灵敏度和在复杂体系中应用的可靠性。发展高灵敏多组分均相免疫分析方法对于实现临床肿瘤标志物的精准检测，满足精准医疗的要求具有十分重要的意义，也是免疫分析的发展方向之一。

1.4　常见标记免疫分析类型

标记是将某种试剂与抗原或抗体发生化学反应，反应产物能够用于免疫复合物检测，是一种间接检测策略，也是目前免疫分析中最广泛使用的检测策略。本节按照试剂产生信号种类加以介绍。

1.4.1　放射标记

放射标记(radioimmunoassay，RIA)是现代免疫分析技术的基础，以放射性同位素为反应试剂，取代分子中的相应原子，形成放射性示踪物(tracer)。放射性同位素的原子核不稳定，自发衰变为稳定状态，衰变过程中以粒子(α粒子或β粒子)或电磁辐射(X 射线或γ射线)的形式发射能量。使用闪烁计数器(由闪烁体和光电倍增管构成)对同位素进行探测和定量,通过检测放射性核素的衰变,检测目标分子。闪烁体受到电离辐射后发射微弱闪烁光,闪烁光由光电倍增管检测并转换为电信号,电信号强弱与放射性同位素辐射能量正相关。常用的放射性同位素为 ^{125}I 和 ^{3}H。^{125}I 发射的 γ 射线,穿透力强,不需要同位素与闪烁计数器密切接触,操作相对简单。^{3}H 发射的 β 粒子穿透力弱,须与闪烁体密切接触才能检测到。另外发射γ射线的同位素的比活度要比发射β粒子的同位素大得多,可以用更少量的同位素完成计数。一个 ^{125}I 的可探测原子相当于 51.6 个 ^{3}H。同位素标记分为内标记和外标记。内标记是将分子内原有的原子用其放射性同位素置换(如 ^{14}C 置换 ^{12}C,^{3}H 置换 ^{1}H),适用于小分子物质。外标记则是用放射性同位素取代分子中原有的原子,适用于较大分子如蛋白质、半抗原等,通常使用 ^{125}I。RIA 的主要模式是竞争型免疫。将 ^{125}I 或 ^{3}H 连接到抗原上,与未标记的待测抗原竞争有限的抗体位点,待测抗原浓度越高,竞争结合到抗体的标记抗原越少,信号强度越低。RIA 最初利用 ^{131}I 测定血清中的胰岛素,由于射线对健康的危害,后改用 ^{125}I,释放γ射线更低。标记后保持标记物的免疫活性十分重要。对于 ^{3}H 不存在标记物与非标记物免疫活性差异,因为其化学结构没有改变。而对于碘标记,往往存在差异。因为碘化反应主要以放射碘置换酪氨酸苯环上的氢原子。为了得到高比放射性碘示踪物,一个蛋白分子上标有多个放射性碘原子,标记碘原子增多,免疫活性越易发生改变。一般要求标记 1~2 个碘原子即可。

RIA 在早期阶段属于超微量检测方法,蛋白质分子可以测到 ng/mL 水平,小分子可以测到 pg/mL 水平,而且检测品种接近一千种。RIA 技术推动了医学、生命科学的发展,为许多疾病的诊断和医疗提供了检测手段。20 世纪 90 年代之前,是 RIA 产业的高速发展期。2005 年以后进入负增长阶段。时至今日,RIA 虽然在临床免疫分析中仍占有一席之地,但逐渐式微。2018 年我国核医学现状普查结果显示[37],全国开展 RIA 检测的科室从 2016 年的 337 个下降到 216 个。RIA 检测的样本由 2016 年的 1216.28 万下降到 973.42 万个,下降 20%;而非放射免疫检测标本由 5865.04 万上升到 8772.78 万,上升近 50%。这一趋势仍在继续,其原因在于 RIA 的放射线辐射对人体健康的影响以及核污染对环境的影响。鉴于此,非放射性标记的免疫分析迅速发展起来,包括酶标记、荧光标记、散射标记等。

1.4.2 酶标记

酶标记免疫是将酶连接到抗原或者抗体上,免疫反应后,酶标记到了免疫复合体上。检测任务从直接检测免疫复合体转化到检测酶催化底物生成产物的信号。酶催化的效率非常高,每个酶分子每分钟催化底物转化的分子数在 $10^{3} \sim 10^{7}$,因此酶催化起到了信号放大的作用,即使免疫复合体浓度很低,仍可高效生成大量可供检测的产物，达到高灵敏检测的目的。在酶免疫分析中常用酶主要包括辣根过氧化物酶(horseradish peroxidase，HRP)、碱性磷酸酶(alkaline phosphatase，ALP)、β-D-半乳糖苷酶(β-D-galactosidase，βGal)、葡萄糖氧化酶(glucose-oxidase)、葡萄糖淀粉酶(glucoamylase)、碳酸酐酶(carbonic anhydrase)、乙酰胆碱酯酶(acetylcholinesterase)、尿素酶(urease)、焦磷酸酶(pyrophosphatase)、β-内酰胺酶(β-lactamase)。其中HRP最为常用(80%)，其次是ALP(20%)，第三是βGal(<1%)。根据使用的底物、发生的酶反应以及酶产物的不同，检测方法主要包括比色法、荧光法、化学发光、电化学发光、电化学检测等。考虑到目前的数字免疫分析的发展近况，下面简要介绍HRP、ALP、βGal三种酶的比色法、荧光法和化学发光法的检测机理，更多的方法和详细情况可查阅相应文献和书籍。

1. 辣根过氧化物酶

辣根过氧化物酶从植物辣根根部提取，包括 7 种主要同工酶。同工酶 C(HRPC)是分析化学中使用最广泛的 HRP，在辣根过氧化物酶中占比超过 50%。在提到 HRP 时，通常是指 HRPC。HRPC 是一种全酶，辅基是血红素，脱辅蛋白是糖蛋白，含308个氨基酸残基和8个糖链，2个结合钙离子，分子量约为42100 Da。钙离子起到稳定结构的作用，去除钙离子，酶活位点的结构稳定性下降。谷氨酸和天冬氨酸残基上的羧基、赖氨酸上的氨基、半胱氨酸的巯基都可以用来连接 HRP 和表面或抗体。HRPC 的等电点在 pH 8.8，最适 pH 为 5.5～9。HRPC 冻干后 4℃ 可以保存几年。溶液状态下，浓度大于 0.1 mg/mL，4℃ 可以保存几个月。HRPC 遇光易失活，应避光保存。HRPC 的纯化程度用 403 nm(血红素)和 280 nm(蛋白)的吸光值比确定。比值越小说明其中的杂蛋白越多，3.0～3.4 之间表明 HRPC 纯度较好。当然纯度高并不表示酶活性高。

HRPC 可以催化过氧化氢或其他过氧化物的氧化过程。其通用反应式如下：

$$H_2O_2 + 2AH_2 \xrightarrow{\quad HRPC \quad} 2 \cdot AH + 2H_2O \tag{1-4}$$

式中，AH_2 为还原底物，氢供体；$\cdot AH$ 为自由基，可结合成稳定产物，也可继续反应。

反应式(1-4)进一步细化为：

$$HRPC + H_2O_2 \longrightarrow HRPC\text{-}I + H_2O \tag{1-5}$$

$$HRPC\text{-}I + AH_2 \longrightarrow HRPC\text{-}II + \cdot AH \tag{1-6}$$

$$HRPC\text{-}II + AH_2 \longrightarrow HRPC + \cdot AH + H_2O \tag{1-7}$$

式中，HRPC-I 和 HRPC-II 均为酶的反应中间体。

　　根据底物的不同，HRPC 标记的免疫分析可以用比色法、化学发光、电化学等方法检测。考虑到数字免疫分析以发光为主，下面简述比色法和发光法。

　　1）比色法

　　比色法以酶反应前后体系颜色的变化为定性定量依据。HRPC 早期用来测量酶活的底物都会引起颜色的变化，主要包括邻甲氧基苯酚（guaiacol）、邻联甲苯胺（o-tolidine，OT）、5-氨基水杨酸盐（5-amonosalicylate）、邻苯三酚（pyrogallol）、邻苯二胺（o-phenylenediamine，OPD）、联甲氧基苯胺（o-dianisidine）等。辣根过氧化物酶活性检测方法的国家标准就是使用 HRP 催化过氧化氢氧化邻甲氧基苯酚生成棕色的四邻甲氧基连酚，通过 436 nm 吸光值变化计算酶活力（GB/T 32131—2015）。但是由于这些底物有致癌性，使用逐渐减少，现在常用的底物是 TMB（3,3′,5,5′-四甲基联苯胺），ABTS（2,2′-azinobis（3-ethylbenzothiazoline-6-sulfonic acid））。TMB 被认为更安全，在诊断制剂中广泛使用。HRP 比色底物的比较研究也证实，TMB 在竞争免疫分析中灵敏度最高，甚至与荧光底物基本相当。HRP 催化 H_2O_2 氧化 TMB，氧化产物为蓝色，在 H_2O_2 和 TMB 量保持不变时，HRP 越多，蓝色越深。Kasetsirikul 等[38]开发了纸基 ELISA 方法，用于检测新型冠状病毒的免疫抗体，如图 1-15（a）所示。在色谱滤纸上涂层重组新冠病毒（SARS-CoV-2）核衣壳抗原，滴加样本后，依次加入 HRP 标记的检测抗体和 TMB，反应一段时间后，送至相机检测。如果样本血清中产生了新冠病毒抗体，则抗体会与涂层抗原结合形成免疫复合物。HRP 标记的检测抗体与免疫复合物结合，洗除游离的检测抗体、未结合的样本等干扰物。纸上只保留检测抗体与免疫复合物的结合体。当体系中加入 TMB 和 H_2O_2，H_2O_2 氧化 TMB 纸基显蓝绿色，HRP 催化这一过程。病毒抗体量越多，颜色越深[图 1-15（b）]。检测结果 30 分钟内裸眼可识别，10 ng/μL 以上结果可靠。

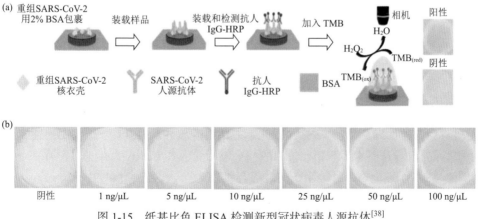

图 1-15　纸基比色 ELISA 检测新型冠状病毒人源抗体[38]

(a)检测流程；(b)检测定量效果

2）化学发光法

化学发光是指分子化学键电子吸收化学能，跃迁到激发态，激发态电子自发跃迁回基态时的发光现象。荧光或磷光是分子吸收光能跃迁到激发态后的发光，为光致发光。HRPC 化学发光体系中最常用的底物为鲁米诺及其衍生物，也就是 HRPC-H_2O_2-鲁米诺体系，在这个体系中鲁米诺为反应式（1-4）中的氢供体，产物最大发射波长在 425 nm 处，检测游离 PSA 的检测限为 0.03 ng/mL[39]。但是这个反应体系化学发光强度不够高、量子产率低（0.01）、发光时间短、信号较弱，因此常常需要引入增强剂。增强剂使检测灵敏度提高 3～5 个数量级。鲁米诺体系最常用的增强剂是对碘苯酚（PIP）。在化学发光酶免疫领域增强剂的开发是一个较为重要的研究方向，不仅有单一增强剂，还有协同增强剂，增强化学发光酶免疫检测限最低可至 10^{-18}～10^{-15} mol/L。除了使用增强剂，提高引入免疫反应中的酶的使用量也能提高检测灵敏度。比如利用金纳米颗粒负载多个 HRP 分子后连接到检测抗体上，这样每个夹心结构的免疫复合体上就被引入了多个 HRP，使得化学发光信号增强 8 倍。以空间分辨、化学发光成像的方式实现了四种肿瘤标志物的同时检测[40]。需要注意的是，过氧化氢不稳定，外加过氧化氢的检测效果不如原位产生过氧化氢效果好。

3）荧光法

常用的荧光底物主要有对羟基苯丙酸（3-(*p*-hydroxyphenyl) propionic acid，HPPA）、Amplex Red（10-acetyl-3,7-dihydroxyphenoxazine）等。HPPA 与 HRP 和 H_2O_2，pH 8.5 时，反应生成二聚体，320 nm 激发，404 nm 发光。HPPA 是 Zaitsu 等 1980 年筛选出来的，与 OPD 比色底物相比，免疫分析灵敏度提高 5～50 倍[41]。HPPA 与 TMB 相比，灵敏度仅有小幅提高，动态范围则明显提高。Amplex Red 是商业化的荧光底物，自身无荧光，HRP 催化与 H_2O_2 生成强荧光分子试卤灵，563 nm 激发，587 nm 发射。虽然多数情况下荧光分析较比色分析更灵敏，但综合权衡灵敏度、价格、测试要求时，HRP-TMB 的比色体系也是个不错的选择。

2. 碱性磷酸酶

碱性磷酸酶也是一种 ELISA 和化学发光免疫中常用的酶标记物，是非特异性磷酸酯水解酶，分子量 80～100 kDa，随酶源的不同而变化，最佳 pH 为 8～9.6。无机磷会竞争性抑制 ALP 活性，因此不能用磷酸缓冲液（PBS）。工程用酶通常从小牛肠黏膜提取，与 HRP 相比价格较高，应用受限。ALP 在人体中广泛存在，分布于肝脏、骨骼、肠、肾等组织中，参与细胞生产、凋亡和信号传导等过程。血清中 ALP 含量异常与许多疾病相关，如糖尿病、前列腺癌、骨病等，可用做诊断标志物。理论上，用于检测 ALP 的方法均可以转移到 ALP 标记的 ELISA 中。由于 ALP 难以制得高纯制剂，且稳定性较 HRP 差，价格较 HRP 高，酶免疫分析中较少使用 ALP。下面简述 ALP 在酶免疫分析中的几种常用检测方法。

1)比色法

传统 ELISA 测定中通常使用对硝基苯磷酸盐(pNPP)作为 ALP 的底物。其反应过程如图 1-16(a)所示,ALP 催化 pNPP 生成对硝基酚(pNP),碱性条件下(pH 9.0以上)pNP 在 400 nm 处有最大吸收,溶液呈黄色。通过颜色变化半定量抗原浓度,通过吸光值变化定量抗原。pNP 可使 ALP 失活,使用氢氧化钠作为终止剂。这是商品化 ELISA 常用策略。为了提高比色法 ELISA 检测灵敏度,不断开发出新型显色体系[图 1-16(b)]。在乙二胺(DEA)环境中 4-氨基苯磷酸盐(APP)被 ALP 催化生成 4-氨基苯酚(AP),AP 与 DEA 作用产物在 365 nm 出现新的吸收峰。365 nm 吸收峰强度与 ALP 活性成正比,可用于肿瘤标志物 AFP 的 ELISA 检测,用此法可以十分容易地识别出 0.1 ng/mL 的 AFP 含量[42]。受间苯二酚与多巴胺在碱性反应生成 Azamonardine 启发,设计了荧光比色双读出方式的免疫分析法。mHPP 被 ALP 酶解后生间苯二酚,间苯二酚与多巴胺反应生成 Azamonardine,其在 420 nm 处有吸收,在 460 nm 发射荧光,既能用于荧光检测又能用于比色检测[图 1-16(c)]。以心肌肌钙蛋白为对象进行 ELISA 检测,与传统比色相比有明显提升。传统 pNPP 为底物的比色分析检测限为 0.15 ng/mL,mHPP 为底物的比色检测限为 0.04 ng/mL[43]。

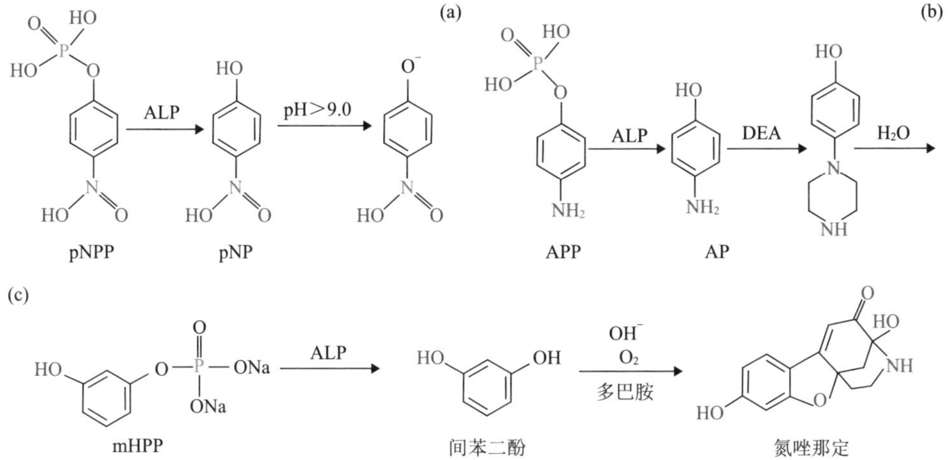

图 1-16 (a)ALP 催化 pNPP 过程;(b)ALP 催化 APP 过程;(c)ALP 催化 mHPP 过程

2)荧光法

4-甲基伞形酮磷酸酯(4-methylunbelliferyl phosphate,4-MUP)是 ALP 的常用荧光底物,其水解产物 4-甲基伞形酮(4-MU),372 nm 波长光激发,445 nm 处发射荧光。这一体系可以直接转移到微流控芯片中完成,由于微流控通道尺寸为微米级，试剂的混合和反应时间大大减小，全过程检测时间由微孔板的 920 分钟减少到微芯片的 118 分钟，试剂消耗量从 500 μL 减少到 4 μL，但是检测效果并没有明显提升[44]。为提高检测灵敏度，一个策略是开发新型的酶解荧光体系。钙黄绿素与铈(Ce^{3+})结合，其荧光被猝灭。ALP 水解对硝基苯磷酸盐(pNPP)生成 4-硝基苯酚和正磷酸盐，磷酸盐与 Ce^{3+} 结合力强，解除对钙黄绿素的猝灭，480 nm 激发，512 nm 发光。将 ALP 连接到抗体上，以钙黄绿素铈为试剂，即可以通过检测钙黄绿素荧光信号的增强程度进行免疫分析。ALP 活性检测限为 0.023 U/L，以 AFP 为样品检测限达到 0.041 ng/mL[45]。ALP 水解抗坏血酸磷酸盐为抗坏血酸(AA)，AA 能够促进有机染料、多聚多巴胺纳米颗粒、量子点、碳点、金纳米簇等荧光增强。AA 与邻苯二胺(OPD)的反应产物 360 nm 激发，425 nm 发光，用于 ELISA 检测 AFP，检测限为 0.21 ng/mL[46]。AP 与 *N*-[3-(三甲氧基硅基)丙基]乙二胺(DAMO)70℃ 20 分钟反应生成橘红色含硅的纳米颗粒，能发射黄绿色荧光。ALP 酶解 APP 的产物是 AP。这一体系用于 ALP 活性检测，检测限为 0.0022 U/L；用于 ELISA 检测 PSA，检测限为 0.0041 ng/mL[47]。

3) 化学发光法

Bronstein 等 1988 年合成的 ALP 化学发光底物 AMPPD(3-(2′-螺旋金刚烷)-4-甲氧基-4-(3″-磷酰氧基)-苯-1,2-二氧杂环丁烷)[48]，广泛用于商品化化学发光 ELISA，其发光机理如图 1-17 所示。ALP 水解 AMPPD 去磷酸根，中间产物 AMPD 极不稳定，快速分解为金刚烷酮和激发态阴离子产物(MOB^-)，MOB^- 弛豫回基态时在 470 nm 处发光。化学发光检测促甲状腺激素检测限为 0.007 mU/L，比色法为 0.03 mU/L[49]。AMPPD 用于化学发光酶免疫分析的总 PSA 检测限为 0.05 ng/mL[39]。虽然化学发光法检测灵敏度没有荧光法高，但优势在于操作简单，仪器无需光源，性价比高。

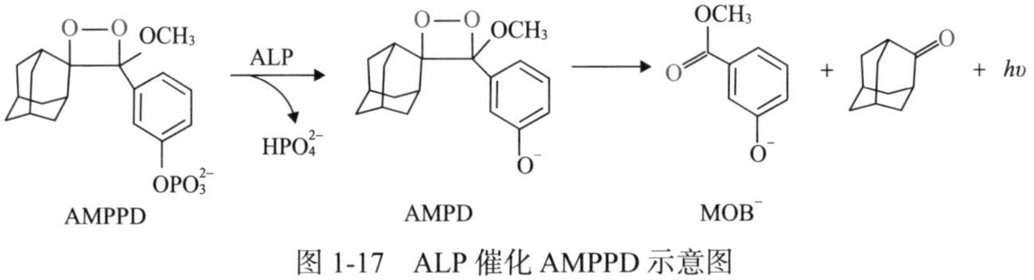

图 1-17　ALP 催化 AMPPD 示意图

3. *β*-D-半乳糖苷酶

β-D-半乳糖苷酶(*β*-D-galactosidase，βGal)全称为 *β*-D-半乳糖苷半乳糖水解酶(*β*-D-galactoside galacto hydrolase)，来源广泛，在植物、动物、微生物中都有。微生物是工业用酶的主要来源，分子量 500 kDa 左右，最佳 pH 为 6～8。相对较大的分子量限制了其更广泛的使用。βGal 具有催化乳糖水解和转糖苷两种功能。

转糖苷功能能够用来合成低聚半乳糖。酶法合成低聚半乳糖已成为母乳中低聚半乳糖的主要替代品。但是，转糖苷活性较低，且由于水解反应同时存在，抑制了转糖苷功能。βGal 的缺失和过表达与几种罕见疾病相关，尤其是与细胞衰老相关。βGal 催化水解 1,4-糖苷键，生成半乳糖和醇。大多数 βGal 的底物由半乳糖苷残基和信号分子通过糖苷键相连构成。βGal 水解糖苷键释放出信号分子，产生明显的颜色变化或发射荧光(图 1-18)。

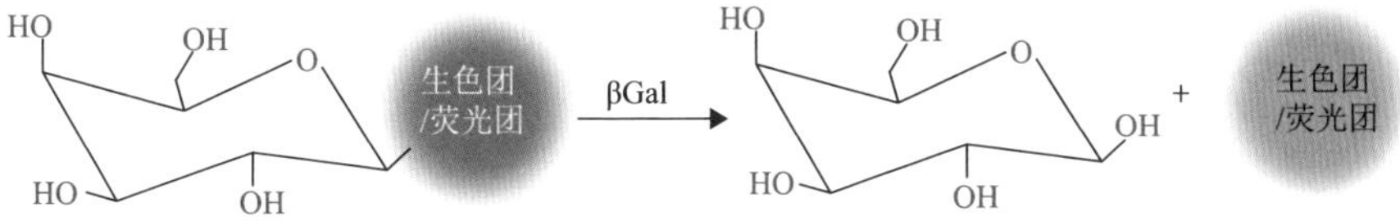

图 1-18　βGal 催化反应通用示意图

在比色法中，以邻硝基苯-β-D-半乳糖苷(oNPG)为底物，水解产物为邻硝基苯酚(oNP)，在 405 nm 处产生最大吸收。除了可以用常规光谱仪定量检测 oNP 之外，Snyder 等利用手持离子迁移色谱仪也实现了 oNP 的检测[50]。他们将蜡状芽孢杆菌吸附到载体上作为抗原，单克隆抗体与微生物表面分子结合，βGal 标记的抗体与单克隆抗体结合，以 oNPG 为底物，生成的 oNP 用来检测微生物含量。

常用的荧光底物主要有两种，分别是 FDG(fluorescein di(β-D-galactopyranoside))和 MUG(methylumbelliferone β-D-galactopyranoside)。FDG 和 MUG 本身均没有荧光，它们的水解产物发荧光，通过荧光强度对β-D-半乳糖苷酶进行定量测量。FDG 水解产物为荧光素和两个半乳糖分子[图 1-19(a)]。荧光素用 491 nm 光激发产生 514 nm 荧光。FDG 水解过程是个两步反应，首先水解成荧光素单半乳糖苷(FMG)和一分子半乳糖。FMG 再水解为荧光素和另一分子的半乳糖，其中的 FMG 不发荧光。FDG 到 FMG 的转化率为 1.9 mmol/(min·mg)，FMG 到荧光素的转化率为 22.7 mmol/(min·mg)。因此 FDG 为底物时在短时间内(小于 10 分钟)荧光强度较低，所以 FDG 与酶的孵育时间不应过短。Rotman 将 FDG 和稀浓度的 βGal 包裹在 14 μm 直径的液滴中,按照泊松分布可以预期部分液滴中包裹的是单个酶分子，通过测量液滴荧光强度的变化测量到单个酶分子的活性和酶反应动力学常数等。他们的研究是单分子酶检测及液滴酶活测量的发端[51]。MUG 水解如图 1-19(b)，MUG 水解产物为 4-甲基伞形酮(4-MU)和半乳糖。MU 激发峰为 372 nm，发射峰为 445 nm。60 分钟的反应时间中，FDG 和 MUG 的荧光检测限几乎相同。考虑到 MUG 不是分步水解，更适合快速检测需求。值得注意的是，MU 的 pK_a 约为 8.0，当溶液 pH 低于 pK_a 时，其荧光易猝灭。

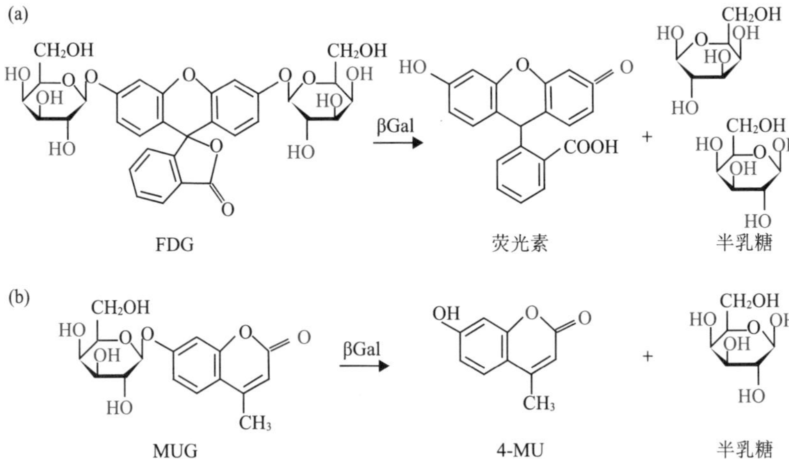

图 1-19　β-D-半乳糖苷酶水解 FDG(a) 和 MUG(b)反应

除了图 1-18 所示的检测示意图外，理论上能够检测 βGal 活性的比色法和荧光检测方法都能用于酶免疫分析。Hu 等设计了一种βGal 的比色检测模式。以 4-氨基苯基-β-D-半乳糖苷(pAPGP)为底物，酶催化水解产生对氨基苯酚(pAP)和半乳糖。pAP 将 Fe^{3+} 还原成 Fe^{2+}，Fe^{2+} 与 1,10-邻菲咯啉衍生物(水合红菲绕啉二磺酸钠，BPDS)形成红色配合物，在 535 nm 处吸收。通过测量 535 nm 处的吸收强度用来测量βGal 的活性，进一步将酶标记在抗体上就可以用来定量抗原[52]。

4. 三种酶标记免疫分析的比较

HRP、ALP、βGal 是最常用的三种免疫分析标记酶，比较研究也最多。HRP 分子量最小(40 kDa)，空间位阻最小，对免疫反应的影响最小。ALP 催化活性最高，但磷酸盐和 EDTA 抑制酶反应。βGal 分子量最大(500 kDa)。在实践中，要根据检测要求和适用环境，选用合适的酶分子做标记，合适的底物为信号分子。酶免疫分析的灵敏度和精准度受免疫分析类型(竞争型或夹心型)、酶标的偶联方法、标记效率(每抗原分子上酶分子数量)等因素影响。

Imagawa 等比较了βGal 和 HRP 在夹心免疫分析中的优缺点[53]。MUG 和对羟基苯丙酸(HPPA)分别为βGal 和 HRP 的荧光底物，AFP 为检测对象。与酶本身的检测灵敏度相比，βGal 比HPP 更灵敏。在酶反应 10 分钟和 100 分钟的条件下，βGal 的可检测量分别是 0.2 amol 和 0.02 amol，而 HRP 则分别是 5 amol 和 0.5 amol。然而 HRP 以及 HRP-Fab 的非特异吸附远小于βGal 及βGal-Fab，因此 HRP 用于夹心免疫检测 AFP 的灵敏度更高。但是 HRP 的用量(250 fmol/tube，100 min)和孵育时间均大于βGal(2.9 fmol/tube，30 min)。

Porstmann 等则比较了 HRP、ALP、βGal 三种酶在夹心免疫分析中的特点。

以比色法和荧光法研究了三种酶及它们连接抗体后随反应时间和温度的转化率，测量了 AFP 的检测限。他们发现免疫分析中荧光底物检测限均低于比色底物，HRP 的检测限最低。酶本身的催化效率相比，HRP 催化 ABTS 的转换率最高。当酶连接 IgG 后，催化效率均不同程度地下降。而且荧光底物的催化效率低于比色底物的催化效率，但是由于荧光产物检测更灵敏，用荧光底物的检测限也更低[54]。

Hosoda 等以 HRP、ALP、βGal 为标记分子，研究了竞争型酶免疫检测睾酮、皮质醇等激素分子的效果。无论是荧光法还是比色法，检测灵敏度由高到低的顺序是 HRP、ALP、βGal，而且前二者的最优比色法灵敏度可以达到荧光法的灵敏度水平[55, 56]。

Grandke 等[57]系统比较了 HRP 和 ALP 在直接竞争型和间接竞争型免疫检测咖啡因的效果，以 TMB、pNPP 和 HPPA、4-MUP 分别为 HRP 和 ALP 的比色底物和荧光底物，检测了咖啡、软饮料、茶、化妆品等日常用品中的咖啡因含量。从检测灵敏度、测量范围、准确度、精密度等角度比较了不同方法的测量效果。总体来说，直接竞争免疫效果要优于间接竞争。直接竞争免疫的检测效果见表 1-3。从中可以看出，无论是比色还是荧光，HRP 酶标免疫分析效果几乎全面优于 ALP 标记。HRP 标记的荧光检测法在检测灵敏度和检测精密度方面略强于比色检测，但比色法的测量范围和准确度强于荧光。在研究皮质醇的比色竞争型免疫分析中发现，与 ALP 相比，HRP 酶标的检测结果受样品的状态影响更大，反复冻融的血清样品中的皮质醇含量测量结果偏高[58]。

表 1-3　HRP 和 ALP 不同催化体系下的检测效果比较[57]

催化体系	灵敏度（标准曲线信号中值的浓度，μg/L）	可测量范围（标准曲线中测量方差小于30%的浓度范围，μg/L）	准确度（与LC-MS/MS测量值相比较的斜率）	精密度（CV，%）	
				板内	板间
HRP-TMB	0.095	0.033～33	0.96	1.0～9.9	0.9～18
HRP-HPPA	0.075	0.105～0.623	0.83	1.8～9.4	0.4～9.8
ALP-pNPP	0.817	0.128～33	1.05	6.7～41	1.5～29
ALP-4MUP	0.890	0.191～33	0.99	6.2～52	5.3～50

在荧光和比色分析中，多数情况下 HRP 占主导优势，在化学发光免疫分析中，HRP 也有优越之处。比如 Yu 等[59]比较了 HRP-luminol-H_2O_2 和 ALP-AMPPD 两种酶化学发光体系在竞争酶免疫检测化学药物的效果，结果发现 HRP 体系的发光动力学更快，只需要 2 分钟左右发光强度达到最大，而 ALP 需要 30 分钟左右。两种方法的检测限、检测精度、线性范围没有显著差别。

5. 纳米酶 ELISA

酶标记免疫分析依然是当前最为广泛使用的免疫方法，然而天然酶制备和纯化成本高、催化活性对环境条件敏感、难以回收和再利用，在价格、质量控制、长期保存等方面存在不足。2007 年我国科学家阎锡蕴首先发现 Fe_3O_4 纳米颗粒具有类过氧化酶催化活性，能够替代天然酶用于免疫分析[60]。此后，多种纳米材料包括贵金属、金属氧化物、金属硫化物、碳基材料、金属有机框架材料都被发现有酶活性。具有酶活性的纳米材料称为纳米酶（nanozyme）或仿酶（mimicking enzyme）。纳米酶具有表面体积比大、易于表面修饰、稳定高、量产价格低等优点，是一种十分有价值的免疫分析酶标记物。下面简述几种常见的纳米酶。

1）类过氧化酶

表现出过氧化物酶活性的纳米酶种类最多，包括金属（金、铂、钯）纳米粒子、金属氧化物（Fe_3O_4、MnO_2、CeO_2）纳米材料、金属有机框架材料（Cu-MOF、hemin-Au@MOF、Fe-MOF）、杂合纳米结构（Au@Pt、Au@PtCu、金石墨烯、合金材料、Au-Pt/SiO_2、Pd@Pt）等。这些类过氧化酶大部分成功用于免疫分析[61]。

2）类碱性磷酸酶

表现出类碱性磷酸酶性能的纳米材料主要包括 CeO_2 纳米粒子、Zr(Ⅳ) 团簇的 MOF 材料、CeO_2/ZrO_2 的复合纳米材料，相比纳米过氧化物酶种类较少，在免疫分析中的应用更少。PAA 修饰的 CeO_2 纳米连接 PSA 检测抗体，以 CDP-star 为化学发光底物，通过夹心免疫分析检测 PSA，离子液进一步提高化学发光信号，检测限达到 53 fg/mL[62]。

3）氧化酶

氧化酶利用氧分子催化底物氧化，其具体命名由其催化的底物决定。比如，葡萄糖氧化酶、醇氧化酶、乳酸氧化酶等分别催化氧化葡萄糖、乙醇、乳酸。不同的纳米材料和纳米结构表现出不同的氧化酶特性，用于不同的抗原检测。典型的报道包括，Au@Pt 纳米结构催化 TMB 和 oPD 模拟 HRP 检测白介素 2、MnO_2 纳米花催化 OPD 检测 C 反应蛋白、沸石咪唑框架（Zif）纳米带催化 TMB 检测大肠杆菌 O157:H7、Co(OH)$_2$ 纳米笼催化 TMB 检测赭曲霉毒素 A。虽然有些氧化酶的底物和过氧化酶底物相同，但氧化酶不需要 H_2O_2 参与反应。

总体来看，纳米酶比天然酶催化活性更高，稳定性更高，更易获取，抗体装载量更高，更不易降解，然而由于纳米酶没有底物结合区，催化选择性不高，特异性差，一种纳米材料能催化多种反应。而且纳米酶的功能还不够多样，多集中氧化功能。此外，纳米酶的催化反应发生在表面，表面性质决定了酶活性，当在纳米酶表面修饰抗体后，表面活性位点受到屏蔽，催化活性降低。纳米酶在免疫分析中的应用研究还有待进一步深入。

1.4.3　荧光标记

以荧光标签代替酶分子标记到免疫复合体上，理论上应该具有高于其他免疫标记方法的检测灵敏度，但实践中受到背景荧光、散射光以及光猝灭的影响，荧光免疫分析在血清中的检测限比缓冲液中低 10~50 倍。血清蛋白、NADH 和胆红素等物质均能自发荧光，是主要的背景荧光来源。蛋白和胶体是光散射的主要原因。因此通常要求荧光标签在长波长(500~700 nm)发光，Stokes 位移大(50 nm以上)，荧光寿命长(20 ns 以上)。常用的荧光免疫标签包括 Alexa 系列染料、硫氰酸荧光素(FITC)、罗丹明 B、罗丹明 6G、荧光黄(Lucifer Yellow)、Cy3 等。Alexa 系列染料在量子产率、光稳定性、pH 敏感度、标记效率等方面具有明显优势，除了价格，它们是荧光染料标记免疫分析的首选。荧光标记的意义不仅仅是代替了放射和酶标记的另一种标记方式，它还能实现无需分离的均相免疫分析，丰富了免疫分析的类型。前文介绍的荧光共振能量转移、荧光偏振和荧光相关光谱等均相免疫分析方法均在荧光免疫分析范畴。放射免疫和酶免疫做不到均相分析。在荧光标记免疫分析中还有两个方向值得关注，时间分辨荧光免疫分析和近红外染料标记。

时间分辨荧光免疫分析利用长寿命荧光探针标记免疫复合物，以脉冲光激发，延迟检测荧光。背景荧光和散射光寿命短(10 ns 以内)，在延迟时间内衰减消失，长寿命荧光探针延迟时间后依然发光，这时再采集荧光信号就消除了本底荧光和散射光的干扰，提高信噪比和灵敏度。长寿命荧光探针的寿命至少要在 50 ns 以上，满足这样要求的有机染料非常稀少。目前最有效的时间分辨荧光探针是稀土离子螯合物，常用的镧系元素有铕、铽、钐、镝等 4 种，荧光寿命达到 100~1000 μs，将它们分别标记反应体系中不同的反应物，可实现多组分均相分析[63]。

为了消除背景的干扰，使用近红外荧光探针也是一种选择。近红外荧光探针发射波长在 650~900 nm。基质通常在小于 600 nm 范围吸收和发射荧光，红外范围的自荧光背景降低。瑞利散射强度反比于波长的四次方，散射随着波长的增加而迅速减小，来自于散射的背景强度也极大降低。同时近红外光还有组织穿透距离深、光毒性小的优点。近红外染料主要包括花青素、氧杂蒽类荧光染料、BODIPYs、酞菁染料等，但大多存在水溶性差、光稳定性差、生物适应性差和可修饰性差等问题，开发近红外量子点、稀土螯合物、单壁碳纳米管等新型红外探针是未来的发展方向。

1.4.4　纳米材料用于免疫分析

纳米材料具有独特的物理和化学性质，是一类有望进一步提高免疫分析灵敏度的标记探针。纳米材料种类繁多，还在不断发展，考虑到与数字免疫分析的结合，本节仅介绍几种常见的能作为光学信号标签的纳米材料在免疫分析中的代表性应用，包括贵金属纳米粒子、量子点、上转换纳米材料和碳纳米材料。重点介绍等离子体共振和发光两种类型的光信号。纳米材料仅作为负载材料，起到聚集放大作用的不在介绍范围内。

1. 局域表面等离子体共振效应

电磁波与贵金属纳米粒子相互作用时，纳米粒子表面自由电子在电磁波驱动下集体振荡，当其振荡频率与外加电磁波频率相同时产生共振，称为局域表面等离子体共振(LSPR)。共振使入射光被金属纳米颗粒吸收。同时，振荡的电子向外发射电磁波，也就是散射。共振吸收与共振散射的频率相同，共同构成了消光光谱。消光光谱通过紫外可见吸收光谱仪测得。纳米粒子溶液表现出的颜色是最大消光波长的互补色。纳米颗粒的散射光谱可以通过荧光光谱仪或暗场显微镜测得。70 nm 的球形金颗粒最大吸收波长在 540 nm 处，540 nm 为绿色光，绿色光被吸收所以溶液呈紫红色。散射最大波长与吸收最大波长相同，所以暗场显微镜下金颗粒呈绿色。LSPR 受纳米颗粒的尺寸、形貌、介电环境、颗粒间距等因素影响。当免疫反应改变了这些影响因素时，LSPR 发生变化，该变化就可以用来进行免疫分析。吸收效应多应用于比色免疫分析，散射效应多应用于散射免疫分析。

1) 比色免疫分析

免疫反应引起贵金属纳米颗粒周围环境折射系数发生变化，LSPR 吸收峰位置相应改变($\Delta\lambda_{max}$)。$\Delta\lambda_{max}$ 的产生大体有三种方式：①抗原结合到金颗粒表面后直接引起 λ_{max} 变化，抗原浓度越大，$\Delta\lambda_{max}$ 值越大。测量单个金颗粒结合抗原前后的 LSPR 光谱，记录 $\Delta\lambda_{max}$ 与抗原浓度关系，构建单颗粒比色免疫分析法。Sim 等报道了 30 nm 球形金颗粒对于 PSA 的最小响应浓度为 0.1 pg/mL，在这个浓度下 $\Delta\lambda_{max}$ 为 2.85 nm[64]。为了提高检测灵敏度，他们用 50 nm × 18 nm 的金棒代替球形金颗粒，结果发现 111 aM 的 PSA 即可产生 2.79 nm 的 $\Delta\lambda_{max}$[65]。②免疫复合物引起金颗粒聚集或解聚，导致溶液颜色发生变化。乙酰胆碱酶(AChE)催化乙酰硫代胆碱生成硫代胆碱，通过静电相互作用引起金纳米颗粒团聚，吸收波长从 520 nm 红移到 700 nm，溶液颜色由红色变为紫色。将 AChE 作为 ELISA 的酶标签，金颗粒为显色底物，检测肠病毒效果与 PCR 相当[66]。CuO 标记抗体，形成免疫复合物，释放 Cu^{2+}。Cu^{2+} 诱导叠氮化合物修饰的金纳米颗粒和炔修饰的金纳米颗粒团聚，引起颜色变化，颜色变化程度与抗原浓度相关[67]。对苯二硼酸与柠檬酸作用引起柠檬酸修饰的金颗粒团聚，过氧化氢氧化硼酸阻止团聚。葡萄糖氧化酶作为免疫复合物的标签，生成过氧化氢，使团聚的金纳米颗粒溶液由紫色变为红色[68]。③反应引起形貌变化。H_2O_2 还原 $HAuCl_4$ 成金原子，金原子沉积到 5 nm 金纳米种子上生成尺度更大的金纳米颗粒，溶液颜色由无色变为红色。在 H_2O_2 浓度低的时候，金原子的生成速度减慢，金纳米颗粒的合成不再均匀，而且发生团聚，溶液颜色由红色变为蓝色。根据这些现象设计成免疫传感，或以葡萄糖氧化酶作为免疫的标签，生成高浓度过氧化氢，促进金纳米均匀合成；或以过氧化氢酶为标签消耗 H_2O_2 生成不均一甚至团聚的金纳米颗粒。除了沉积原子改变纳米粒子尺寸的策略，也可以通过刻蚀金颗粒形状改变溶液颜色。HRP 催化 TMB 生成 TMB^{2+}[69]，Cu^{2+} 等[70]试剂都能够刻蚀金纳米棒引起溶液颜色变化，进而设计成 ELISA 免疫分析技术。

2）散射免疫分析

散射分析包括弹性散射和共振散射两种。

弹性散射与 LSPR 无关，但因属于散射，也一并在这里介绍。动态光散射（DSL）技术记录溶液中自由扩散的纳微米颗粒弹性散射强度随时间变化情况，利用光强度相关函数计算出溶液中颗粒的尺寸分布。用金纳米球和金纳米棒分别标记捕获抗体和检测抗体，它们形成免疫复合体时，溶液中颗粒大小分布与未发生免疫的颗粒大小分布显著不同，这种差异性与抗原浓度正相关。基于这个原理，Liu 等建立了动态光散射均相免疫方法，缓冲液中 PSA 的最低检测浓度为 0.1 ng/mL[71]。但是金纳米粒子易吸附大分子、易发生团聚，影响颗粒尺寸的准确测量，难以在实际样品中应用。Li 等[72]以 MnO_2 纳米片包裹若干金纳米颗粒为标记物，其上修饰检测抗体，与基板上的捕获抗体形成免疫复合体。半胱氨酸迅速还原 Mn^{4+} 为 Mn^{2+}，纳米片解离，金颗粒从免疫复合体中释放到溶液中，通过 DSL 测量溶液中金颗粒浓度。抗原量越高，则金颗粒浓度越高，以此建立的免疫分析方法定量范围为 1～100 pM，检测限在 1 fM 左右。

贵金属共振散射免疫分析的检测方法分为宏观层面和单颗粒层面。宏观层面用荧光光谱仪检测，单颗粒层面用暗场显微镜检测。黄承志等[73]2009 年利用 60 nm 银颗粒标记检测抗体，与玻璃基底上固定的抗体和抗原形成三明治夹心结构，以荧光光谱仪检测玻璃基底上的银颗粒共振散射光谱，400 nm 波长处的散射强度与抗原浓度正相关。IgG 定量范围 10～1000 ng/mL，检测限 1.46 ng/mL。2017 年他们[74]以金、银纳米颗粒为标记物，以暗场显微镜建立了双组分免疫分析方法，实现了 LSPR 的计数免疫分析，AFP 和 CEA 的定量范围在 0.5～10 ng/mL。为了进一步提高检测特异性和灵敏度，Xu 等用金表面代替玻璃表面，金颗粒通过免疫反应固定到金表面，LSPR 最大吸收峰由 530 nm 红移到 676 nm，散射强度增强 20.5 倍，以 IgG 为检测对象，动态范围 10^{-3}～10^3ng/mL，检测限 1 pg/mL（6.67 fM）[75]。

2. 发光纳米材料

常见的发光纳米材料包括量子点（quantum dot，QD）、碳点、纳米簇、稀土纳米材料。从能够开发为数字免疫分析的角度考虑，重点介绍量子点和稀土纳米材料在免疫分析中主要的研究进展。

1) 量子点

量子点是一种半导体材料合成的发光纳米晶体，尺寸在 1～10 nm，不同尺度的 QD 发射波长不同，一般以发射波长命名 QD 的种类，比如 QD585 指该种 QD 的最大发射波长为 585 nm。不同的 QD 可以用同一波长的激发光激发，这是 QD 用于多组分分析的基础。此外，与有机染料荧光相比，QD 荧光具有耐光漂白、量子产率高等优点。

在早期的 QD 免疫分析中，仅仅将 QD 视为一种荧光标记物，期望 QD 荧光的优越性带来免疫分析性能的提高。分析过程与 ELISA 基本一样，将抗体固定在玻璃或孔板上，结合抗原后再结合上 QD 标记的抗体，洗脱分离后，以扫描仪或光谱仪进行荧光检测。然而检测效果并不如期望，仅在 ng/mL 和 nM 水平，与荧光染料基本相当。但是和荧光免疫类似，引入 QD 作为标记探针的意义不仅仅是为了提高检测灵敏度，而是丰富了免疫分析的类型，构建了一批多组分和均相免疫分析方法。多种 QD 只需要一束激发光激发，表现出多组分免疫分析的优势，大大降低了仪器的复杂程度。QD 作为共振能量转移的受体或供体，与发光材料或猝灭材料相组合，开发出均相 Turn on 或 Turn off 免疫传感器。比如，QD 与石墨烯形成免疫复合物，石墨烯猝灭 QD 荧光，荧光强度的下降与抗原浓度相关。QD 为受体，QD 与金颗粒发生等离子体共振能量转移，金颗粒散射强度衰减。QD 为受体，镧系纳米材料为供体，不但检测限可以达到亚 ng/mL 水平[76]，还可以实现 6 组分免疫分析。在数字免疫分析中，QD 同样是一种良好的多组分均相分析标记物，相关内容在后文均相数字免疫分析中详述。

2) 稀土上转换发光纳米材料 (upconversion nanophophors，UCNPs)

UCNPs 主要是由氧化物、氟化物、卤氧化物纳米材料掺杂稀土离子 (Er^{3+}、Eu^{3+}、Yb^{3+} 等) 制备而得，具有将激发光子转化为比激发光波长更短的光并发射的能力，有毒性低、光稳定性强、发射带狭窄、荧光寿命长、不易光漂白等特点。当使用近红外光激发时，还具有光穿透深度深、消除生物组织自发荧光、对生物组织几乎无损伤等显著优点。UCNPs 已经用于非均相免疫分析、侧向流免疫 (LFIA) 试纸以及单分子免疫分析中，检测效果不逊于其他标记方法。在侧向流免疫分析中比金胶标记和荧光微球标记的 LFIA 以及微孔板 ELISA 灵敏度至少提高 10 倍[77]。然而，UCNPs 更吸引人的应用可能是在均相免疫分析中。

发光共振能量转移 (LRET) 是 UCNPs 在均相免疫分析中的主要策略。以 UCNPs 为发光供体，量子点、金纳米粒子等为受体，检测信号可以是接受能量转移而发光的量子点，也可以是预先被猝灭的 UCNPs 再发光。图 1-20 (a) 是以猝灭

UCNPs 的方式检测抗原的方法。NaYF$_4$:Yb,Er 和金纳米粒子分别标记抗体，近红外光激发 UCNPs 发射绿光和红光，当二者形成免疫复合物后，UCNPs 的绿光部分与金纳米粒子的吸收峰重叠，发生共振能量转移，绿光被猝灭，猝灭程度与待测物浓度在一定范围成线性相关，IgG 检测范围 3～67 μg/mL[图 1-20(a′)]，LOD 0.88 μg/mL[78]。图 1-20(b)是猝灭恢复的 Turn On 检测方法。金棒与 NaYF$_4$:Yb,Tm-NaGdF$_4$ 核壳 UCNPs 静电结合，金棒猝灭 UCNPs，当 AFP 加入与 UCNPs 结合，金棒解离，UCNPs 恢复发光，AFP 线性范围 0.18～11.44 ng/mL[图 1-20(b′)]，LOD 0.16 ng/mL[79]。图 1-20(c)是 UCNPs 能量转移致 QD 发光的检测方法[80]。LRET 和 FRET 一样是距离依赖的技术，在大分子夹心结构检测中受限。UCNPs 发光效率较低，均一性和分散性较差，在几百纳米的尺寸偏大，非特异性吸附影响检测效果。为了提高灵敏度，扩大应用范围，合成发光效率高的单分散均一的 UCNPs 是未来发展方向。

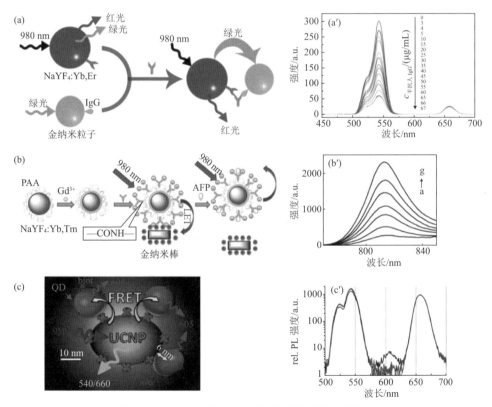

图 1-20 UCNPs 发光能量转移均相免疫分析示意图

(a)金纳米颗粒为受体，IgG 含量增多，UCNPs 发光减弱(a′)；(b)金纳米棒为受体，AFP 含量增多，UCNPs 发光恢复(b′)，AFP 浓度(ng/mL)a～g：0，0.18，1.43，2.86，5.72，7.62，11.44；(c)QD 为受体，形成复合体后，QD 605 发光增强(c′)

1.4.5 其他标记的免疫分析

表面增强拉曼、电化学发光、生物发光、质谱免疫分析以及各类电信号标记的免疫分析也都是常见的免疫分析方法，但由于和数字免疫分析关联度较小，在本书中不做详细介绍，可参阅相关文献[81-84]。

1.5 免疫分析的发展方向

精准医疗自提出以来被认为是第三次医学革命和现代医学的发展方向，其核心由精准诊断和精准治疗构成。精准诊断是精准治疗的前提和基础，也是精准医疗的技术支撑和重要保障。血液中蛋白质含量的精准测量技术是实现精准诊断不可或缺的重要手段之一。免疫分析是临床上广泛使用的蛋白质检测方法，在肿瘤标志物检测、预后监测、药物分析等领域广泛使用。但是现有的免疫分析技术大多是灵敏度不能完全满足精准诊断要求的单组分分析或者是以单组分串行/并行分析为基础的多指标分析,高灵敏多组分免疫分析是精准诊断发展的必然趋势。

纵观免疫分析技术的发展历程，核心追求就是降低检测限，提高灵敏度。降低检测限一直是分析化学家的努力方向，也是所有分析方法未来发展方向之一。图 1-21 展示了各类免疫分析技术的检测限范围[85]。它们大致按照出现的时间先后次序由顶到底排列，基本呈现了检测限随时间发展逐渐降低的趋势。在这些技术中只有少部分得到了广泛的应用，比如 ELISA、免疫层析、偏振荧光免疫等。放射免疫在 20 世纪下半叶迅猛发展，广泛使用，但现在已经很少使用了。凝集免疫分析由于简便快捷，仍在高浓度样本中使用。从图中可以看到，有些技术检测限很低，但并没有能成为临床诊疗中广泛使用的工具。然而，实验室中科研人员追求高灵敏检测的研究进程并未受到影响。开发高灵敏检测方法在发现新的生物标志物、疾病早期筛查、床边诊断等领域意义重大。

高灵敏检测方法能够检测到现有方法检测不到的低丰度分子和低表达量蛋白。深入研究这些低丰度分子和蛋白的浓度变化与疾病的关联有望发现新的重大疾病标志物，构建精准可靠的标志物组，进而为疾病诊断创造新的机会。而且现有方法无法探知"正常"范围以下的变化情况。精准可靠的测量方法有助于建立个性化肿瘤早筛、早查策略。通过追踪个体的肿瘤标志物含量变化情况，构建肿瘤标志物含量与肿瘤演进的关联性，判断个体发生肿瘤的可能性。

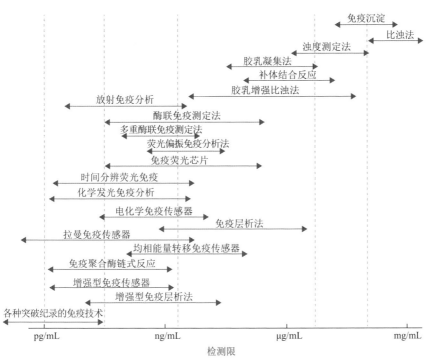

图 1-21　各种免疫分析技术的检测限比较[85]

高灵敏测量蛋白生物标志物浓度的变化可以用来区分健康和疾病状态，记录疾病演进情况。高灵敏检测方法有望在重大疾病极早期阶段发现标志物表达的异常。常规免疫技术对于已经发生明显症状的疾病诊断十分有效，但难以满足重大疾病早筛、神经障碍早诊、心血管疾病早检等需求，尚不能达到精准医学测量的水平。常规免疫技术灵敏度偏低，检测限偏高，仅能检测到血液中 nM～pM 浓度的抗原分子，而在重大疾病的早期阶段，血液中抗原浓度在 fM 级别甚至更低，常规免疫分析根本测量不到，更遑论精准测量。比如胰腺癌术后患者的前列腺特异抗原(PSA)浓度为 0.1～100 pg/mL；HIV 早期患者的 p24 抗原浓度为 0.01～10 pg/mL；阿尔茨海默病相关的 β 淀粉样蛋白最低浓度为 0.3 pg/mL。这样低的浓度都是传统免疫技术难以企及的范围。因此提高免疫技术的灵敏度至飞摩级别是实现精准医学测量的必要条件之一。

高灵敏检测需要的样品量更少，取样更方便，受到的基质干扰小，测量更精准。比如脑疾病标志物在脑脊液中含量高，在血液中含量低，高灵敏检测方法可以直接检测血液而不需要费时费力采集脑脊液。

综上，具有超高灵敏度的数字免疫分析技术应时而生。

参 考 文 献

[1] Wild D. The Immunoassay Handbook. 4th edition. Oxford: Elsevier Ltd, 2013.

[2] 龚非力. 医学免疫学. 第 2 版. 北京: 科学出版社, 2004.

[3] 焦奎, 张书圣. 酶联免疫分析技术及应用. 北京: 化学工业出版社, 2004.

[4] Berson SA, Yalow RA. Quantitative aspects of the reaction between insulin and insulin-binding antibody. Journal of Clinical Investigation, 1959, 38: 1996-2016.

[5] Miles LEM, Hales CN. Labelled antibodies and immunological assay system. Nature, 1968, 219: 186-189.

[6] Engvall E, Perlmann P. Enzyme-linked immunosorbent assay（ELISA）quantitative assay of immunoglobulin-G. Immunochemistry, 1971, 8: 871-874.

[7] Vanweeme BK, Schuurs AHW. Immunoassay using antigen enzyme conjugates. FEBS Letters, 1971, 15: 232-236.

[8] Belanger L, Sylvestre C, Dufour D. Enzyme linked immunoassay for alpha fetoprotein by competitive and sandwich. Clinica Chimica Acta, 1973, 48: 15-18.

[9] Köhler G, Milstein C. Continuous cultures of fused cells secreting antibody of predefined specificity. Nature, 1975, 256: 495-497.

[10] Schroeder HR, Vogelhut PO, Carrico RJ, et al. Competitive protein binding assay for biotin monitored by chemiluminescence. Analytical Chemistry, 1976, 48: 1933-1937.

[11] Sano T, Smith CL, Cantor CR. Immuno-PCR: Very sensitive antigen-detection by means of specific antibody-DNA conjugates. Science, 1992, 258: 120-122.

[12] Rissin DM, Kan CW, Campbell TG. Single-molecule enzyme-linked immunosorbent assay detects serum proteins at subfemtomolar concentrations. Nature Biotechnology, 2010, 28: 595-599.

[13] Lequin RM. Enzyme immunoassay（EIA）/enzyme-linked immunosorbent assay（ELISA）. Clinical Chemistry, 2005, 51: 2415-2418.

[14] Wu AHB. A selected history and future of immunoassay development and applications in clinical chemistry. Clinica Chimica Acta, 2006, 369: 119-124.

[15] Ullman EF. Homogeneous immunoassays: Historical perspective and future promise. Journal of Chemical Education, 1999, 76: 781-788.

[16] Ueda H, Tsumoto K, Kubota K, et al. Open sandwich ELISA: A novel immunoassay based on the interchain interaction of antibody variable region. Nature Biotechnology, 1996, 14: 1714-1718.

[17 Ren J, Wang LH, Han XY, et al. Organic silicone sol-gel polymer as a noncovalent carrier of receptor proteins for label-free optical biosensor application. ACS Applied Materials & Interfaces, 2013, 5: 386-394.

[18] Sam S, Touahir L, Andresa JS. Semiquantitative study of the EDC/NHS activation of acid terminal groups at modified porous silicon surfaces. Langmuir, 2010, 26: 809-814.

[19] Ouerghi O, Touhami A, Jaffrezic-Renault N. Impedimetric immunosensor using avidin-biotin for antibody immobilization. Bioelectrochemistry, 2002, 56: 131-133.

[20] Dong Y, Phillips KS, Cheng Q. Immunosensing of Staphylococcus enterotoxin B（SEB）in milk with PDMS microfluidic systems using reinforced supported bilayer membranes（r-SBMs）. Lab on a Chip, 2006, 6: 675-681.

[21] Trilling AK, Beekwilder J, Zuilhof H. Antibody orientation on biosensor surfaces: A minireview. Analyst, 2013, 138: 1619-1627.

[22] Liu M, Zhao H, Quan X, et al. Distance-independent quenching of quantum dots by nanoscale-graphene in self-assembled sandwich immunoassay. Chemical Communications, 2010, 46: 7909-7911.

[23] Ullman EF, Kirakossian H, Switchenko AC, et al. Luminescent oxygen channeling assay （LOCI^{TM}）: Sensitive, broadly applicable homogeneous immunoassay method. Clinical Chemistry, 1996, 42: 1518-1526.

[24] Goldman ER, Medintz IL, Whitley JL, et al. A hybrid quantum dot-antibody fragment fluorescence resonance energy transfer-based TNT sensor. Journal of American Chemical Society, 2005, 127: 6744-6751.

[25] Kokko T, Kokko L, Lolvgren T, et al. Homogeneous noncompetitive immunoassay for 17-estradiol based on fluorescence resonance energy transfer. Analytical Chemistry, 2007, 79: 5935-5940.

[26] Abe R, Ohashi H, Iijima I, et al. "Quenchbodies": Quench-based antibody probes that show antigen-dependent fluorescence. Journal of the American Chemical Society, 2011, 133: 17386-17394.

[27] Fukuyama M, Nakamura A, Nishiyama K, et al. Noncompetitive fluorescence polarization immunoassay for protein determination. Analytical Chemistry, 2020, 92: 14393-14397.

[28] Wang JJ, Huang XY, Liu H, et al. Fluorescence and scattering light cross correlation spectroscopy and its applications in homogeneous immunoassay. Analytical Chemistry, 2017, 89: 5230-5237.

[29] Zhang HY, Yang S, Beier RC, et al. Simple, high efficiency detection of microcystins and nodularin-R in water by fluorescence polarization immunoassay. Analytica Chimica Acta, 2017, 992: 119-127.

[30] Wang J, Liu H, Huang X, et al. Homogeneous immunoassay for the cancer marker alpha-fetoprotein using single wavelength excitation fluorescence cross-correlation spectroscopy and CdSe/ZnS quantum dots and fluorescent dyes as labels. Microchimica Acta, 2016, 183: 749-755.

[31] Lan T, Dong C, Huang X, et al. A sensitive, universal and homogeneous method for determination of biomarkers in biofluids by resonance light scattering correlation spectroscopy （RLSCS）. Talanta, 2013, 116: 501-507.

[32] Chen MJ, Wu YS, Lin GF, et al. Quantum-dot-based homogeneous time-resolved fluoroimmunoassay of alpha-fetoprotein. Analytica Chimica Acta, 2012, 741: 100-105.

[33] （a）Dong J, Oka Y, Jeong HJ, et al. Detection and destruction of HER2-positive cancer cells by Ultra Quenchbody-siRNA complex. Biotechnology and Bioengineering, 2020, 117: 1259-1269; （b）Liu XJ, Huang CH, Dong XL, et al. Asynchrony of spectral blue-shifts of quantum dot based

digital homogeneous immunoassay. Chemical Communications, 2018, 54: 13103-13106.

[34] Bristow RE, Smith A, Zhang Z, et al. Ovarian malignancy risk stratification of the adnexal mass using a multivariate index assay. Gynecologic Oncology, 2013, 128: 252-259.

[35] Dunbar SA, Jacobson JW. Quantitative, multiplexed detection of Salmonella and other pathogens by Luminex® xMAP™ suspension array. Salmonella, 2007: 1-19.

[36] Cohen JD, Li L, Wang Y, et al. Detection and localization of surgically resectable cancers with a multi-analyte blood test. Science, 2018, 359: 926-930.

[37] 汪静, 李思进. 2018 年全国核医学现状普查结果简报. 中华核医学与分子影像杂志, 2018, 38: 813-814.

[38] Kasetsirikul S, Umer M, Soda N, et al. Detection of the SARS-CoV-2 humanized antibody with paper-based ELISA. Analyst, 2020, 145: 7680-7686.

[39] Zhang Z, Zhu N, Zou Y, et al. A novel and sensitive chemiluminescence immunoassay based on AuNCs@pepsin@luminol for simultaneous detection of tetrabromobisphenol a bis（2-hydroxyethyl）ether and tetrabromobisphenol a mono（hydroxyethyl）ether. Analytica Chimica Acta, 2018, 1035: 168-174.

[40] Zong C, Wu J, Wang C, et al. Chemiluminescence imaging immunoassay of multiple tumor markers for cancer screening. Analytical Chemistry, 2012, 84: 2410-2415.

[41] Zaitsu K, Ohkura Y. New fluorogenic substrates for horseradish peroxidase: Rapid and sensitive assay for hydrogen peroxide and the peroxidase. Analytical Biochemistry, 1980, 109: 109-113.

[42] Sun J, Zhao JH, Bao XF, et al. Alkaline phosphatase assay based on the chromogenic interaction of diethanolamine with 4-aminophenol. Analytical Chemistry, 2018, 90: 6339-6345.

[43] Zhao JH, Wang S, Lu SS, et al. Fluorometric and colorimetric dual-readout immunoassay based on an alkaline phosphatase-triggered reaction. Analytical Chemistry, 2019, 91: 7828-7834.

[44] Hou FH, Zhang Q, Yang JP, et al. Development of a microplate reader compatible microfluidic chip for ELISA. Biomedical Microdevices, 2012, 14: 729-737.

[45] Chen CX, Zhao JH, Lu YZ, et al. Fluorescence immunoassay based on the phosphate-triggered fluorescence turn-on detection of alkaline phosphatase. Analytical Chemistry, 2018, 90: 3505-3511.

[46] Zhao D, Li J, Peng CY, et al. Fluorescent immunoassay based on the alkaline phosphatase-triggered in situ fluorogenic reaction of o-phenylenediamine and ascorbic acid. Analytical Chemistry, 2019, 91: 2978-2984.

[47] Chen CX, Zhao D, Wang B, et al. Alkaline phosphatase-triggered *in situ* formation of silicon-containing nanoparticles for a fluorometric and colorimetric dual-channel immunoassay. Analytical Chemistry, 2020, 92: 4639-4646.

[48] Bronstein I, Edwards B, Voyta JC. 1, 2-Dioxetanes: Novel chemiluminescent enzyme substrates. Applications to immunoassays. Journal of Bioluminescence and Chemiluminescence, 1989, 4: 99-111.

[49] Bronstein I, Voyta JC, Thorpe GH, et al. Chemiluminescent assay of alkaline phosphatase applied in an ultrasensitive enzyme immunoassay of thyrotropin. Clinical Chemistry, 1989, 35: 1441-1446.

[50] Snyder AP, Blyth DA, Parsons JA. Ion mobility spectrometry as an immunoassay detection technique. Parsons Journal of Microbiological Methods, 1996, 27: 81-88.

[51] Rotman B. Measurement of activity of single molecules of β-D-galactosidase. Proceedings of the National Academy of Sciences of the United States of America, 1961, 47: 1981-1991.

[52] Hu Q, Ma KF, Mei YQ. Metal-to-ligand charge-transfer: Applications to visual detection of β-galactosidase activity and sandwich immunoassay. Talanta, 2017, 167: 253-259.

[53] Imagawa M, Hashida S, Ohta Y, et al. Evaluation of β-D-galactosidase from *Escherichia coli* and horseradish peroxidase as labels by sandwich enzyme immunoassay technique, Annals of Clinical Biochemistry: An International. Journal of Biochemistry and Laboratory Medicine, 1984, 21: 310-317.

[54] Porstmann B, Porstmann T, Nugel E, et al. Which of the commonly used marker enzymes gives the best results in colorimetric and fluorimetric enzyme immunoassays: Horseradish peroxidase, alkaline phosphatase or β-galactosidase? Journal of Immunological Methods, 1985, 79: 27-37.

[55] Hosoda H, Takasaki W, Tsukamoto R, et al. Sensitivity of steroid enzyme immunoassays. Comparison of alkaline phosphatase, β-galactosidase and horseradish peroxidase as labels in a colorimetric assay system. Chemical & Pharmaceutical Bulletin, 1987, 35: 3336-3342.

[56] Hosoda H, Tsukamoto R, Nambara T. Sensitivity of steroid enzyme immunoassays. Comparison of four label enzymes in an assay system using a monoclonal anti-steroid antibody. Chemical & Pharmaceutical Bulletin, 1989, 37: 1834-1837.

[57] Grandke J, Oberleitner L, Resch-Genger U, et al. Quality assurance in immunoassay performance— Comparison of different enzyme immunoassays for the determination of caffeine in consumer products. Analytical and Bioanalytical Chemistry, 2013, 405: 1601-1611.

[58] Kumari GL, Dhir RN. Comparative studies with penicillinase, horseradish peroxidase, and alkaline phosphatase as enzyme labels in developing enzyme immunoassay of cortisol. Journal of Immunoassay & Immunochemistry, 2003, 24: 173-190.

[59] Yu SC, Yu F, Liu L, et al. Which one of the two common reporter systems is more suitable for chemiluminescent enzyme immunoassay: Alkaline phosphatase or horseradish peroxidase? Luminescence, 2016, 31: 888-892.

[60] Gao L, Zhuang J, Nie L, et al. Intrinsic peroxidase-like activity of ferromagnetic nanoparticles. Nature Nanotechnology, 2007, 2: 577-583.

[61] Wang YD, Xianyu YL. Nanobody and nanozyme-enabled immunoassays with enhanced specificity and sensitivity. Small Methods, 2022, 6: 2101576.

[62] Huang T, Hu XL, Wang M, et al. Ionic liquid-assisted chemiluminescent immunoassay of prostate specific antigen using nanoceria as an alkaline phosphatase-like nanozyme label. Chemical Communications, 2021, 57: 3054-3057.

[63] Geissler D, Stufler S, Lohmannsroben HG, et al. Six-color time-resolved forster resonance energy transfer for ultrasensitive multiplexed biosensing. Journal of the American Chemical Society, 2013, 135: 1102-1109.

[64] Cao C, Sim SJ. Resonant Rayleigh light scattering response of individual Au nanoparticles to antigen-antibody interaction. Lab on a Chip, 2009, 9: 1836-1839.

[65] Truong PL, Cao C, Park S, et al. A new method for non-labeling attomolar detection of diseases based on an individual gold nanorod immunosensor. Lab on a Chip, 2011, 11: 2591.

[66] Liu DB, Wang ZT, Jin A, et al. Acetylcholinesterase-catalyzed hydrolysis allows ultrasensitive detection of pathogens with the naked eye. Angewandte Chemie—International Edition, 2014, 52: 14065-14069.

[67] Qu WS, Liu YY, Liu DB, et al. Copper-mediated amplification allows readout of immunoassays by the naked eye. Angewandte Chemie—International Edition, 2011, 50: 3442-3445.

[68] Yang YC, Tseng WL. 1, 4-benzenediboronic-acid-induced aggregation of gold nanoparticles: Application to hydrogen peroxide detection and biotin avidin-mediated immunoassay with naked-eye detection. Analytical Chemistry, 2016, 88: 5355-5362.

[69] Ma XM, Lin Y, Guo LH, et al. A universal multicolor immunosensor for semiquantitative visual detection of biomarkers with the naked eyes. Biosensors & Bioelectronics, 2017, 87: 122-128.

[70] Ma XM, Chen ZT, Kannan P, et al. Gold nanorods as colorful chromogenic substrates for semiquantitative detection of nucleic acids, proteins, and small molecules with the naked eye. Analytical Chemistry, 2016, 88: 3227-3234.

[71] Liu X, Dai Q, Austin L, et al. A one-step homogeneous immunoassay for cancer biomarker detection using gold nanoparticle probes coupled with dynamic light scattering. Journal of the American Chemical Society, 2008, 130: 2780-2782.

[72] Li C, Ma JH, Fan QX, et al. Dynamic light scattering (DLS)-based immunoassay for ultra-sensitive detection of tumor marker protein. Chemical Communications, 2016, 52: 7850-7853.

[73] Ling J, Li YF, Huang CZ. Visual sandwich immunoassay system on the basis of plasmon resonance scattering signals of silver nanoparticles. Analytical Chemistry, 2009, 81: 1707-1714.

[74] Ma J, Zhan L, Li RS, et al. Color-encoded assays for the simultaneous quantification of dual cancer biomarkers. Analytical Chemistry, 2017, 89: 8484-8489.

[75] Xiong Y, Fu T, Zhang DX, et al. Superradiative plasmonic nanoantenna biosensors enable sensitive immunoassay using the naked eye. Nanoscale, 2021, 13: 2429-2435.

[76] Bhuckory S, Mattera L, Wegner KD, et al. Direct conjugation of antibodies to the ZnS shell of quantum dots for FRET immunoassays with low picomolar detection limits. Chemical Communications, 2016, 52: 14423-14425.

[77] Hampl J, Hall M, Mufti NA, et al. Upconverting phosphor reporters in immunochromatographic assays. Analytical Biochemistry, 2001, 288: 176-187.

[78] Wang M, Hong W, Mi CC, et al. Immunoassay of goat antihuman immunoglobulin G antibody based on luminescence resonance energy transfer between near-infrared responsive NaYF4: Yb, Er upconversion fluorescent nanoparticles and gold nanoparticles. Analytical Chemistry, 2009, 81: 8783-8789.

[79] Chen HQ, Guan YY, Wang SZ, et al. Turn-on detection of a cancer marker based on near-infrared luminescence energy transfer from NaYF$_4$: Yb, Tm/NaGdF$_4$ Core-shell upconverting nanoparticles to gold nanorods. Langmuir, 2014, 30: 13085-13091.

[80] Mattsson L, Wegner KD, Hildebrandt N, et al. Upconverting nanoparticle to quantum dot FRET

for homogeneous double-nano biosensors. RSC Advances, 2015, 5: 13270-13277.

[81] Wang ZY, Zong SF, Wu L, et al. SERS-activated platforms for immunoassay: Probes, encoding methods, and applications. Chemical Reviews, 2017, 119: 7910-7963.

[82] Zhao LX, Sun L, Chu XG. Chemiluminescence immunoassay. TrAC-Trends in Analytical Chemistry, 2009, 28: 404-415.

[83] Prathap MUA, Rodriguez CI, Sadak O, et al. Ultrasensitive electrochemical immunoassay for melanoma cells using mesoporous polyaniline. Chemical Communications, 2018, 54: 710-714.

[84] Liu R, Wu P, Yang L, et al. Inductively coupled plasma mass spectrometry-based immunoassay: A review. Mass Spectrometry Reviews, 2014, 33: 373-393.

[85] Zherdev AV, Dzantiev BB. Detection limits of immunoanalytical systems: Limiting factors and methods of reduction. Journal of Analytical Chemistry, 2022, 77: 391-401.

第 2 章　数字免疫分析基本原理

2.1　数字免疫分析概要

2.1.1　概念

  数字免疫分析(digital immunoassay)技术是一种以直接或间接计量免疫复合体分子个数为定量方式的免疫分析技术。当检测、统计对象为单个分子时，也称为单分子计数免疫分析。与此对应，常规免疫分析利用免疫复合体的信号强度进行定量，强度值的大小随着复合体含量变化而连续变化，是连续信号，也可以说是模拟信号。数字免疫分析记录的是分子个数，是不连续的离散信号。在信息技术中，信号离散化是数字信号的基础与前提，数字免疫分析因记录离散信号，仿照数字信号的命名而得名。虽然数字免疫分析记录分子个数，但是免疫复合体分子信号强度的大小会影响分子识别的准确性，进而影响计数的准确性。数字免疫分析技术的主要优势是灵敏度极高，比常规免疫分析技术检测限至少低 1000 倍，可以达到单分子检测水平，能够满足肿瘤早期检测、血液中稀少抗原检测等高灵敏检测的需求，是近些年免疫分析的前沿技术，被认为是下一代免疫技术。

  图 2-1 示意了常规免疫分析和数字免疫分析的异同。以检测夹心结构的免疫复合体为例，无论是传统免疫还是数字免疫均须将目标抗原与捕获抗体和检测抗体形成夹心结构的免疫复合体，并标记上信号标签。随后，传统免疫分析直接将样品用于信号检测，信号强度与样品浓度在一定范围内正相关，通过构建标准曲线定量未知样品含量。数字免疫分析则要将免疫复合体离散分装到众多(可多达几百万)的微小空间中，使得微空间中要么含目标分子(阳性空间，记为 1)，要么不含目标分子(阴性空间，记为 0)，既能通过统计阴性微空间个数，利用泊松分布对抗原分子进行绝对定量，也可以通过计数阳性空间中复合体的个数进行定量。统计阳性空间个数时须识别出阳性微空间中的抗原分子个数，因为并不是每个阳性空间中都只分装一个分子。计量阳性空间的定量方式也是单分子计数分析的定量方式，需要预先构建标准曲线。

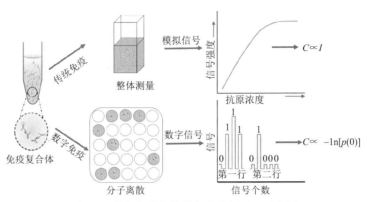

图 2-1　数字免疫与传统免疫分析对比示意图

2.1.2　应用

数字免疫分析最大的优点就是超高检测灵敏度,检测限可以达到 10^{-21} M (aM) 水平,相当于可以检测到 100 μL 体积中的几十个分子。检测灵敏度的大幅提升能够改变人们应对重大疾病的方式,从只能在疾病发生后被动响应转变为发病前的主动预防。图 2-2 示意了生物标志物的浓度与疾病阶段和样品来源的关系,以及不同免疫分析技术在不同条件下起到的作用。

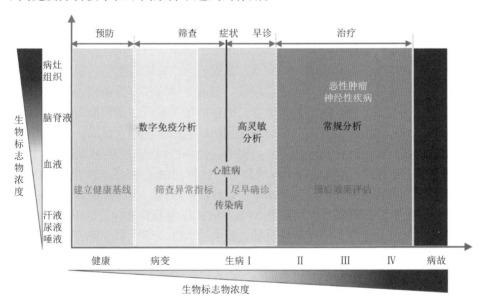

图 2-2　生物标志物浓度与样品来源、疾病阶段关系,不同免疫分析技术在疾病不同阶段的应用以及发挥的作用

参照文献 IEEE Journal of Biomedical and Health Informatics,2020,24:1864 重新绘制

　　测量健康人体中生物标志物的目的在于建立健康基线。建立健康人体中生物标志物的浓度基线是实现疾病早期检测的前提条件，只有建立了基线和阈值，才能通过监测浓度的变化进行早期检测。这也是现在临床检测中指标异常的判断思路。测量出健康人群中某个指标的平均值或中间值，作为这个指标相关疾病的发生依据，高于阈值为阳性。理想状态下，应该建立所有生物标志物在健康人体中的浓度范围。有研究者尝试监测健康人血液中 15 种细胞因子 14 周内的含量波动情况[1]，发现 IL-15 和 TNF-α在测量人群中几乎没有变化，而有些细胞因子如 IL-5 和干扰素 γ 个体之间的差异非常大。健康人体中的有些生物标志物浓度非常低，难以用传统方法检测到，只有数字免疫分析才能检测到。针对不同标志物判断疾病的发生条件不能仅仅依赖群体的平均值，可能还要看个体自身的变化情况。

　　症状的出现是疾病处置的关键节点。多数人认为出现症状的时候才是一般意义上的生病了。实际上一些重大疾病在出现症状时已经进入晚期阶段，为治疗带来极大困难。在症状发生前筛查出异常指标，尽早确诊将极大降低重大疾病的致死率。癌症在肿瘤浸润扩散之前发现确诊，通过手术治愈的可能性大大增加。然而，症状出现前有效检测出生物标志物的异常并不容易做到。一方面是因为检测灵敏度不足，另一方面是因为标志物特异性不强。

　　为了实现重大疾病的大规模快速筛查，需要开发低侵入样本的生物标志物含量检测技术。血液、尿液、汗液、唾液等体液样本比脑脊液（cerebral spinal fluid）、肿瘤组织更容易获得，患者也容易接受，但是其中的标志物浓度也低得多。

　　数字免疫分析的超高灵敏度特点使其可用于健康基线的构建，低侵入样本、小体积样本、复杂样本的检测，疾病早筛早检和治疗效果监测等场景。

　　低侵入样本检测：血液、唾液、尿液、泪液等体液样本为非侵入式或低侵入式采集所得样本，易于获取，便于筛查，但标志物含量低。脑脊液需要腰椎穿刺获得，为侵入式样本。脑脊液中神经系统疾病的蛋白标志物含量高，但由于血脑屏障，绝大部分蛋白标志物无法进入外周血，使得外周血中神经疾病的蛋白标志物含量极低，在数字免疫分析技术出现前无法检测。比如，神经丝轻链蛋白（NFL）是轴索损伤的生物标志物[2]，与多种神经系统疾病相关，准确测量其浓度对于诊断、预后和监测十分重要。外周血中 NFL 的浓度仅为脑脊液含量的 1/40，ELISA 和电化学发光灵敏度均不足以准确测量血液中的 NFL 含量。数字免疫分析灵敏度是 ELISA 和电化学检测的 126 倍和 25 倍，实现了生理和病理条件下血清中 NFL 的可靠定量测定[3]，为进一步通过血清中 NFL 含量判断神经疾病的进程和预防打下基础。

　　小体积样本检测：常规分析中，至少需要 100 μL 的样品以保证测量的重复性和精准度。但有些条件下样本体积小于 25 μL，如儿科样本、小动物样品、泪液、汗液等。监测视网膜血管疾病的治疗效果时，每次只能取 12 μL 眼房水，测量其中血管内皮生长因子(VEGF)含量。常规方法很难在这么小体积的样本中得到准确的测量结果。数字免疫分析的高灵敏度允许样品稀释 12 倍并保证足够的分析效果[4]。

复杂样本的测量：复杂样品中基质干扰严重，影响测量准确性。血清和血浆样本通常至少需要稀释 4 倍以保证回收率和测量精度。稀释倍数过高，浓度过低，影响测量精度。数字免疫分析技术因灵敏度高允许对复杂样品高倍数稀释，在降低基质效应的同时，依然保证测量准确度。粪便中艰难梭菌(C. difficile)毒素测定的传统方法为核酸扩增法，假阳性率偏高，缺乏临床诊断特异性。数字免疫分析可以直接测量稀释 20 倍后的过滤溶液中的毒素[5]，提高了诊断准确性。

疾病早期检测：如图 2-2 所示，重大疾病的症状出现之前生物标志物浓度极低，目前只有超高灵敏的数字免疫分析技术可以检测到生物标志物的异常变化。疾病的早期检测除了要求检测技术的灵敏度足够高，还要求标志物的特异性与灵敏性也要足够高。现阶段，神经系统疾病的标志物及病毒性疾病灵敏度和特异性更高，更加适合早期检测。家族性阿尔茨海默病出现症状前的 6.8 年，血清中 NFL 即显著升高[6]。临床确认感染 HIV 的前两周内 p24 抗原浓度升高至 $50 \times 10^{-18} \sim 15 \times 10^{-15}$ M，如果能及时检测到，就可以早期诊断 HIV[7]。

治疗效果监测：治疗后标志物的浓度降低，低于常规技术的检测限，只有高灵敏检测技术才能监测标志物的浓度变化，追踪疗效。比如，前列腺切除手术后，体内依然存在含量极低的 PSA，其含量的变化可能预示着前列腺肿瘤转移。但常规技术无法检测到术后 PSA 含量，只能依靠数字免疫分析技术。再如，TNF-α 抗体药物降低体内 TNF-α浓度到 pg/mL，低于或者接近于大多数免疫分析技术的检测限，即使能够检测到靶蛋白，变异系数也非常高，无法精准检验用药效果。数字免疫分析检测限在 fg/mL 水平，可以评价治疗周期内的靶蛋白浓度变化。

2.1.3　数字免疫分析的发展

数字免疫分析的最初形式为单分子计数免疫分析。单分子计数免疫分析直接检测并统计单个分子，而数字免疫分析不一定检测到单个分子。最早可以回溯到单分子毛细管电泳阶段，以电泳淌度的不同区分免疫复合体和游离抗体，在电泳分离的同时完成单分子成像检测[8]。2006 年，Singulex 公司报道了商品名为 Erenna 的单分子计数免疫分析仪，开启了数字免疫分析的商品化阶段。

数字酶免疫分析概念由 Quanterix 公司在 2010 年提出，创立了阵列微孔离散单个酶标免疫复合体的方法。将硬离散思路引入计数免疫分析，丰富了数字免疫分析的内涵。2013 年，微流控技术实现每秒百万液滴的生成。每个液体体积小于

10 fL，可以包裹单个酶标分子，用于计数检测 PSA，检测限低至 46 fM[9]。这是液滴离散第一次用于数字免疫分析的报道。

2016 年，Akama 等[10]提出酶催化沉积的时间软离散法，荧光染料通过酶反应沉积到免疫复合体上，采用传统的流式细胞仪即可对信号实时检测。这种方法不需要任何硬离散微空间。

2018 年，我们课题组提出利用量子点标记的均相软离散数字免疫分析法，利用双色标记空间重叠和免疫复合体中量子点的光谱蓝移不同步性区分免疫复合体和单个游离量子点[11, 12]。同年，粒子扩散识别免疫复合体的均相免疫分析法被报道，特异性结合、非特异性结合以及游离状态的磁颗粒布朗运动轨迹不同，可用来识别结合的免疫复合体[13]。2020 年，我们提出了克服随机进样误差的全统计分析思路，利用蒸干沉积微球标记，实现百分百离散定量[14]。

2021 年，固相纳米孔被用于数字免疫分析中。目标分子形成独特的纳米结构穿过纳米孔产生电信号，每个电信号计为一个目标分子，将电纳米孔信号转化数字计数，是一种时间离散数字免疫分析法[15]。同年，本书作者研究团队提出利用微球透镜辅助增强低数值孔径物镜的成像能力，实现数字免疫分析，在 20× 的物镜下即可检测到作为目标物标签的单个量子点，为提高统计通量和仪器微型化打下基础[16]。

2022 年，Liu 等提出利用激光加热等离子体纳米粒子生成的气泡离散计数病毒颗粒的思路[17]。这种硬离散方法与微孔阵列和微液滴都不一样，气泡微空间只是暂时存在，不需要预先加工，其空间大小和激光强度、脉冲时间及流速相关。这一年，我们在 2021 年开发的双组分免疫分析[18]基础上报道了三组分均相数字免疫分析法[19]，在多组分均相免疫分析领域走在前列。

作者从 2000 年开始介入单分子检测研究，是国内最早一批开展单分子检测研究的研究人员。2006 年底，盖宏伟教授在湖南大学生物医学工程中心独立开展工作，重点围绕单个量子点的光学性质及其应用展开研究，发现了量子点光谱蓝移不同步性和量子点光谱蓝移的调节方法，并在单个纳米粒子散射成像和超高分辨成像取得进展[20]。2011 年底，调入江苏师范大学，组建高灵敏分析团队，建立了量子点聚合物团聚度的定量方法。在此基础上，开发了独具特色的均相数字免疫分析法，进而发展了双组分和三组分数字免疫分析技术[21]。本书是作者在 20 年的单分子检测和近 10 年的单分子计数定量分析的基础上酝酿而成。

2.1.4 数字免疫分析的产业化

数字免疫分析被认为是下一代免疫分析技术，是近些年体外诊断(IVD)领域的投资热点。国际上先后有 4 家公司从事单分子免疫分析产品研发，按时间先后顺序分别是美国的 Singulex、Quanterix，西班牙的 Mecwins 和日本的 Precision System Science（PSC）。Singulex 已于 2019 年夏停止运营。Mecwins 和 PSC 进入超灵敏检测领域时间较短。国内也有部分公司宣称研发数字免疫分析技术，但是尚未见到公开的报道。

1. Singulex

2004 年，Singulex 公司成立。

2006 年，发布了单分子免疫检测仪器——Erenna。获得风险投资 935 万美元。总部迁至加利福尼亚州。

2007 年，获得 OrbiMed 领投风险投资 1900 万美元。

2009 年，获得日本 JAFCO 领投风险投资 1900 万美元。

2012 年，提交 IPO 申请。

2015 年，德国 Merck 公司收购了 Singulex 公司的生命科学研究业务，包括 Erenna 平台技术。

2016 年，出让 20% 股份，获得 Grifols 5000 万美元投资。被举报在医疗以及军方健康保险费用中增加无需要的测试费用。

2018 年，因违反美国《虚假申报法》支付了 125 万美元罚款。

2019 年 7 月，公司关闭，解雇 71 名员工。公司历史上合计获得 9 轮融资，总额约 2.3 亿美元。

2. Quanterix

2007 年，由 Tufts 大学 David Walt 教授创立。

2008 年，ARCH Venture Partners 等风险投资 1500 万美元。

2010 年，在 *Nature Biotechnology* 上发表论文[22]，公开数字酶免疫分析技术。开发出 Single Molecule Array（SiMoA）检测装置。

2012 年，债券融资 200 万美金；bioMerieux 等风险投资 1850 万美元。

2014 年，推出第一代全自动单分子免疫检测仪 HD-1。

2016 年，Trinitas Capital 等公司投资合计 4600 万美元。

2017 年，在 NASDQ 上市，融资 6400 万美元。

2018 年，推出半自动检测系统 SR-X。

2019 年，推出 HD-X，HD-1 的升级版。

2019～2021 年，获得 Post-IPO Equity 投资 4.34 亿美元。先后获得 11 轮投资，总额 5.33 亿美元。

3. Mecwins

2008 年，由马德里微纳电子研究所的 Javier Tamayo 教授和 Montserrat Calleja

教授创立。

2018 年，Grifols 和 CRB 联合投资 400 万欧元，用于超灵敏诊断技术研发。

2021 年 6 月，与 Quidel 战略合作，联合开发检测限低于 pg/mL 检测水平的 POC 设备。

2021 年，研发基于等离子体检测的数字生物大分子超灵敏检测平台（AVAC）。

4. 国内数字免疫分析商业化现状

国内已有光与、宇测、彩科等公司宣称正在开发独有的单分子免疫平台，但公开检测报告尚未报道。作者所在课题组已经与深圳市博瑞生物科技有限公司联合开发了基于液滴离散的单分子免疫分析平台。2022 年科技部"诊疗装备与生物医用材料"重点专项指南中列入了"单分子免疫检测技术及原型产品研制"专题。

纵观这些已有的商业化仪器，检测方案均为非均相免疫技术，要么在磁珠上生成免疫复合物再磁分离，要么以玻璃板为基底再洗脱。这导致样品前处理自动化难度加大，全自动仪器庞大，便携化的床边仪器几乎不可能。此外，微池阵列的硬离散模式造成大量的目标物未能参与检测，影响检测灵敏度的进一步提升。表 2-1 列出现有仪器的基本情况。

表 2-1　商业化数字免疫分析仪

	现状	融资	离散	检测	组分数	自动化程度	外观	应用
Singulex	2019 年关闭	5.3 亿美元	自然-时间	共聚焦检测	单组分	Erenna：不含样本前处理 SigClarity：全自动	40 cm × 54 cm × 57.5 cm；31.3 kg 与 Simoa 相仿	心肌梗死
Quanterix	2017 年上市	2.27 亿美元	微池	荧光成像	六组分	全自动	Simoa HD-X：135 cm × 60 cm × 160 cm；~90 kg	阿尔茨海默病，帕金森病，新冠肺炎，HIV 等
Mecwins	2021 年介入	不详	自然-空间	暗场成像	单组分	全自动	75 cm × 73 cm × 52 cm；95 kg	不详
PSC	2022 年报道	不详	微池	荧光成像	单组分	不含样本前处理	不详	新冠病毒

2.1.5　单元操作

数字免疫分析按照操作过程分为四个主要单元操作，即免疫复合体的生成（formation）、离散（compartment/partition）、识别与放大（recognition and amplification）、计数（counting）[图 2-3(a)]。

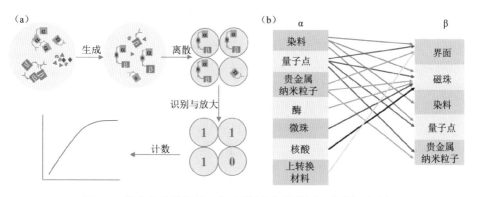

图 2-3　数字免疫分析的一般流程(a)和偶联标记分类组合(b)

免疫复合体的生成：通过免疫反应捕获目标抗原，捕获效率的高低决定了形成免疫复合体的数量，在一定程度上影响定量检测限。目前看来，数字免疫分析形成的免疫复合物多为三明治夹心结构，即捕获抗体-抗原-检测抗体形式。在捕获抗体和检测抗体中的一方或双方偶联上所需要的功能标签，即图 2-3(b)中 α 和 β。比如，需要偶联信号检测标签时，可在检测抗体上连接 α，包括染料、量子点、酶等；需要将免疫复合物分离时，可在捕获抗体上偶联分离功能标签 β，可以是磁珠、界面等。图 2-3(b)中 α 和 β 之间的连接线代表已经报道过的偶联方式组合。大致看到，以磁珠为分离载体的数字免疫分析方法最多，几乎所有类型的检测标签都与磁珠组合过。其次是表面分离。

免疫复合体的离散：将免疫复合体分子在空间或时间上形成可区分、可计数、可统计的分散状态就是离散，也称分装，是数字免疫分析的关键技术。离散分为硬离散和软离散两大类。硬离散是指利用相界面隔离的微空间将目标分子分散成可计数分子的技术，主要包括微孔阵列离散、液滴离散和气泡离散。在硬离散条件下，微空间之间有两相界面隔离。软离散则是在没有实体微空间情况下目标分子形成了不重叠的分散状态，分子与分子之间是连续相，分为时间离散和空间离散。离散效率，是指可供检测的免疫复合物分子个数与生成的免疫复合物的个数比。硬离散的离散效率是免疫复合体进入微空间的比率。软离散的离散效率是免疫复合体沉积在载玻片上的个数比或流过检测器的个数比。离散效率在很大程度上决定了定量效果。硬离散除了分散复合体分子，还起到浓缩和分离作用。对于 fM 浓度的样品，如果将单个分子离散到 10 μm 直径的液滴中(体积 0.5 pL，浓度 3 pM)，微空间中的样品浓度为 pM 浓度，检测难度大大降低。样品中的基质分子同样被离散到微空间中，使得每个微空间中的基质分子总量减少，样品分子与基质分子的比值增大，降低基质噪声，提高检测效果。微池硬离散尚不能将所有进样免疫复合体分子百分百离散封装。软离散方法相对简单，但缺乏可控性，大多数空间软离散也面临着进样的免疫复合体不能全部沉积离散的问题。

免疫复合体的识别与信号放大：利用光、电、磁等信号，区分辨识出免疫复合体分子，通常与信号放大技术联用。理想的识别方法既能从干扰物和游离探针中准确地识别出免疫复合体，又能识别出特异性结合和非特异性结合。数字免疫分析中已出现的信号放大技术包括酶催化放大和核酸扩增放大。

免疫复合体的计数：计数式定量是数字免疫分析的特征定量方式，避免了宏观信号强度波动带来的误差。计数对象可以是阳性空间，可以是阴性空间，也可以是免疫复合体本身或它们的标记物。计数对象随着分析条件的不同而略有区别。我们把计数的对象统称为离散单位体。硬离散中离散单位体是单个微空间，软离散中离散单位体为单个目标物。当离散封装效率达百分之一百，若阳性离散空间内不能区分单个免疫复合体，应统计阴性空间，利用泊松分布进行绝对定量；若阳性离散空间内可区分单个免疫复合体，则可以统计免疫复合体个数。当离散封装效率不能达到百分之一百时，应利用阳性离散空间中的免疫复合体个数建立标准曲线进行定量。

图 2-4 示意了数字免疫分析方法的设计流程。根据使用条件，先确定生成免疫复合物后是否需要分离，选择均相分析或是非均相分析。均相分析中还需选择检测方式，是流式检测还是沉积到表面检测。再确定标记到检测抗体和捕获抗体的标签类型，它们多数情况下性质不同，即 $\alpha \neq \beta$。非均相免疫分析中，首先确定分离方法，磁珠分离或界面洗脱，再从微池和液滴中选择一种离散方式，根据离散方式的不同选择不同的信号识别和检测方式。

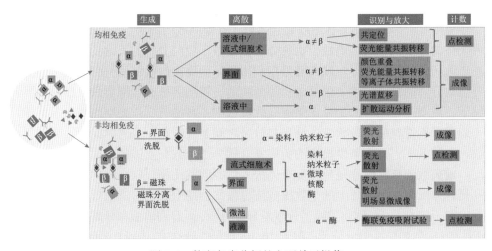

图 2-4　数字免疫分析的主要单元操作

2.1.6　分类

我们将数字免疫分析的代表性文献按照离散方式和是否需要分离两个维度，分成四类列于图 2-5 的四个象限中。

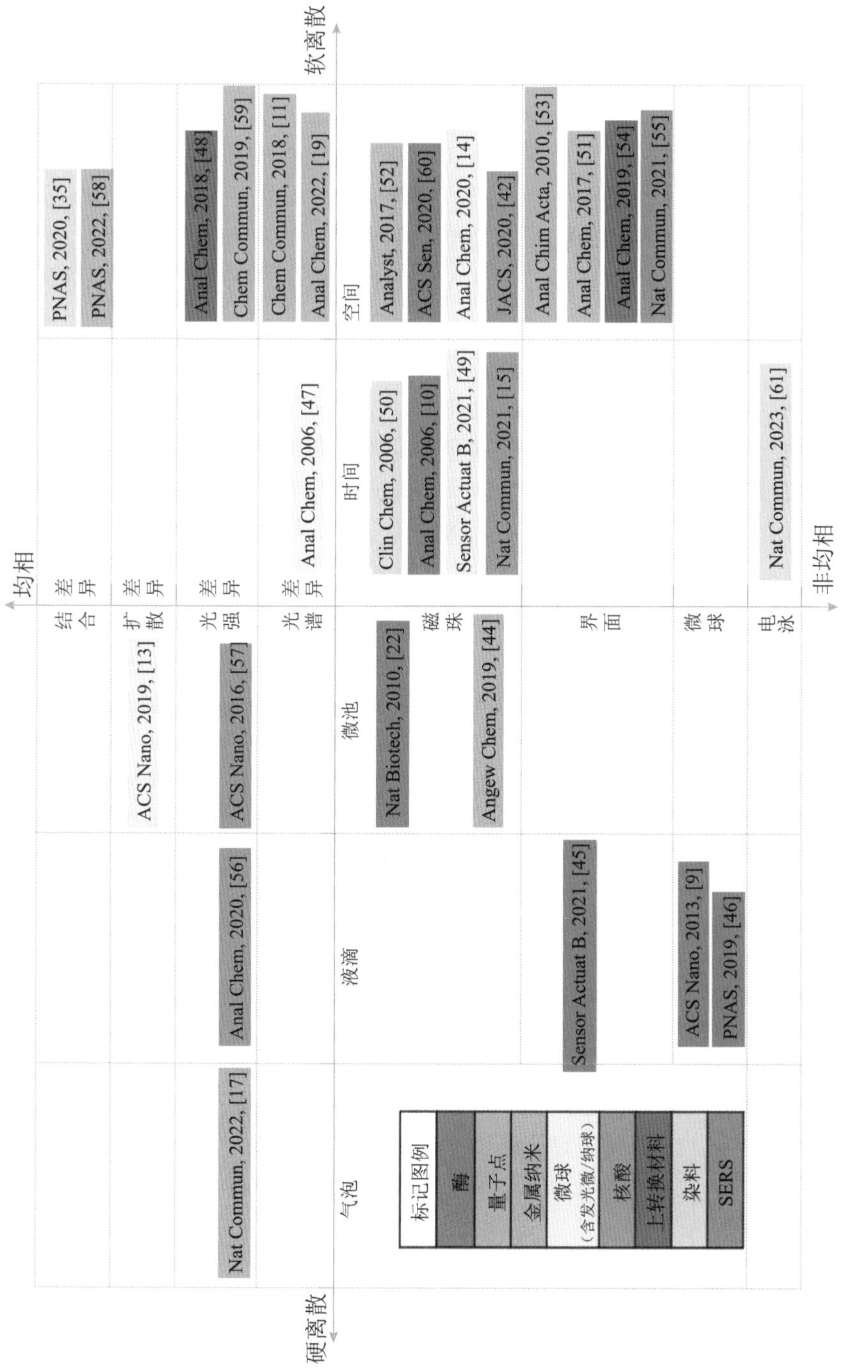

图 2-5　数字免疫分析的分类

方括号内数字为文献编号。图例颜色对应探针种类横轴为硬离散和软离散。数字免疫分析是基于单个免疫复合体计数的方法，将免疫复合体离散成为可单个计数的形态是关键技术之一。按照离散技术的性质，数字免疫分析分为硬离散数字免疫和软离散数字免疫。硬离散包括微孔阵列离散、液滴离散和气泡离散。软离散分为时间离散和空间离散。

纵轴按照检测前目标分子是否先行分离，分为均相免疫和非均相免疫。均相免疫由于未将免疫复合体和游离抗体分离，构建它们之间的识别策略是均相免疫分析的关键技术。目前已有的均相数字免疫识别方法主要有光强差异识别、光谱差异识别、扩散差异识别和结合差异识别。非均相免疫按照分离方法不同分为磁珠分离、界面分离、微球分离和电泳分离；检测抗体的标记物包括酶、量子点、金属纳米颗粒、微球、核酸、染料、上转换发光材料、SERS 等。

各类数字免疫分析技术的代表文献列于对应的象限中，基本涵盖了目前存在的所有数字免疫分析技术类型，框格的底色对应着文献中所用的检测标记物。酶标记包括酶催化底物发光和酶催化底物沉积。微球标记包括荧光微球、聚苯乙烯微球和文献[13]的磁珠标记。Quanterix 的数字酶免疫分析利用微池离散、磁珠分离和酶标记信号放大是第三象限中非均相硬离散免疫分析的典型代表[22]。Singulex 公司的单分子免疫技术利用了磁珠分离、流式离散和染料探针，是第四象限中软离散非均相分析的代表[50]。Mecwins 公司利用了界面分离、金纳米颗粒探针和空间离散，属于软离散非均相分析。我们课题组以量子点为标记物，以空间离散的方式实现均相数字免疫分析，主要分布在第一象限[11, 19, 59]。硬离散技术的问题是微池数量的限制、装填效率有限、加工困难。非均相的问题是步骤多、样品处理程序多、不易微型化，因此理想的数字免疫分析应是软离散的均相分析。我们认为数字免疫技术的发展趋势应是从图 2-5 的第三象限向第一象限。

2.2　数字免疫分析定量方法

数字免疫分析有两种定量方式，一是绝对定量，基于泊松分布概率函数计算浓度；二是计数定量，计量免疫复合体的个数。

2.2.1　绝对定量

绝对定量不需要标准曲线，统计出阴性离散空间的比例，直接通过泊松分布公式计算而得，方法简单。但要求待测量的目标分子全部被离散，也就是离散效率须为 100%。大多数离散方法无法达到这一效率。微孔阵列离散过程中，配合磁力和流体吹扫，离散效率达到 50% 左右，还有一半的磁珠未进入微孔而被清除。软离散中样品分子沉积到基底的效率等同于硬离散的离散效率，与基底性质和采用的沉积方法有关，也难以做到 100% 沉积。液滴离散是能够做到完全离散的方法之一，数字液滴 PCR 就是采用泊松分布概率计算的绝对定量方法。

1. 泊松分布定量方法

数字免疫分析的离散过程是将 m 个样品分子分装到 n 个微空间的过程。每个微空间中的平均分子个数 (λ) 与样品摩尔浓度 (C) 和微空间个数 (n) 相关。λ 是未知量，只要估计出 λ 就可以计算出样品浓度。

$$\lambda = \frac{m}{n} = C \cdot V_d \cdot N_A \tag{2-1}$$

式中，V_d 为微空间的体积；N_A 为阿伏伽德罗常数。

假设样品分子在离散过程中必然被分装到微空间中，不存在未进入微空间的分子，即封装效率为百分之百，则特定微空间中能否分装到目标分子，能分装到几个目标分子都是随机发生的。当分子数 m 足够大时，符合大数定律，离散过程可以用统计分布描述。统计学中，m 次独立重复的试验，每次试验事件发生的概率为 p，事件发生 k 次的概率分布为二项(binomial)分布。在数字免疫离散分装过程中，将目标分子分装到微空间中为独立试验中发生的事件，试验重复次数为分子总数 m，每个目标分子分装到指定微空间的概率为 $1/n$，在指定微空间中分装到 k 个分子的概率分布 $P(k)$ 符合二项式分布：

$$P(k) = \binom{m}{k} p^k q^{m-k}, 0 \leq k \leq m \tag{2-2}$$

$$\binom{m}{k} = \frac{m!}{(m-k)!k!}, \quad p = \frac{1}{n}, \quad q = 1 - p$$

$$\mu = mp = \lambda; \quad \sigma^2 = mpq$$

期望值是每个空间中分子个数，也就是 λ。当 m 足够大，p 足够小(也就是 n 足够大)时，二项分布收敛于泊松分布。一般认为当 $m \geq 20$，$p \leq 0.05$ 时，二项式分布近似为泊松(Poisson)分布。指定微空间包含的目标分子个数为随机变量 (X_m)，其统计分布符合泊松分布。

$$P(X_m = k) = e^{-\lambda} \frac{\lambda^k}{k!} \tag{2-3}$$

$$\mu = \sigma^2 = \lambda$$

当微空间不含样品分子时，$k = 0$，$P(0) = e^{-\lambda}$，也就是阴性空间的概率。

$$\ln[P(0)] = -\lambda \tag{2-4}$$

结合式(2-1)算出样品浓度 C：

$$C = \frac{\lambda}{N_A \cdot V_d} = -\frac{\ln\left[P(0)\right]}{N_A \cdot V_d} \tag{2-5}$$

在免疫复合体数量确定时，离散空间数 n 影响每个空间中的分子数分布。为了直观理解泊松分布概率，图 2-6 展示了 50000 个免疫复合体在离散空间总数不同时，每个空间中免疫复合体个数的分布情况。假设将 5 万个免疫复合体全部分装到离散空间(40 pL/空间)中。需要注意的是，离散空间总数不同，意味着样品体积不同(样品体积为总离散空间数与每个空间体积乘积)，即样品浓度不同。当离散空间为 2 万个时，每空间期望分子个数为 2.5(50000/20000 = 2.5)。按照泊松分布，由式(2-2)计算 $P(0) = 0.0821$，代入式(2-4)计算 λ 为 2.4998，与期望值非常相符。当离散空间为 5 万个时，每空间期望分子数为 1。计算 $P(0) = 0.368$，代入式(2-4)计算 λ 为 0.9996，与期望值非常相符。离散空间越多，阴性空间的概率越大。理论上，最少要有一个阴性离散空间，以保证 $P(0) \neq 0$，否则无法计算样品浓度。如果阴性空间的数量太小的话，微小的测量波动都将大幅度影响定量结果。离散空间总数不必一定大于样品分子数，也不必保证每个空间中只有一个目标分子，从图 2-6 可以看出也无法保证每空间只有一个目标分子。

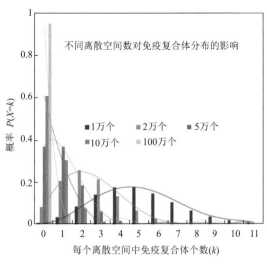

图 2-6 免疫复合体(5 万个)在离散空间数量不同时的泊松分布结果

对于未知样品，浓度由式(2-1)和式(2-4)计算而得，其中 $P(0)$ 为阴性离散空间数与离散空间总数的比值，比值越大样品浓度越低。绝对定量检测的理论上限为 $1/n$，下限为 $(n-1)/n$，空间总数越多，动态范围越宽。但当样品浓度接近检测范围的两端时，阴性空间的微小变化都大幅度地影响定量结果。因此，通常将理论动态范围的 60% 视为实际动态范围，一般在 2~3 个数量级。为了扩大动态范围，将模拟信号和数值信号联用。目标分子含量低的时候，分子密度低，能够区分单个分子，采用计数定量。目标分子浓度高时，分子重叠，不能区分单个分子，无法计数。采用与宏观定量方法类似的方式，以单位区域或单个磁珠或单次信号的强度进行定量，动态范围能扩大到 6~8 个数量级。

2. 泊松分布估计值的置信区间与定量精度

样品分子的离散过程是随机过程，$P(X=k)$ 是统计估计量，其中 $P(0)$ 是我们最关心的一个参数，$P(0)$ 的估计范围即为置信区间。对于二项式分布的置信区间常用正态分布近似，称为标准区间(SI)。另一种置信区间计算方法所得区间为 Wilson 区间(WI)：

$$SI = P \pm \alpha \times \sqrt{P \times \frac{1-P}{n}} \tag{2-6}$$

$$WI = \frac{P + \frac{\alpha^2}{2n} \pm \alpha \sqrt{\frac{P(1-P) + \frac{\alpha^2}{4n}}{n}}}{1 + \frac{\alpha^2}{n}} \tag{2-7}$$

式中，对于置信度为 95% 的置信区间，α =1.96；P 为阴性空间的概率；n 为微空间总数。

计算所得置信区间的可靠性用覆盖概率(coverage probability)衡量。置信区间的覆盖概率是指区间内包含真值的概率。置信度是名义上的覆盖概率，真实的覆盖概率越接近置信度，计算的置信区间越可靠。用公式(2-6)计算的标准区间，其覆盖概率存在振荡现象。图 2-7(a) 是 P=0.005，不同的 n 时，覆盖概率振荡情况。虚线为 0.95。即使是大样本量(n=2000)，也有若干范围内的覆盖概率远远小于置信度。图 2-7(b) 是 n=50 时，覆盖概率随 P 变化的振荡情况。在 $P(0)$ 接近 0 和 1 时，用式(2-6)计算的置信区间会出现偏差非常大的情况。因此，建议使用式(2-7)计算置信区间(Wilson 区间，WI)。从图 2-7(c) 可看到，n=50 时，Wilson 区间更接近名义置信度。

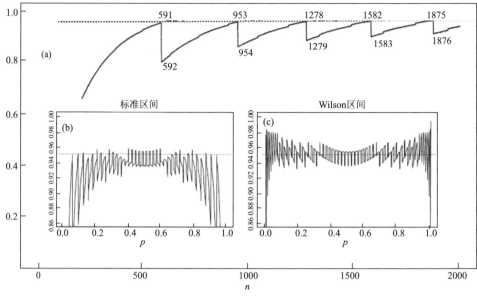

图 2-7　置信区间振荡情况[23]

图 2-8 是 $P(0)$ 为 0.999, 0.99 时 Wilson 区间(WI)与标准区间(SI)随离散空间数量不同而变化的比较。整体来看，随着离散空间数量的增加，Wilson 区间和标准区间两种计算方法的置信区间长度均减小，也就是不确定度是随着离散空间的总数增加而减小的。不确定度由置信区间长度与 $P(0)$ 相比而得。表 2-2 罗列了三个概率下两种置信区间的不确定度比较。当 $P(0)$ 接近 1 的时候，两种方法在离散空间数值小时有一定的差异。一般地，WI 下边界与 SI 下边界的差大于 WI 上边界与 SI 上边界的差，导致 WI 的不确定度略大于 SI。但这种差异随着离散空间数

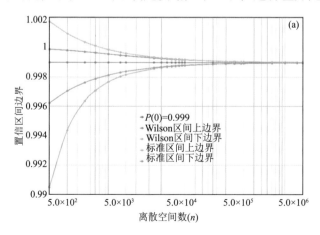

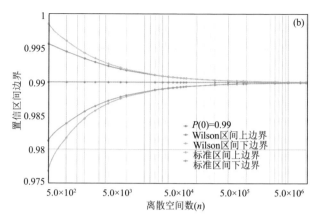

图 2-8　WI 和 SI 的置信区间长度比较

表 2-2　WI 和 SI 不确定度比较

n	区间	$P(0)$		
		0.999	0.99	0.9
500	WI	0.0094	0.019	0.0586
	SI	0.0055	0.017	0.0584
2000	WI	0.00337	0.009	0.0292
	SI	0.00277	0.0088	0.0292
5000	WI	0.0019	0.00041	0.0185
	SI	0.0018	0.00056	0.0185
50000	WI	0.00056	0.00176	0.00584
	SI	0.00056	0.00176	0.00584
500000	WI	0.000176	0.00557	0.00185
	SI	0.000175	0.00557	0.00185

增加或者 P 的减小而逐渐减小(表中阴影部分区域不确定度差异很小)。当 $P(0)=0.5$ 时,两种方法计算所得置信区间没有明显区别,即使小离散空间数时(500个),两种方法几乎重叠。综上考虑,当 $n>5000$ 时,使用标准区间计算置信区间满足测量精度要求。当 $n<2000$,且 $P(0)>0.9$ 或 $P(0)<0.1$ 时,置信区间采用 Wilson 区间。当 n 在 2000~5000 之间时,如果 $P(0)<0.9$ 时,使用标准区间,否则可使用 Wilson 区间。

进一步将 $P(0)$ 的 SI 置信区间代入式(2-4)计算 λ 的不确定度。如图 2-9 所示,离散空间数量越大,不确定度越小。当离散空间总数一定时,$\lambda=1.6$,不确定度最小。这时 $P(0)=0.2$,也就意味着,在确定的离散空间条件下,阴性微空间比例为 20%时,测量 λ 的不确定度最小。若要求测量不确定度小于 10%,$n=5\,000$

时，$P(0)$ 须满足，$0.019<P(0)<0.687$。此时，阴性空间个数满足，$95<$阴性微空间数量<3435。$n=300\,000$ 时，$P(0)$ 须满足，$P(0)<0.995$，也就是阳性微空间数量大于 1500。当 $n=1\,000\,000$ 时，$P(0)<0.999$，也就是阳性微空间数量大于 1000。

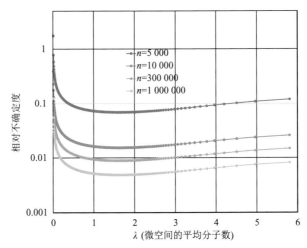

图 2-9　微空间平均分子数不确定度变化图，参照文献[24]重新绘制

2.2.2　计数定量

绝对定量不需要标准曲线，简单易行，然而要求所有待测目标分子皆参与离散，离散效率须百分之一百。这个条件并不容易实现，只有在液滴离散和软离散蒸干的条件下才能满足。离散效率达不到百分之百时，需要采用计数阳性离散单位体的方式进行定量。这也是大多数单分子计数免疫采用的定量方式，包括微孔阵列离散的数字免疫。计数定量的方式又分为间接计数定量和直接计数定量。

1. 间接计数定量

当阳性离散单位体中的分子个数不可测量时，须采用间接计数定量。测量阴性微空间的比例，通过泊松分布反推出阳性微空间中的分子个数，而得出目标分子浓度。但这并不是初始样本的目标物含量，仅是参与离散的那部分样本的含量，因离散等操作过程损失的样本量无法计量，所以需要预先绘制标准曲线。典型的例子是微孔阵列离散数字酶联免疫分析的定量过程。磁珠上的抗体与目标分子免疫反应，形成夹心结构，标记上半乳糖苷酶，将磁珠封装到微孔中，每个微孔只能容纳一个磁珠。酶催化底物发光，发光的微孔中对应含有目标分子。

每个磁珠上的目标分子数不能精准测量，但符合泊松分布。磁珠离散到微孔中的离散效率在 50% 左右，每个微孔中的目标分子数无法测量。因此以间接计数定量的方式，统计阴性微孔数量，计算平均分子数，绘制标准曲线，具体计算分析流程如下：第一步，测量出不同浓度标准品阳性微孔总数；第二步，各浓度下阳性微孔总数减去背景假阳性微孔数；第三步，计算阳性微孔比例，$P(\text{active})$；第四步，计算阴性微孔概率，$P(0)=1-P(\text{active})$；第五步，根据式(2-4)计算每微孔中也就是每磁珠上的酶分子个数 λ；第六步，以标准品浓度为横坐标，λ 为纵坐标，绘制标准曲线。

表 2-3 为选自文献[22]的测量数据及数据处理过程。第 2 列为实际测量得到的发光微孔数。第 3 列是微球与总磁珠数的比值。第 5 列为通过式(2-4)计算所得 λ。第 6 列扣除背景值。将第 1 列和第 6 列分别为横纵坐标，绘制出标准曲线。仅有磁珠，无需微孔的定量方法与此类似[42]。

表 2-3　计数定量过程数据

1	2	3	4	5	6
酶浓度/aM	阳性磁珠平均个数	阳性比率 $P(\text{active})$	阴性分布概率 $P(0)$	每磁珠酶数(λ)	每磁珠酶校正个数
计算方法	测量所得	第2列值与磁珠总数比	$P(0)=1-P(\text{active})$	$\ln[P(0)]=-\lambda$	第5列值扣除背景值
0	1	0.0016%	0.999984	0.000016	0
0.35	3	0.0086%	0.999914	0.000086	0.00007
0.7	5	0.0099%	0.999901	0.000099	0.000083
3.5	22	0.0413%	0.999587	0.00041309	0.000397
7	38	0.0713%	0.999287	0.00071325	0.000697
35	237	0.4461%	0.995539	0.00447098	0.004455
70	385	0.8183%	0.991817	0.00821666	0.008201
350	1787	3.3802%	0.966198	0.0343865	0.034371
700	4036	7.5865%	0.924135	0.07889711	0.078881
3500	15634	30.6479%	0.693521	0.36597376	0.365958
7000	24836	44.5296%	0.554704	0.58932064	0.589305

2. 直接计数定量

当离散单位体中的分子数能够准确测量时可以采用直接计数方式进行定量。直接计数定量在软离散免疫分析中采用得比较多，但也仅适用于有机染料和量子点标记两种情形，其他标记方式很难区分一个离散单位体中到底有几个分子。有机荧光染料标记的免疫复合物可以通过光漂白的步骤判定单位体中分子个数。单步光漂白为单分子，多步光漂白为多分子。图 2-10A 为 Cy5 聚合在 DNA 上的光漂白过程，台阶状的强度降低一次表示一个分子被光漂白，图 2-10A(i)中发生了 9 次光漂白，表明有 9 个 Cy5 分子[25]。通过记录漂白过程实现每个离散单位体中分子个数的计量。与有机染料不同，单个量子点的荧光强度强烈闪烁，耐光漂白性强，不宜通过漂白步骤判断量子点个数。我们发现了量子点光谱蓝移的不同步性，表现出离散单位体的一级光谱在蓝移过程中不断分裂，分裂的次数可用来计量量子点个数[26]。图 2-10B 示意了一个四聚体量子点复合物的识别过程。图 2-10B(c)中的一级光谱在连续光照下发生蓝移，由于其中的量子点蓝移过程不同步，每个量子点的一级光谱从聚合体光谱中分裂出来。分裂的次数即量子点的个数。当确认了每个阳性微空间中分子个数后，即可直接统计不同浓度下的阳性分子个数，绘制标准曲线。

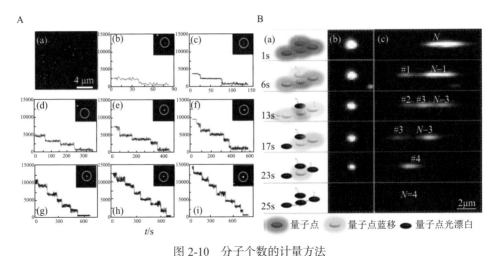

图 2-10　分子个数的计量方法

A. 有机染料标记聚合物的漂白过程[25]；B. 量子点标记聚合物的光谱蓝移不同步性过程[26]

2.3　数字免疫分析理论基础

　　传统观点认为，免疫分析的检测动态范围在以平衡解离常数为中心的上下 9 倍范围内，即 $K_D/9 \sim 9K_D$。典型的抗原-抗体相互作用的 K_D 约为 1 nM，定量范围即为 111 pM～9 nM。因此，认为 K_D 越小越有利于降低检测限。然而，大量的研究表明免疫分析的检测范围可以远远低于 K_D。数字免疫分析技术甚至可以检测到 aM 水平的目标分子。抗原分子浓度远远低于 K_D 时能否被可靠地检测到，是一个容易产生的疑问。为了解决这个疑问，需要从理论上解决三个问题。①超低抗原浓度下能否形成免疫复合体，形成的免疫复合体数量能否超过检测限？②超低浓度的抗原分子，免疫反应时间是否满足实际检测的需求？③复杂样本中的背景对检测限产生怎样的影响？问题①是热力学问题，问题②是动力学问题，问题③是特异性问题。

2.3.1　免疫热力学

从最简单的免疫反应开始讨论。

$$\text{Ab}_1 + \text{Ag} \underset{k_d}{\overset{k_a}{\rightleftharpoons}} \text{Ab}_1\text{Ag} \tag{2-8}$$

式中，Ab_1 为捕获抗体；Ag 为抗原；Ab_1Ag 为免疫复合体；k_a 为结合反应速率常数；k_d 为解离反应速率常数。

根据质量作用定律(the law of mass action)：

$$K_D = \frac{1}{K_{eq}} = \frac{[\text{Ab}_1][\text{Ag}]}{[\text{Ab}_1\text{Ag}]} \tag{2-9}$$

式中，K_D 为平衡解离常数，mol/L；K_{eq} 为平衡常数；$[\text{Ab}_1]$，$[\text{Ag}]$，$[\text{Ab}_1\text{Ag}]$分别为捕获抗体浓度、抗原浓度、免疫复合体浓度。

$$[\text{Ab}_1] = [\text{Ab}_1]_0 - [\text{Ab}_1\text{Ag}] \tag{2-10}$$

式中，$[\text{Ab}_1]_0$ 为初始抗体浓度。这时有两种处理方式计算免疫复合物浓度，一种是简化处理，另一种是直接处理。

1. 简化处理

简化处理在传统免疫分析理论中用得比较多。直接将(2-10)代入(2-9)，不考虑生成的复合体对抗原浓度的影响，解得：

$$[\text{Ab}_1\text{Ag}] = \frac{K_{eq}[\text{Ab}_1]_0[\text{Ag}]}{1 + K_{eq}[\text{Ag}]} \tag{2-11}$$

$[\text{Ab}_1\text{Ag}]$和$\log[\text{Ag}]$呈 S 曲线，如图 2-11 所示。K_D 小于 10 nM 认为是高亲和，K_D 大于 1 μM 是低亲和。当$[\text{Ag}]$很小，$1+K_{eq}\text{Ag}\approx 1$，式(2-11)中$[\text{Ab}_1\text{Ag}]$与$[\text{Ag}]$为线性关系，当$[\text{Ag}]$很大，$1+K_{eq}\text{Ag}\approx K_{eq}\text{Ag}$，$[\text{Ab}_1\text{Ag}]$与$[\text{Ag}]$无关，结合曲线表现为饱和。这种处理方式定性地描述了抗原-抗体的结合过程，适合宏观条件的检测分析，但不适用于低浓度抗原情形。举个例子，当抗体浓度为 10^{-8} M，K_{eq} 为 10^9 M^{-1}，抗原浓度为 10^{-19} M 时，分母约等于 1，分子为 10^{-18} M，意味着抗原-抗体复合物浓度大

于抗原浓度，这显然不可能发生。所以，当抗原浓度极低时须采用直接处理方式。

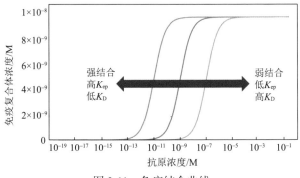

图 2-11　免疫结合曲线

2. 直接处理

直接处理考虑生成免疫复合物对抗原浓度的影响。将$[Ag]=[Ag]_0-[Ab_1Ag]$与式 (2-10) 一同代入式 (2-9) 中，$[Ag]_0$ 为抗原初始浓度。得：

$$K_D = \frac{\left([Ab_1]_0-[Ab_1Ag]\right)\left([Ag]_0-[Ab_1Ag]\right)}{[Ab_1Ag]} \qquad (2\text{-}12)$$

整理得

$$[Ab_1Ag]^2 - \left(K_D+[Ag]_0+[Ab_1]_0\right)[Ab_1Ag]+[Ab_1]_0[Ag]_0 = 0 \qquad (2\text{-}13)$$

式 (2-13) 是一个一元二次方程，解出 $[Ab_1Ag]$ 与抗原浓度的关系。在不同的 K_D 和捕获抗体起始浓度条件下 (表 2-4)，抗原浓度在 $10^{-21}\sim10^{-4}$M，生成的免疫复合体浓度与抗原浓度对数关系如图 2-12 所示。

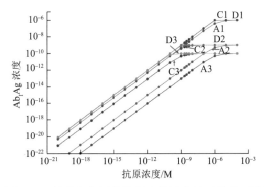

图 2-12　抗体与抗原抗体复合体浓度的对数关系图

由图 2-12 可看到,抗体初始浓度和平衡解离常数 K_D 均对免疫复合体的生成浓度有影响。比较而言,抗体初始浓度对复合体结合影响更大。免疫复合体的饱和浓度由初始抗体浓度决定,抗体初始浓度越高,免疫复合体饱和浓度越高,(X1>X2>X3, X=A,B,C)。饱和浓度与 K_D 无关,A1,C1,D1 的三条曲线的抗体初始浓度相同,K_D 不同,但最终形成的饱和浓度相同。A2,C2,D2 与 A3,C3,D3 表现出相同的现象。K_D 影响形成饱和浓度的最小抗原浓度,即达到饱和浓度的速度不同。K_D 越小,亲和力越强,越容易达到饱和,D3>C3>A3。K_D 相同,抗原浓度相同时,抗体初始浓度低则形成的复合体浓度越低(比如 C1>C2>C3)。抗体初始浓度相同,抗原浓度相同时,K_D 越小,复合体浓度越高(D3>C3>A3)。A1 和 C1 抗体初始浓度相同,K_D 相差 3 个数量级,在 100 μL 溶液中抗原浓度相同时,生成的复合体分子个数相差 1 倍。A1 和 A2 相比,K_D 相同,抗体浓度差 3 个数量级,在 100 μL 溶液中复合体分子数相差 500 倍。因此,与其筛选低解离常数的抗体,不如提高抗体浓度,更容易达到形成高含量复合体的目的。对于高灵敏数字免疫分析,我们更关心 K_D、抗体浓度、抗原浓度低到什么程度依然可以形成可检测的免疫复合体。表 2-4 中 A3 情况,高解离常数(低亲和常数)、低抗体浓度,可以归类于免疫分析中最差反应条件。即使如此,在 100 μL 溶液中,抗原浓度为 1 fM 时(抗原分子个数为 6 万个),依然可形成 6 个免疫复合体分子,捕获效率万分之一。在不考虑噪声的情况下,在单分子检测能力下还是能够检测到抗原分子的。表 2-4 中的 C2 条件,符合大多数免疫分析的反应条件。在 100 μL 溶液中,1 aM 的抗原(抗原分子数 60),可形成 30 个免疫复合体,捕获效率 50%。表中 C1,D1,D2,D3 条件下(深色阴影区),捕获效率均接近 100%。A1,C2 条件下(浅色阴影区),捕获效率 50%。总体来看,抗体初始浓度高时,即使解离常数大,解离下来的抗原也会不停地被其周围的抗体捕获到,形成足够数量的免疫复合体。

表 2-4　不同 K_D 和捕获抗体起始浓度

K_D/M ＼ [Ab$_1$]$_0$/M	10^{-6}	10^{-9}	10^{-10}
10^{-6}	A1(50%)	A2(0.1%)	A3(0.01%)
10^{-9}	C1(100%)	C2(50%)	C3(9%)
10^{-11}	D1(100%)	D2(100%)	D3(91%)

注:括号内数值为抗原浓度 1 fM 时抗原捕获效率

进一步需要考虑三明治夹心结构的免疫复合体生成效率。有两种处理方法得到免疫复合体的含量。一种是忽略副反应,将 Ab$_1$Ag 视为抗原,Ab$_2^*$ 视为 Ab$_1$,如式(2-14)的反应式,直接代入式(2-12)和式(2-13)。

$$\text{Ab}_1\text{Ag}+\text{Ab}_2^* \underset{k_{d2}}{\overset{k_{a2}}{\rightleftharpoons}} \text{Ab}_1\text{AgAb}_2^* \tag{2-14}$$

可得到

$$\left[\text{Ab}_1\text{AgAb}_2^*\right]^2 - \left(K_{D2}+\left[\text{Ab}_1\text{Ag}\right]_0+\left[\text{Ab}_2^*\right]_0\right)\left[\text{Ab}_1\text{AgAb}_2^*\right]+\left[\text{Ab}_2^*\right]_0\left[\text{Ab}_1\text{Ag}\right]_0 =0$$

式中，Ab_1 为第一抗体，即捕获抗体；Ab_2^*为标记了信号探针的第二抗体，即检测抗体；K_{D2} 为平衡解离常数。表 2-4 结论依然适用。但是过量的检测抗体带来背景信号，影响检测效果。因此需要洗脱去除过量抗体，分离去除游离检测抗体的过程，使免疫反应向解离方向移动，又降低了免疫复合体的生成率。

以上分析已经说明了在简单模型下，抗原浓度极低时，可以形成足够检测的免疫复合体。但实际上夹心结构的免疫反应包括了图 2-13 所示的反应。除了式(2-18)和式(2-14)反应，还有副反应，如图 2-13 所示。

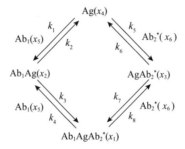

图 2-13　三明治夹心免疫反应过程

这个反应体系也可通过数值计算夹心结构复合体的含量。为方便列式，令 $[\text{Ab}_1\text{AgAb}_2^*] = x_1$，$[\text{Ab}_1\text{Ag}] = x_2$，$[\text{AgAb}_2^*] = x_3$，$[\text{Ag}] = x_4$，$[\text{Ab}_1] = x_5$，$[\text{Ab}_2^*] = x_6$，当所有反应达到平衡时，则有下列方程式组：

$$k_3 \cdot x_2 \cdot x_6 + k_7 \cdot x_3 \cdot x_5 = k_4 \cdot x_1 + k_8 \cdot x_1 \tag{2-15a}$$

$$k_1 \cdot x_4 \cdot x_5 + k_4 \cdot x_1 = k_2 \cdot x_2 + k_3 \cdot x_2 \cdot x_6 \tag{2-15b}$$

$$k_5 \cdot x_4 \cdot x_6 + k_8 \cdot x_1 = k_6 \cdot x_3 + k_7 \cdot x_3 \cdot x_5 \tag{2-15c}$$

$$p = x_1 + x_2 + x_3 + x_4 \tag{2-15d}$$

$$q_1 = x_1 + x_2 + x_5 \tag{2-15e}$$

$$q_2 = x_1 + x_3 + x_6 \tag{2-15f}$$

式中，p 为 Ag 总浓度；q_1 为第一抗体总浓度；q_2 为第二抗体总浓度；$k_1 \sim k_8$ 为反应速率常数。6 个方程，6 个未知数，在各速率常数、总浓度已知时，通过数值计算可计算出免疫复合体浓度。计算时 k_a 取值范围 $10^4 \sim 10^6\ \mathrm{M}^{-1}\ \mathrm{s}^{-1}$，$k_d$ 取值范围 $10^{-3} \sim 10^{-6}\ \mathrm{s}^{-1}$。按照表 2-4 中的解离常数和初始蛋白浓度进行计算，假设各反应的解离常数相等，第一抗体和第二抗体浓度相等。用 Mathematica 数值计算，结果发现：C1，D1，D2，D3 条件下，通过方程组 (2-15) 计算所得免疫复合体捕获效率与按式 (2-13) 结算结果相当，接近 100%。A1，C2 条件下，是式 (2-13) 计算结果的 50% 左右，捕获效率 25% 左右。C3 条件是式 (2-13) 计算结果的不到 10%。A2 条件是式 (2-13) 计算结果的 0.1% 左右。从而可知，即使考虑了副反应的影响，在一般的免疫条件下 (C2) 仍能达到 25% 的捕获率。如果抗体亲和力不能进一步提高，提高抗体初始浓度能提高待测分子的捕获率。

2.3.2　免疫动力学

上一节探讨了低浓度抗原免疫反应时能否生成足够多的免疫复合物的问题。讨论的是免疫反应达到平衡时的抗原捕获效率，并没有考虑反应达到平衡时需要的时间。免疫反应达到平衡需要的时间在很大程度上决定了测量方法的总耗时。测量时长是评价一个方法优劣的重要指标。快速检测是临床检测的迫切要求。影响免疫反应平衡时间的因素主要有两个：一是免疫反应速率，二是分子扩散速率。

1. 免疫反应动力学

免疫反应动力学研究的是生成免疫复合体的速率。由式 (2-8) 至式 (2-10) 可得：

$$\frac{\partial [\mathrm{Ab_1 Ag}]}{\partial t} = k_a \left([\mathrm{Ab_1}]_0 - [\mathrm{Ab_1 Ag}] \right) \left([\mathrm{Ag}]_0 - [\mathrm{Ab_1 Ag}] \right) - k_d [\mathrm{Ab_1 Ag}] \tag{2-16}$$

在反应动力学常数已知时，式 (2-16) 的数值解如图 2-14 所示。

由图可见，k_{on}（即 k_a）是影响复合体生成速率的主要因素。K_D 相同，k_{on} 越大，越能迅速地生成高含量的免疫复合体。$k_{\mathrm{on}} = 10^6\ \mathrm{M}^{-1}\ \mathrm{s}^{-1}$ 时，反应 1000 s（17 min）后，捕获效率在 67% ~ 89%。对于 $k_{\mathrm{on}} = 10^5\ \mathrm{M}^{-1}\ \mathrm{s}^{-1}$ 和 $10^4\ \mathrm{M}^{-1}\ \mathrm{s}^{-1}$，捕获效率为 20% 和 2.3%。对于 1 fM 的抗原溶液，反应 1000 s 后，意味着生成了 0.023 fM 的免疫复合体，也就是 23 aM，依然处于数字免疫分析检测限之上。

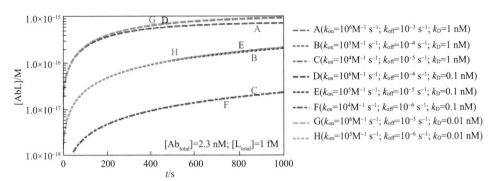

图 2-14 免疫复合体浓度与反应时间的关系，假设抗体浓度为 2.3 nM，抗原浓度为 1 fM[27]

考虑副反应时，仿照式(2-15)由图 2-13 的反应列出微分方程组(2-17)，数值解这套方程组，可以得到更为精细的复合体浓度与时间的关系：

$$\frac{\partial x_1}{\partial t} = k_3 \cdot x_2 \cdot x_6 + k_7 \cdot x_3 \cdot x_5 - k_4 \cdot x_1 - k_8 \cdot x_1 \tag{2-17a}$$

$$\frac{\partial x_2}{\partial t} = k_1 \cdot x_4 \cdot x_5 + k_4 \cdot x_1 - k_2 \cdot x_2 - k_3 \cdot x_2 \cdot x_6 \tag{2-17b}$$

$$\frac{\partial x_3}{\partial t} = k_5 \cdot x_4 \cdot x_6 + k_8 \cdot x_1 - k_6 \cdot x_3 - k_7 \cdot x_3 \tag{2-17c}$$

对于式(2-16)和式(2-17)除了数值解方程，还有一个简单的近似方法估算反应达到平衡的时间。当[Ag] ≪ [Ab$_1$]时，式(2-16)[Ab$_1$Ag]与时间的关系简化为[28]：

$$\frac{\partial [Ab_1Ag]}{\partial t} = k_{on} \, [Ab_1]_0 \left([Ag]_0 - [Ab_1Ag]\right) - k_{off} [Ab_1Ag] \tag{2-18}$$

将上式积分得

$$\int_0^t [Ab_1Ag] dt = -\frac{[Ag]_0 [Ab_1]_0 k_{on}}{[Ab_1]_0 k_{on} + k_{off}} e^{-\left([Ab_1]_0 k_{on} + k_{off}\right)t} \Big|_0^t \tag{2-18a}$$

整理得：

$$[Ab_1Ag](t) = \frac{[Ag]_0 [Ab_1]_0 k_{on}}{[Ab_1]_0 [Ag]_0 + k_{off}} \left(1 - e^{-\left([Ab_1]_0 k_{on} + k_{off}\right)t}\right) \tag{2-18b}$$

达到平衡的 99%所用时间 $t_{99\%}$可用下式计算：

$$t_{99\%} = \frac{4.605}{[Ab_1]_0 k_{on} + k_{off}} \tag{2-18c}$$

其推导过程如下：

反应达到平衡时$[Ab_1Ag]$可由式$(2\text{-}18)=0$得出，$[Ab_1Ag]_{eq} = \dfrac{[Ag]_0 [Ab_1]_0 k_{on}}{[Ab_1]_0 k_{on} + k_{off}}$

$$\frac{[Ab_1Ag](t_{99\%})}{[Ab_1Ag]_{eq}} = 0.99 = 1 - e^{-([Ab_1]_0 k_{on} + k_{off})t_{99\%}}$$

化简得式(2-18c)。

由式(2-18c)看到达到反应平衡的时间与目标抗原浓度无关，增大抗体初始浓度减少反应用时。但是增加抗体浓度会提高背景信号。将图 2-12 中 A 的条件代入，可得到 $t_{99\%}$=3744 s。

在普通的免疫反应条件下，抗体初始浓度为 nM 级别，K_D 为 nM 级别，20 min 反应能捕获到足够用于数字免疫分析的免疫复合体，1 h 左右达到平衡的 99%。这个时间尺度满足常规检验检测的需求。当然，这是在没有考虑扩散动力学的影响，分子扩散时间是另一个影响整体检测时间的要素。

2. 扩散动力学

在发生反应之前，抗原要先扩散至抗体处，抗体连接在微球上，或连接在固相表面上。从抗原扩散到微球表面并与之结合的情形开始讨论[图 2-15(a)]。由于微球的扩散系数比蛋白的扩散系数小很多，微球可认为是静止的。1 μm 微球的扩散系数约为 0.49 μm²/s，蛋白扩散系数约在 10～100 μm²/s。若微球溶液是无团聚的单分散状态，可将其视为以微球为中心，半径为 R 的周期性介质。体积为 V_s 的溶液中有 N 个微球，则 $R = \sqrt[3]{\dfrac{3V_s}{4\pi N}}$。在球坐标系中，扩散并结合到微球表面的平均抗原密度 $\langle n_b \rangle$ 由式(2-19)计算[29]：

$$r_0 < r < R: \qquad \frac{\partial c}{\partial t} = D_m \nabla^2 c \tag{2-19}$$

$$r = r_0: \quad N_A D_m \frac{\partial c}{\partial t} = k_{on}^{3D} c (n_{ab} - \langle n_b \rangle) - k_{off}^{3D} \langle n_b \rangle$$

$$\frac{\partial \langle n_b \rangle}{\partial t} = k_{on}^{3D} c (n_{ab} - \langle n_b \rangle) - k_{off}^{3D} \langle n_b \rangle$$

$r=R$：
$$\frac{\partial c}{\partial t} = 0$$

$t=0$：
$$c = c_0, \langle n_b \rangle = 0$$

式中，c 为抗原浓度；c_0 为初始浓度；r 为以微球为中心的坐标系距离；r_0 为微球半径；D_m 为抗原扩散系数，N_A 为阿伏伽德罗常数；n_{ab} 为抗体表面密度；k^{3D}_{on} 和 k^{3D}_{off} 分别为 3D 结合和解离速率常数。无通量边界条件 $r=R$ 是其他微球的影响。忽略扩散动力学对抗原结合率的影响，抗原结合率完全由反应速率控制是结合效率的极限情形。

$$\langle n_b \rangle = \frac{c_0 n_{ab}}{k^{3D}_D}\left(1 - e^{-k^{3D}_{off}t}\right) \tag{2-20}$$

对于结合到表面的抗原密度计算，如果孵育时间与扩散时间相比不是很长，将传感表面假设为一个大的微球，其半径为特征长度 $L/2$。抗原结合到传感器表面的 $\langle n_b \rangle$ 也可用上式计算，如图 2.15(b) 所示。$r_0=L/2$，$R = \sqrt[3]{\dfrac{3V_s}{2\pi}}$。

图 2.15(c) 是式 (2-19) 的数值模拟效果，比较了抗原结合到表面和不同尺度微球的时间。尺寸小的微球 ($a = 0.5\ \mu m$) 结合过程与反应速率控制结合过程[虚线，由式 (2-20) 计算]基本一致，表明小微球时结合时间主要由反应速率控制，扩散影响很小。大微球 ($2\ \mu m$ 和 $6\ \mu m$) 结合曲线不再由反应速率控制。扩散动力学影响了结合过程。$6\ \mu m$ 的微球负载更多的抗体，更快达到平衡，但是抗原结合密度低。

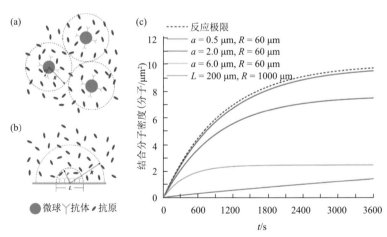

图 2-15　抗原分子结合到微球 (a) 和表面 (b) 示意图；(c) 抗原分子结合到不同尺度微球和表面的分子个数随时间变化的数值计算结果[29]

分子密度 $=\pi a^2 \langle n_b \rangle$，$n_{ab} = 10000$ 分子/μm^2，$c_0 = 1$ pM，$k_{on}^{3D} = 10^6$ M^{-1}s^{-1}，$k_{off}^{3D} = 10^{-3}$ s^{-1}，$D_m = 60\ \mu m^2$/s

传感表面(L=200 μm)结合效率最低，达到平衡时间最长。fM 浓度的抗原分子与平板上固定的抗体仅靠扩散达到反应平衡需要 3 个月，大大降低了检测效果。这也是用微球代替平板作为免疫发生界面的主要原因。

2.3.3　测量准确性

前两节从理论上讨论了在极低样本浓度下，免疫反应能够在一定的时间内有效地捕获到足够检测的抗原分子，实现数字免疫分析。本节要讨论的是，捕获的分子能否压制噪声成为有效信号。假设有 50 个目标分子被捕获且检测到，但是有 1000 个来自非特异性吸附的背景信号。背景信号的噪声下限为泊松噪声 $\sqrt{1000} \approx 32$，实际上由于实验条件的原因，噪声可能为 70～100 个分子。目标分子被淹没在噪声中，无法用于定量分析。

一般的检测系统中，检测到的强度值来自于信号、背景及噪声的加和。背景主要包括基线强度、非特异性吸附强度。噪声主要包括基线噪声、非特异性吸附噪声、信号噪声。它们的关系用公式表达为：

$$I_{tot} = I_s + I_{bl} + I_{NSB} + \sqrt{\sigma_s^2 + \sigma_{bl}^2 + \sigma_{NSB}^2} \tag{2-21}$$

式中，I_{tot} 为检测到的总强度；I_s 为信号强度；I_{bl} 为基线强度；I_{NSB} 为非特异性吸附强度；σ 为各类噪声。基线噪声中包括各类仪器噪声，如热噪声、f 噪声等。基线噪声与信号噪声与基线强度和信号强度正相关。

1. 非特异性吸附

样品基质中的非目标分子也能以一定的结合常数与捕获抗体或检测抗体相互作用，产生干扰信号。尽管它们的结合常数与目标抗原分子相比非常低，但它们的浓度非常高，积累产生的背景信号不能忽视。假设[Ag] $\gg$ [Ab$_1$]，且[Ag] $\ll$ [K_{D1}]：

免疫结合体的比例由式(2-9)得到：

$$f = \frac{[Ab_1Ag]}{[Ab_1]_0} = \frac{[Ag]}{K_{D1} + [Ag]}$$

取对数 $$\log(f) \approx \log(Ag) - \log(K_{D1}) \tag{2-22}$$

加入非靶分子 T$_2$，其与抗体分子的亲和常数为 K_{D2}，总信号近似为：

$$f_{total} \approx \frac{[Ag]}{K_{D1}} + \frac{[T_2]}{K_{D2}}$$

继续假设[T$_2$] $\gg$ [Ab$_1$]，[T$_2$] $\ll K_{D2}$，则其对数信号整理为：

$$\log\left(f_{\text{total}}\right) \approx \log\left(\left[\mathrm{Ag}\right] + \frac{K_{D1}}{K_{D2}}[\mathrm{T}_2]\right) - \log\left(K_{D1}\right) \qquad (2\text{-}23)$$

与式（2-22）相比，信号受 $\dfrac{K_{D1}}{K_{D2}}\mathrm{T}_2$ 影响而偏离。如果 $[\mathrm{T}_2]$ 很大，则需要低 K_{D1}（高亲和）抗体抵消掉 T_2 带来的影响。通常全血中抗原浓度为 1 nM，球蛋白等非靶分子浓度 5 mM，如果球蛋白结合到抗体的解离常数 K_{D2} 为 500 mM，K_{D1} 需要 $\leqslant$9 nM，才能使非靶分子结合产生的信号误差在 10% 以内。提高抗体亲和能力是改善特异性的方法之一，也可通过双重甚至多重识别的方式提高特异性。这也是数字免疫分析中多采用夹心结构的原因。

消除蛋白质非特异性吸附的常用策略是通过物理吸附或化学键合的方法减少材料表面非特异性吸附位点，降低吸附蛋白质的总量。封闭试剂包括牛血清白蛋白[30]、聚乙二醇[31]、脂双层[32]等，其他一些层层组装法以及新型材料修饰法也在消除非特异吸附取得一些进展[33]，尤其是二甲基二氯硅烷（dimethyldichlorosilane，DDS）与吐温 20 修饰起到良好的封闭效果，与 PEG 修饰相比，非特异蛋白吸附减少 30 倍[34]。但残余的非特异性吸附仍然不能忽视，在 2500 μm^2 的成像面积内产生了 30 多处非特异性吸附信号，影响检测下限。

除了通过修饰表面，封闭吸附位点，减少非特异吸附，构建能够区分特异结合与非特异吸附的识别方法，在统计数据时直接扣除非特异吸附的影响，也是一个行之有效的降低非特异性吸附影响的思路。2020 年，Chatterjee 等利用特异结合和非特异结合的信号强度随时间变化的不同鉴定出了来自非特异性吸附的信号[35]。固定在表面的捕获抗体与抗原的结合常数大于标记 Cy5 的检测抗体与抗原结合常数（$K_d \geqslant 10$ nM，$k_{\text{off}} \geqslant 1$ min^{-1}），检测抗体与抗原反复发生结合、解离、结合、解离的过程，荧光强度随着结合、解离出现明暗相间的闪烁现象，称为指纹动态监测。而非特异性吸附到表面的检测抗体不发生解离，荧光强度一直保持不变直到发生光漂白，没有闪烁现象。根据荧光强度随时间的变化形式识别出哪些荧光信号为来自抗原的检测信号，哪些为非特异性吸附信号。定量分析时将非特异性吸附信号直接扣除，检测灵敏度和动态范围均得到显著提高。用此方法，PAI-1、IL-6（白细胞介素）、VEGF-A、IL-34 的检测限分别为 0.68 fM、1.2 fM、3.5 fM、6.5 fM，与传统 ELISA 相比降低了 55~383 倍，动态范围提高 3.5 个数量级。这一方法的主要问题是检测效率过低，也就是离散效率低。抗原捕获效率在 0.5%~1.5%，每个视场的成像面积（100 μm × 100 μm）占样品池总面积的 0.1%，每次测量采集 9 个视场，结合捕获率，每次测量大概监测了总量的 0.01%。

Noji 等[36]则利用扩散运动方式的不同识别非特异吸附。捕获抗体固定在微池底部，磁珠连接检测抗体，当溶液中含有生物标志物时，磁珠通过免疫反应结合到微池底部。微池中的磁珠有三种运动方式，分别是自由扩散、受限扩散和固定连接。显微镜观察记录磁珠运动轨迹，运动轨迹的不同反映运动方式的不同，运动方式的不同反映了哪些磁珠是特异性结合，哪些磁珠是非特异吸附。特异性结合的磁珠表现出受限的布朗运动，非特异吸附的磁珠运动范围极小。

2. 分子散粒噪声

电子学和光学中由于电荷和光子的不连续性，即量子性，引起的测量噪声称为散粒噪声（shot noise）。与此类比，把化学测量中由于进样体积中样品分子数量的随机变化而引起的噪声，称为分子散粒噪声（molecular shot noise，MSN）[37, 38]，也称为泊松噪声。

假设一个二元均相溶液体系，只含溶质分子和溶剂分子。溶质分子数量为 n_A，溶剂分子数量和溶质分子数量之和为 n_T。每次取样的分子个数概率分布符合二项式分布。检测到溶质分子的概率为 $p=n_A/n_T$，方差 $\sigma_A{}^2=p(1-p)$。

$$\frac{\sigma_A}{n_A}=\left(\frac{1-p}{n_T p}\right)^{\frac{1}{2}} \tag{2-24}$$

当溶剂分子数远大于溶质分子数时，上式可以简化为

$$\frac{\sigma_A}{n_A}=n_A{}^{-\frac{1}{2}} \tag{2-25}$$

即分子散粒噪声为所分析分子数的平方根，$\sigma_{MSN}=\sqrt{n_A}$。

若要求测量不确定度小于 10%，则统计的分子个数至少要多于 100 个。对于 5 aM 的样品，平均每微升中含 3 个分子，但当量取 1 μL 体积时，5% 的机会不含有目标分子，15% 的机会含有 1 个分子，22.4% 的机会含有 2 个分子，与图 2-6 分布类似。若每次的量取结果的变异系数大于 10%，虽不影响定性鉴定样本中是否含有标志物，但不能用于准确定量。为克服泊松噪声带来的影响，要么统计的分子个数足够多，减小量取误差；要么统计样本中所有的分子，避免进样分子数波动。

我们课题组提出了计量样本体积中全部目标分子的研究思路，将抽样统计定量转变为全部统计定量，既能消除随机取样造成的误差，又能做到无需标准曲线的绝对定量[14]。图 2-16(a) 示意了随机取样计数和全部统计的差异。随机计数是取整体中的部分进行计数，泊松噪声不可避免；非随机计数将整体全部计数。为了实现整体计数，将整体样本与连接了抗体的微球和连接了抗体的磁珠反应，生成免疫复合体，磁分离去除溶液中游离的微球，富集得到磁珠以及

数字免疫分析

磁珠微球复合体，化学洗脱将磁珠和微球复合体破坏，形成游离的微球，再次磁分离，去除磁珠保留微球。微球的个数即抗原分子个数，以明场显微镜统计所有微球的个数，即可定量。为了做到全部统计，减少漏检，我们采用多次蒸干的方法将微球沉积在网格载玻片上，逐格成像再拼接统计，如图 2-16（b）（c）所示。

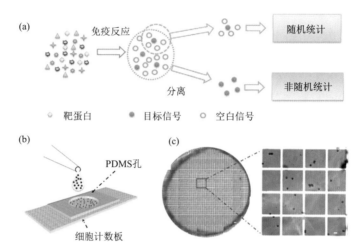

图 2-16　非随机取样统计的单分子免疫分析方法[14]
(a)随机取样计数和全部统计计数的差别；(b)样品池及沉积过程示意；(c)成像结果图

3. 误差分析

一个检测系统的总体误差可表示为：

$$E_{\text{tot}}(\%) = \left(E_{\text{MSN}} + \frac{E_{\text{system}}}{I_{\text{tot}}} \right) \times 100 \tag{2-26}$$

其中：

$$E_{\text{MSN}} = \frac{\sigma_{\text{A}}}{n_{\text{A}}} = n_{\text{A}}^{-\frac{1}{2}} \tag{2-27}$$

$$E_{\text{system}} = I_{\text{bl}} + I_{\text{NSB}} + \sqrt{\sigma_{\text{s}}^2 + \sigma_{\text{bl}}^2 + \sigma_{\text{NSB}}^2} \tag{2-28}$$

$$I_{\text{s}} = \xi [\text{Ab}_1\text{Ag}]$$

式中，ξ 为放大倍数。在数字免疫分析中 I_{s} 可视为抗原浓度或分子个数。

$$[Ag_0] \xrightarrow{\text{式(2-16)}} [Ab_1Ag_0] \longrightarrow 分子个数 \xrightarrow{\times\xi} I_s \xrightarrow{\text{式(2-21)}} I_{tot}$$

$$\downarrow \text{式(2-27)}$$

分子散粒噪声(%)　　　　　背景噪声(%)

计算流程

$$\underbrace{\qquad\qquad}\Big\downarrow \text{式(2-26)}$$

总体误差(%)

数字免疫分析噪声主要来源于背景噪声、非特异性结合噪声和分子散粒噪声。不同的噪声源在不同的浓度范围内对定量产生的影响不同，在总噪声中的占比也不尽相同。宏观体系的检测中，检测限和定量限在 fM 级别，大致相当于检测 50 μL体积中的数万个分子。这时背景噪声是主要噪声源，降低背景噪声比增强分子信号强度更有助于实现单分子检测。当代的检测器和成像系统品质高、噪声低，大幅度地降低了背景噪声，配合使用高量子产率的荧光探针，通用型荧光显微镜即可实现单分子检测，满足单个分子信号强度 I_{sm} 大于 6 倍背景噪声的要求。背景噪声在噪声源中比重显著降低，不再是主要影响因素。当消除了背景噪声的影响，且非特异性吸附噪声可忽略时，分子散粒噪声成为主要噪声源，是影响低浓度定量的主要因素。在不考虑非特异吸附噪声的情况下，根据式(2-26)计算背景噪声、分子散粒噪声在总体测量误差中的占比。计算流程如上所示，首先按照式(2-16)根据抗原浓度计算免疫复合体浓度及分子个数，再分别按照公式计算信号总强度、分子散粒噪声和系统总误差。将它们与抗原分子数作图，如图 2-17 所示。从图中可见，在低分子数时测量误差非常大。检测 10 个抗原分子时，背景噪声带来的误差为 10%，分子散粒噪声的误差为 32%，合计测量误差 42%。为了满足测量误差小于 10%的准确定量要求，在图中的计算条件下，抗原分子不能少于 131 个。

图 2-17 没有考虑到 NSB 对定量准确性的影响，然而 NSB 是所有免疫分析中一定会发生的情况，只是或多或少程度不同。当引入 NSB 时，误差计算流程与前流程大致相仿，只是在 I_{tot} 和背景噪声中加入 NSB 的分项。假设目标分子浓度为 1 fM，NSB 分子数从 0 至 14000，计算效果如图 2-18 所示。目标分子浓度固定，所以信号强度是一条水平直线。NSB 的强度计算按照 $\xi=10$ 放大，其他参数同图 2-17。虚线是 10%测量误差时 NSB 分子数示意，绿色圈辅助阅读。在这个计算条件下，若使测量误差小于 10%，NSB 分子数须小于 2850 个，50 μL 体积中相当于 94 aM。改变目标分子浓度，计算 NSB 的影响时就会发现，为了满足小于 10%的测量误差的要求，大致要求 NSB 吸附量要小于目标分子个数的 1/10。

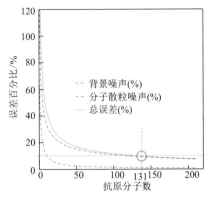

图 2-17　误差百分比与抗原分子个数的关系图

参照文献[39]重新绘制。图中绿色虚线标注为总体误差 10% 处。蓝色圈辅助阅读。计算参数：I_{bl} =10，σ_{bl} = σ_s = 0.01，$\xi = I_{bl} + 6\sigma_{bl}$ =10.06，体积 50 μL，K_D = 10^{-9} mol/L

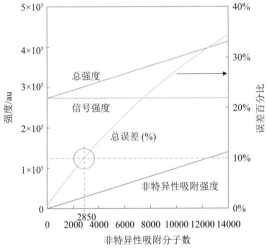

图 2-18　非特异吸附对于测量误差的影响

参照文献[39]重新绘制

2.4　数字免疫分析的发展趋势

　　数字免疫分析已发展为当前最为灵敏的免疫分析技术，商品化仪器面世也已十余年，在神经退行性疾病标志物的早期检测中发挥了积极作用，为重大疾病的早期检测与筛查、生物标志物的筛选、个性化诊疗等应用打下了坚实的基础。然而，数字免疫分析的临床应用尚未完全展开，解决肿瘤早筛、早检痛点问题的能力未能充分展示，其在医学领域的不可替代性作用还需进一步彰显。技术层面上，数字免疫分析还有完善和提升的空间；应用层面上，需更多的面向生物标志物的发现和验证；仪器层面上，应在自动化、便携式、多组分方面进一步改善。

1. 技术层面

数字免疫分析的检测限虽然已经低至 aM 级别，但仍未达到其检测灵敏度的极限。检出效率不能达到 100%是根本原因。检出效率损失的主要原因包括，免疫反应过程中洗脱分离步骤带来的损失、样品转移过程带来的损失、免疫复合体未能全部离散的损失、离散单位体未能被全部检测到的损失。第一代 Simoa 微孔阵列酶免疫分析的总体检出效率为 4.8%，50 万个磁珠参与反应，最终只检测到 2.3 万个磁珠。升级版的仪器利用磁力和毛细力作用提高了磁珠进入微孔的效率，检测效率达到 47.2%。检测限从 313 aM 降到 0.72 aM[40]。软离散没有实体离散空间，免疫复合体沉积到成像基底的效率很大程度上决定了检出效率。pH 7 时，蛋白分子吸附在玻璃基底上的效率一般在 1%左右，当采用疏水表面(PDMS)为基底时，沉积效率可以达到 20%[41]。2020 年我们课题组和 Walt 课题组都提出了使用蒸干的方法提高免疫复合体沉积率[14, 42]。蒸干虽然将沉积效率提高到接近 100%，但是样品沉积前后的操作也会造成损失，这些损失很难避免，比如分离洗脱过程损失 12%、移液器转移一次损失 8.3%、成像分析过程损失 10%[40]。减少样品转移过程，减少操作步骤，提高分装效率(沉积效率)和检测效率是数字免疫分析在技术层面上存在的主要问题。从现有的技术来看，我们认为均相软离散数字免疫分析有望解决这些问题。均相分析一步混合，直接检测，不需要分离洗脱，用最少的操作和转移完成反应和进样过程。软离散不需要实体空间，不会出现微孔和液滴的不进孔、不包裹现象，分装效率(沉积效率)从理论上可以实现 100%。此外，均相免疫分析还具有累计误差小、易于实现仪器的全自动化和便携式等优点。开发新型的信号识别和放大技术是均相数字免疫分析在技术层面上的主要发展方向。

2. 应用层面

数字免疫分析的应用早期阶段集中在血液中肿瘤标志物检测，但是迟迟未能取得突破性进展。究其原因在于现有的肿瘤标志物的特异性不够强，临床认可的特异肿瘤标志物种类太少，仅仅根据血液中肿瘤标志物含量的测量结果进行早期诊断尚不被广泛认可，病理学诊断依然是肿瘤确诊的金标准。肿瘤患者体内标志物浓度固然上升，但是健康人体内也有相当含量的标志物，病与非病的浓度界限并没有达到必须使用数字免疫分析的地步。换句话说，常规的免疫分析技术足以检测现有的标志物浓度范围。因此，从应用角度来讲，与其继续利用现有的标志物进行肿瘤早期诊断技术的开发，不如用数字免疫分析技术从血液里的低浓度抗原中筛选和验证新的标志物。理想的标志物应是在健康人中浓度极低(10^{-15}mol/L

以下）甚至不存在，且其与疾病的关联性和因果性强。它们很可能存在于血液中，但由于检测技术的灵敏度不够未能发现。充分发挥数字免疫分析的检测优势，构建精准可靠的标志物组是一个重要应用领域。

数字免疫分析的另一个潜在应用是开展个性化肿瘤标志物监测研究。当前利用标志物进行疾病诊断的标准来自"正常"群体的均值。待测样本与标准比较，高于上限认为是阳性，低于则认为是阴性。阈值和标准的建立基于所谓的健康群体的平均值。这一诊断和筛查策略并不精准。因为，个体肿瘤标志物的表达差异较大，可达到 1000 倍的差异[43]。标志物表达极低的人，即使表达量上升了 1000 倍，已处于疾病状态，但肿瘤标志物浓度还是处在"正常"范围内，错失早诊、早筛的机会。标志物表达高的人，健康状态的标志物浓度超过阈值被误诊为阳性，过度治疗。正因为健康人的肿瘤标志物含量不是正态分布，以群体的均值作为阈值并不恰当。理想的筛查和诊断阈值应随着个体的不同而不同，通过追踪个体的肿瘤标志物含量变化情况建立其肿瘤标志物含量与肿瘤演进的关联性，判断个体发生肿瘤的可能性，即个性化肿瘤标志物监测。另外一些心脑血管疾病、病毒类疾病的早期检测也能发挥数字免疫分析高灵敏的优势。

3. 仪器层面

Quanterix 公司的 Simoa 是数字免疫分析仪的标志性代表，但由于他们采用了非均相硬离散的分析策略，样品前处理步骤繁多，样品损失较大，影响检测灵敏度的进一步提升。而且，为了实现样品前处理的自动化，仪器体积相对庞大，微型化潜力非常小，实现床边检测较难。数字免疫分析仪的发展趋势应是检测限达到 10^{-18}mol/L、动态范围足够宽、便携式、多组分、"样品进结果出"的全自动一体机。

总之，开发基于新型均相数字免疫分析技术的全自动分析仪器是未来的仪器发展方向。回顾 20 世纪末的人类基因组计划完成过程，高通量测序仪的出现缩短了测序时间，加速了基因组计划的完成。也许高效数字免疫分析仪研发成功之际，就是提出生物标志物组计划的时机，将为大规模的生物标志物的筛查和验证带来契机，进而带动个体化的重大疾病早筛早检的临床应用。

参 考 文 献

[1] Wu DL, Dinh TL, Bausk BP, et al. Long-term measurements of human inflammatory cytokines reveal complex baseline variations between individuals. American Journal of Pathology, 2017, 187: 2620-2626.

[2] Barro C, Zetterberg H. The blood biomarkers puzzle-A review of protein biomarkers in

neurodegenerative diseases. Journal of Neuroscience Methods, 2021, 361: 109281.

[3] Kuhle J, Barro C, Andreasson U, et al. Comparison of three analytical platforms for quantification of the neurofilament light chain in blood samples: ELISA, electrochemiluminescence immunoassay and Simoa. Clinical Chemistry and Laboratory Medicine, 2016, 54: 1655-1661.

[4] Gopfert JC, Reiser A, Yanez VAC, et al. Development and evaluation of an ultrasensitive free VEGF-A immunoassay for analysis of human aqueous humor. Bioanalysis, 2019, 11: 875-886.

[5] Song LA, Zhao MW, Duff DC, et al. Development and validation of digital enzyme-linked immunosorbent assays for ultrasensitive detection and quantification of clostridium difficile toxins in stool. Journal of Clinical Microbiology, 2015, 53: 3204-3212.

[6] Preische O, Schultz SA, Apel A, et al. Serum neurofilament dynamics predicts neurodegeneration and clinical progression in presymptomatic Alzheimer's disease. Nature Medicine, 2019, 25: 277-283.

[7] Wilson DH, Rissin DM, Kan CW, et al. The Simoa HD-1 analyzer: A novel fully automated digital immunoassay analyzer with single-molecule sensitivity and multiplexing. JALA—Journal of Laboratory Automation, 2016, 21, 533-547.

[8] 盖宏伟, 白吉玲, 林炳承. 单分子毛细管电泳. 分析化学, 2002, 30: 869-874.

[9] Shim JU, Ranainghe RT, Smith CA, et al. Ultrarapid generation of femtoliter microfluidic droplets for single-molecule-counting immunoassays. ACS Nano, 2013, 7: 5955-5964.

[10] Akama K, Shirai I, Suzuki S. Droplet-free digital enzyme-linked immunosorbent assay based on a tyramide signal amplification system. Analytical Chemistry, 2016, 88: 7123-7129.

[11] Liu XJ, Huang CH, Dong XL, et al. Asynchrony of spectral blue-shifts of quantum dot based digital homogeneous immunoassay. Chemical Communications, 2018, 54: 13103-13106.

[12] Liu XJ, Huang CH, Zong CH, et al. A single-molecule homogeneous immunoassay by counting spatially "overlapping" two-color quantum dots with wide-field fluorescence microscopy. ACS Sensors, 2019, 3: 2644-2650.

[13] Akama K, Iwanaga N, Yamawaki K, et al. Wash- and amplification-free digital immunoassay based on single-particle motion analysis. ACS Nano, 2019, 13: 13116-13126.

[14] Zhang QQ, Zhang XB, Li JJ, et al. Nonstochastic protein counting analysis for precision biomarker detection: Suppressing Poisson noise at ultralow concentration. Analytical Chemistry, 2020, 92: 654-658.

[15] He L, Tessier DR, Briggs K, et al. Digital immunoassay for biomarker concentration quantification using solid-state nanopores. Nature Communications, 2021, 12: 5348.

[16] Zhang QQ, Li JJ, Pan XY, et al. Low-numerical aperture microscope objective boosted by liquid-immersed dielectric microspheres for quantum dot-based digital immunoassays. Analytical Chemistry, 2021, 93: 12848-12853.

[17] Liu Y, Ye H, Huynh H, et al. Digital plasmonic nanobubble detection for rapid and ultrasensitive virus diagnostics. Nature Communications, 2022, 13: 1687.

[18] Liu XJ, Sun YY, Pan XY, et al. Digital duplex homogeneous immunoassay by counting immuno-complex labeled with quantum dots. Analytical Chemistry, 2021, 93: 3089-3095.

[19] Liu XJ, Lin XY, Pan XY, et al. Multiplexed homogeneous immunoassay based on counting

single immunocomplexes together with dark-field and fluorescence microscopy. Analytical Chemistry, 2022, 94: 5830-5837.

[20] 刘晓君, 涂洋, 盖宏伟. 单分子宽场光学显微成像技术. 化学进展, 2013, 25: 370-379.

[21] 苏玉婷, 盖宏伟. 单分子计数免疫分析. 激光与光电子学进展, 2022, 59: 0617011.

[22] Rissin DM, Kan CW, Campbell TG, et al. Single-molecule enzyme-linked immunosorbent assay detects serum proteins at subfemtomolar concentrations. Nature Biotechnology, 2010, 28: 595-600.

[23] Brown LD, Cai TT, DasGupta A. Interval estimation for a binomial proportion. Statistical Science, 2001, 16: 101-133.

[24] Quan PL, Sauzade M, Brouzes E. dPCR: A technolgoy review. Sensors, 2018, 18: 1271.

[25] Shi XB, He Y, Gao WL, et al. Quantifying the degree of aggregation from fluorescent dye-conjugated DNA probe by single molecule photobleaching technology for the ultrasensitive detection of adenosine. Analytical Chemistry, 2018, 90: 3661-3665.

[26] Shi XB, Dong SL, Li MM, et al. Counting quantum dot aggregates for the detection of biotinylated proteins. Chemical Communications, 2015, 51: 2353-2356.

[27] Chang L, Rissin DM, Fournier DR, et al. Single molecule enzyme-linked immunosorbent assays: Theoretical considerations. Journal of Immunological Methods, 2012, 378: 102-115.

[28] Wegner GJ, Wark AH, Lee HJ, et al. Real-time surface plasmon resonance imaging measurements for the multiplexed determination of protein adsorption/desorption kinetics and surface enzymatic reactions on peptide microarrays. Analytical Chemistry, 2004, 76: 5677-5684.

[29] Wu D, Voldman J. An integrated model for bead-based immunoassays. Biosensors and Bioelectronics, 2020, 154: 112070.

[30] Jeyachandran YL, Mielczarski JA, Mielczarski E. Efficiency of blocking of non-specific interaction of different proteins by BSA adsorbed on hydrophobic and hydrophilic surfaces. Journal of Colloid and Interface Science, 2010, 341: 136-142.

[31] Heyes CD, Groll J, Moller M, et al. Synthesis, patterning and applications of star-shaped poly (ethylene glycol) biofunctionalized surfaces. Molecular Biosystems, 2007, 3: 419-430.

[32] Granéli A, Yeykal C, Prasad TK, et al. Organized arrays of individual DNA molecules tethered to supported lipid bilayers. Langmuir, 2006, 22: 292-299.

[33] Gnanasampanthan T, Beyer CD, Yu WF, et al. Effect of multilayer termination on nonspecific protein adsorption and antifouling activity of alginate-based layer-by-layer coatings. Langmuir, 2021, 37: 5950-5963.

[34] Hua BY, Han KY, Zhou RB, et al. An improved surface passivation method for single-molecule studies. Nature Methods, 2014, 11: 1233-1236.

[35] Chatterjee T, Knappik A, Sandford E, et al. Direct kinetic fingerprinting and digital counting of single protein molecules. Proceedings of the National Academy of Sciences of the United States of America, 2020, 117: 22815-22822.

[36] Akama K, Iwanaga N, Yamawaki K, et al. Wash- and amplification-free digital immunoassay based on single-particle motion analysis. ACS Nano, 2019, 13: 13116-13126.

[37] Hungerford JM, Christian GD. Statistical sampling errors as intrinsic limits on detection in dilute

solutions. Analytical Chemistry, 1986, 58: 2567-2568.

[38] Chen DY, Dovichi NJ. Single-molecule detection in capillary electrophoresis: molecular shot noise as a fundamental limit to chemical analysis. Analytical Chemistry, 1996, 68: 690-696.

[39] Woolley CF, Hayes MA, Mahanti P, et al. Theoretical limitations of quantification for noncompetitive sandwich immunoassays. Analytical and Bioanalytical Chemistry, 2015, 407: 8605-8615.

[40] Kan CW, Tobos CI, Rissin DM, et al. Digital enzyme-linked immunosorbent assays with sub-attomolar detection limits based on low numbers of capture beads combined with high efficiency bead analysis. Lab on a Chip, 2020, 20: 2122-2135.

[41] Li N, Tang H, Gai HW, et al. Determination of protein surface excess on a liquid/solid interface by single-molecule counting. Analytical and Bioanalytical Chemistry, 2009, 394: 1879-1885.

[42] Wu C, Garden PM, Walt DR. Ultrasensitive detection of attomolar protein concentrations by dropcast single molecule assays. Journal of the American Chemical Society, 2020, 142: 12314-12323.

[43] Wu D, Dinh TL, Bausk BP, et al. Long-term measurements of human inflammatory cytokines reveal complex baseline variations between individuals. American Journal of Pathology, 2017, 187: 2620-2626.

[44] Chen H, Li Z, Zhang LZ, et al. Quantitation of femtomolar protein biomarkers using a simple microbubbling digital assay *via* bright-field smartphone imaging. Angewandte Chemie International Edition, 2019, 58: 13922-13928.

[45] Qian SQ, Wu H, Huang B, et al. Bead-free digital immunoassays on polydopamine patterned perfluorinated surfaces. Sensors & Actuators: B. Chemical, 2021, 345: 130341.

[46] Yelleswarapu V, Buser JR, Haber M, et al. Mobile platform for rapid sub-picogram-per-milliliter, multiplexed, digital droplet detection of proteins. Proceedings of the National Academy of Sciences of the United States of America, 2019, 116: 4489-4495.

[47] Agrawal A, Zhang CY, Byassee T, et al. Counting single native biomolecules and intact viruses with color-coded nanoparticles. Analytical Chemistry, 2006, 78: 1061-1070.

[48] Li X, Wei L, Pan LL, et al. Homogeneous immunosorbent assay based on single-particle enumeration using upconversion nanoparticles for the sensitive detection of cancer biomarkers. Analytical Chemistry, 2018, 90: 4807-4814.

[49] Xu ST, Wu JC, Chen C, et al. A micro-chamber free digital biodetection method *via* the "sphere-labeled-sphere" strategy. Sensors & Actuators: B. Chemical, 2021, 337: 129794.

[50] Wu AHB, Fukushima N, Puskas R, et al. Development and preliminary clinical validation of a high sensitivity assay for cardiac troponin using a capillary flow（single molecule）fluorescence detector. Clinical Chemistry, 2006, 52: 2157-2159.

[51] Ma J, Zhan L, Li RS, et al. Color-encoded assays for the simultaneous quantification of dual cancer biomarkers. Analytical Chemistry, 2017, 89: 8484-8489.

[52] Wu X, Li T, Tao GY, et al. A universal and enzyme-free immunoassay platform for biomarker detection based on gold nanoparticle enumeration with dark-field microscope. Analyst, 2017, 142: 4201-4205.

[53] Jiang DF, Liu CX, Wang L, et al. Fluorescence single-molecule counting assays for protein quantification using epi-fluorescence microscopy with quantum dots labeling. Analytica Chimica Acta, 2010, 662: 170-176.

[54] Mickert MJ, Farka Z, Kostiv U, et al. Measurement of sub-femtomolar concentrations of prostate-specific antigen through single-molecule counting with an upconversion-linked immunosorbent assay. Analytical Chemistry, 2019, 91: 9435-9441.

[55] Li JR, Wuethrich A, Sina AAI, et al. A digital single-molecule nanopillar SERS platform for predicting and monitoring immune toxicities in immunotherapy. Nature Communications, 2021, 12: 1087.

[56] Byrnes SA, Huynh T, Chang TC, et al. Wash-free, digital immunoassay in polydisperse droplets. Analytical Chemistry, 2020, 92: 3535-3543.

[57] Kim D, Garner OB, Ozcan A, et al. Homogeneous entropy-driven amplified detection of biomolecular interactions. ACS Nano, 2016, 10: 7467-7475.

[58] Zeng Q, Zhou XY, Yang YT, et al. Dynamic single-molecule sensing by actively tuning binding kinetics for ultrasensitive biomarker detection. Proceedings of the National Academy of Sciences of the United States of America, 2022, 119: e2120379119.

[59] Liu XJ, Zhang YS, Liang AY, et al. Plasmonic resonance energy transfer from a Au nanosphere to quantum dots at a single particle level and its homogenous immunoassay. Chemical Communications, 2019, 55: 11442-11445.

[60] Maley AM, Garden PM, Walt DR. Simplified digital enzyme-linked immunosorbent assay using tyramide signal amplification and fibrin hydrogels. ACS Sensors, 2020, 5: 3037-3042.

[61] Krainer G, Saar KL, Arter WE, et al. Direct digital sensing of protein biomarkers in solution. Nature Communications, 2023, 14: 653.

第3章 离散方法

在信号分析领域,将模拟信号转换为数字信号的关键步骤之一是信号的离散。将连续的模拟信号采样离散,进而量化、编码、传输,实现模拟信号数字化。与此相仿,数字免疫分析的关键技术也是离散。传统的免疫分析通过免疫复合体产生的信号强度进行定量,信号强度的变化是连续模拟信号。人为增大目标分子之间的距离,使目标分子由聚集的、不可分辨状态转化为分散的、可分辨计数状态即为离散。离散是数字免疫分析区别于其他免疫分析的显著特征。依据增大和维持分子间距方式不同,数字免疫分析采用的离散方法可以分为软离散和硬离散两类。所谓软离散是指采用有限稀释的方法增加目标分子的间距,目标分子形成了不重叠的分散状态,属于虚拟微空间分隔。而硬离散是指目标分子被强制分装到实体微空间中,微空间与外部介质存在物理界面,维持目标分子的间距,保持离散状态。比较而言,软离散方法简单,容易操作,但是虚拟微空间的大小不固定,容易相互重叠,影响检测的灵敏度;硬离散灵敏度更高,因为免疫复合体被离散到体积固定的实体微空间,既能提高微空间中目标分子浓度,又能降低干扰分子的浓度,使检测难度低于溶液中直接检测,这也是硬离散数字免疫分析技术之所以检测灵敏度高,检测限达到 aM 水平的原因。

3.1 软　离　散

软离散是指采用有限稀释的方法逐渐降低溶液中待测免疫复合物的浓度,控制免疫复合物的间距,使得免疫复合物在检测时处于相互不重叠的分散状态,属于自然离散。软离散有两种方式:一种是时间上的离散,控制每个分子在不同的时间点穿过检测区,即流式离散;另一种是空间上的离散,分子和分子之间不重叠地分布在二维平面内。离散方式不同,对应的检测方式也不同,分为时间分辨点检测和空间分辨成像检测。无论哪种检测方式,在有限空间内,软离散适用于超低浓度的样本离散,随着样本浓度增加,软离散的效率降低,目标物分布不均匀,导致虚拟微空间的大小发生变化且相互重叠,影响检测的准确性。

3.1.1　时间分辨点检测

时间分辨点检测采用流式检测模式，多用于时间分散的单分子计数检测，压力或电动力驱动目标分子依次流经检测点，按照时间顺序记录检测到的每个分子的信号，类似于色谱或者电泳图谱，根据信号个数进行定量。Singulex 公司的 Erenna 免疫系统是典型的时间分辨点检测装置[1]，其光路示意图如图 3-1。样品或标准品与捕获抗体修饰的磁珠在 96 孔板 25℃振荡反应 1~2 小时。磁力分离磁珠，去上清，洗涤磁珠。加荧光染料标记的检测抗体，25℃振荡孵育 60 分钟。磁分离，去上清，用含有 Triton X 的缓冲液洗 6 次。去除洗涤液后，加解离液(4 mol/L 尿素)，破坏抗体与抗原结合，将检测抗体从磁珠上解离，转移至 384 孔过滤板，1200g 离心 3 分钟，去除磁珠和解离液，过滤板中保留检测抗体。将过滤板放置到 Erenna 免疫系统中，孔中液体由压力泵入 100 μm 的毛细管流体池中，流经检测窗。激光通过二向色镜和显微镜物镜聚焦到检测窗。当染料标记的检测抗体流经检测窗，穿过激光焦斑时，发射荧光。荧光由物镜收集，光子计数器记录。检测信号以脉冲的形式记录，每个脉冲表示一个光子。联合使用脉冲数、峰强和总光子数，可以得到大于 4.5 个数量级的定量动态范围。

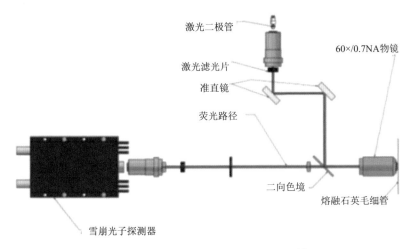

图 3-1　Erenna 检测系统光路示意图[1]

实现单个染料分子荧光检测的难点在于克服溶剂分子的散射和杂质分子的荧光造成的背景。在 10 μm × 10 μm × 10 μm 的检测区间(体积为 1 pL)中包含 3×10^{13} 个水分子。水分子在 488 nm 激发时拉曼散射截面积约 $10^{-28}\,cm^2$，一般的荧光团吸收截面积约 $10^{-16}\,cm^2$，检测区内总的拉曼散射截面积大于吸收截面积。即使检测区只有一个杂质分子(浓度相当于 1.7×10^{-12} M)，如果杂质分子有强荧光就会掩盖样品分子的荧光，如果是弱荧光，背景就会升高，目标分子荧光信号降低。检测区体积的减小会降低背景。当探测体积为 0.2 fL（1 μm³=1 fL）时，单分子检测很容易实现，但是检测效率低。通常情况下，激发光聚焦为圆形光斑，e⁻²直径在 10～50 μm，鞘流直径在 5～20 μm。探测体积可视为一个圆柱体，半径为聚焦激光光斑半径，高度为样品流直径。减小背景荧光还可通过引入激光光解杂质分子。流动速度也是一个重要参数，流速过快则探测区内会同时出现多个分子，不能保证单分子检测，影响定量准确性。

单个荧光染料分子的尺寸极小，信号强度也很弱，容易出现单分子信号重叠及信号漏检的情况。采用高量子效率、窄发射的纳米颗粒(比如量子点)代替荧光染料标记检测抗体可以显著增强单个目标分子的荧光信号。双色量子点分别标记捕获抗体和检测抗体，分别形成捕获探针和检测探针，夹心免疫反应形成免疫复合物，捕获探针、检测探针和免疫复合物在毛细管内依次流经检测区域进行检测、计数。游离的捕获探针、检测探针只在对应单检测通路产生脉冲信号，免疫复合物在双检测通路均产生信号，从而区分和统计免疫复合物的数量[2]。

为了降低单分子或单颗粒的荧光检测难度，酪胺信号放大技术也被用于流式数字免疫分析。酪氨是一种对位取代的酚类化合物，在 HRP 的催化作用下，可与过氧化氢反应，产生酪氨自由基。酪氨自由基与蛋白质中的芳香族化合物反应，实现与蛋白质的共价连接。荧光染料或生物素预标记酪氨，则可通过上述反应将荧光染料分子沉积于蛋白表面[图 3-2(a)]。HRP 催化的酪氨信号放大体系应用于数字免疫分析的具体流程如图 3-2(c)所示。修饰捕获抗体的磁珠分别与乙肝表面抗原、生物素标记的检测抗体、亲和素标记的 HRP 孵育，形成 HRP 标记的复合磁珠(目标磁珠)。生物素标记的酪氨底物在 HRP 催化下，形成生物素标记的酪氨自由基，与磁珠表面的蛋白键合，大量沉积于 HRP 以及免疫复合体表面，亲和素标记的荧光染料与酪氨携带的生物素结合，完成荧光染料对目标磁珠的标记，流式荧光检测或显微镜荧光成像检测。一方面，HRP 催化大量酪氨底物沉积于蛋白表面，增加了荧光染结合位点；另一方面，酪氨自由基存在时间极短，酪氨底物主要沉积在 HRP 周围，其他地方的沉积基本可以忽略，使得标记的荧光染料局限在小范围，增强局部荧光强度[图 3-2(b)]。上述两种因素使得 HRP 催化的酪氨信号放大体系可以直接荧光检测分辨目标磁珠和空白磁珠，不需要额外的液滴包裹或微孔阵列离散，大大降低了分析的技术门槛。乙肝表面抗原检测的线性范围达到 4 个数量级，检测限达到 139 aM，比传统 ELISA 灵敏度高出 20 多倍，在乙肝的防控方面显示出较好的应用价值[3]。

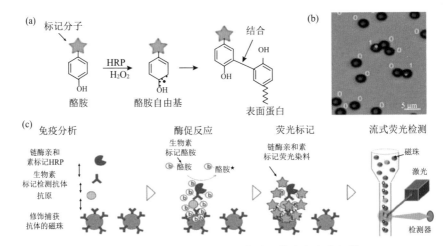

图 3-2 基于酪胺信号放大策略的数字免疫分析[3]

(a) HRP 催化的酪胺反应示意图；(b) 目标磁珠经酪胺信号放大产生的荧光亮点；(c) 数字免疫分析流程示意图

除了荧光流式检测，时间分辨模式还包括电阻抗脉冲检测，主要包含两个步骤：①将目标蛋白的检测通过免疫反应转化为微颗粒或微颗粒聚集体的检测；②以颗粒信号的电阻抗检测计数。Jiang 研究组采用两步分开的策略，如图 3-3。抗体修饰微颗粒和目标蛋白在芯片外进行免疫反应，形成微颗粒聚集体，然后将免疫反应溶液引入电阻抗脉冲检测芯片。微颗粒流经芯片的传感狭缝时，占据狭缝的大部分流路，引起电路阻抗的增大或离子流的降低，单个微颗粒、微颗粒二聚体和微颗粒三聚体

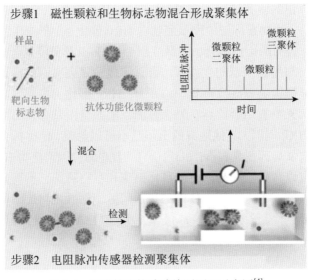

图 3-3 微流控阻抗脉冲检测原理示意图[4]

分别对应产生不同强度的电阻抗脉冲信号,软件统计微颗粒二聚体的数量即可定量蛋白。以人铁蛋白为例,其在胎牛血清的检测范围为 0.1~208 ng/mL[4]。

Davis 课题组采用两步集成的策略,设计并制作了集成免疫反应和电阻抗脉冲传感器的微流控芯片。捕获抗体修饰于免疫反应区的通道底部,检测抗体修饰于微米尺度的颗粒,在免疫反应区域完成目标蛋白捕获、复合物形成、清洗等步骤。特异性结合的微颗粒被碱性缓冲液洗脱,按时间顺序依次流经电阻抗传感器的传感狭缝,产生阻抗脉冲信号,实现目标分子的计数。该微流控数字免疫分析平台的亮点在于样本消耗少(单次测量小于 5 μL)、免疫反应和信号计数一体化,但是蛋白的检测限偏高[5]。以 IL-6 为例,其检测限约 50 pM。检测灵敏度不高的原因是微颗粒的空间位阻较大,导致免疫结合效率较低。若将颗粒尺寸缩小至纳米尺度,可有效减弱位阻效应,提高免疫结合效率,但纳米颗粒相对于传感狭缝的尺寸过小,其流经传感狭缝引起的阻抗变化微乎其微,电信号很难检测出来。

纳米通道或者纳米孔作为传感单元可有效增强纳米颗粒的电阻抗信号,已被广泛应用于核酸分子、单颗粒、单病毒的计数分析。如图 3-4 所示,硅片表面镀上一层氮化硅(SiN_x)纳米薄膜(50 nm),氮化硅薄膜上加工直径 300 nm 的通孔,5 μm 厚的聚酰亚胺保护层降低器件的电容,抑制离子流噪声,增强电阻抗脉冲的信噪比。纳米孔的上下两面均用 PDMS 模块封接,方便流体引入。待检测流体加

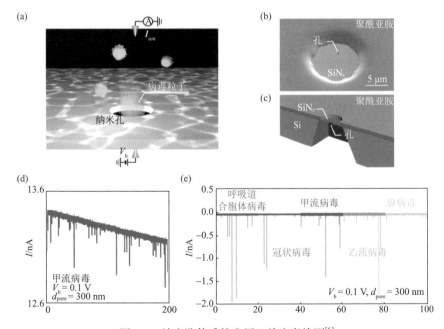

图 3-4 纳米孔传感技术用于单病毒检测[6]

(a)纳米孔传感示意图;(b)固态纳米孔电镜图;(c)纳米孔结构示意图;(d)甲流病毒的离子流脉冲信号;(e)5 种病毒的离子流脉冲信号

入负极 PDMS 池，缓冲液加入正极 PDMS 池。在生理条件下，甲流病毒、乙流病毒、腺病毒、冠状病毒和呼吸道合胞体病毒表面倾向于带负电荷，在电泳作用下，穿过纳米孔，导致回路的离子流降低，产生离子流脉冲减弱信号[6]。单病毒产生的离子流脉冲信号采用机器学习进行分类，对 5 种病毒的识别准确率可达到 99%。纳米孔传感技术开展单病毒检测的优势是无需标记，但是单个蛋白质分子穿过纳米孔时，离子流的变化很小，无法直接检测，限制了纳米孔传感用于单分子免疫分析。

为放大单个蛋白分子穿孔的离子流信号，Vincent 等设计了一对陨星状的双链 DNA 纳米结构作为探针（P1 和 P2），连接 DNA 的一半序列分别与 P1 和 P2 互补，将 P1 和 P2 连接形成哑铃型 DNA 纳米结构（DB）。DB、P1 和 P2 穿过纳米孔时均产生电化学信号。游离的 P1 或 P2 产生单峰电信号，DB 产生双峰电信号，从而实现对 DB 的准确计数。通过连接 DNA 标记抗体，可将目标蛋白的数量转化为连接 DNA 的数量。连接 DNA 的数量可由纳米孔传感器计数 DB 的数量进行准确的测定（图 3-5）。以重组促甲状腺激素（rTSH）为例，该纳米孔流式检测平台的检测限约为 20 pM[7]。

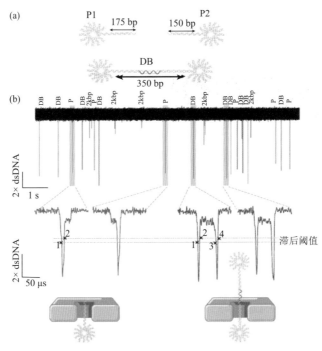

图 3-5　纳米孔单分子免疫分析

(a)陨星状 DNA 探针；(b)离子流[7]

单分子流式检测模式下，免疫识别和捕获一般在固相表面进行。固相表面目标分子结合面积有限，非特异性吸附容易引起假阳性信号，一部分分析物不适用于固相表面(比如外泌体、生物分子聚集体等)，固相表面结合过程可能破坏样本，使分析物无法完整存在。为此，Tuomas 研究组将电泳分离与单分子流式检测结合，发展了一种纯液相反应的单分子微流控传感平台，原理如图 3-6 所示。荧光染料标记的核酸适配体与分析对象在溶液中发生结合反应，反应混合物引入微流控芯片，流经自由流电泳区域。在电场作用下，未与分析对象结合的适配体(游离适配体)电泳迁移速度较快，与分析对象结合的适配体(结合适配体)尺寸变大，电泳迁移速度较慢。迁移速度的差异使得游离适配体和结合适配体的侧向偏移距离不同，完成电泳分离。选取特定偏移位置，采用激光共聚焦显微镜和单光子计数器则可实现对结合适配体的单分子流式检测。基于上述分析平台，研究人员以亲和素、免疫球蛋白(IgE)、α-核蛋白原纤维(α-synuclein fibrils)、外泌体(CD63$^+$ exosome)和蛋白聚集体(FUS condensate)为对象，采用 Atto488、Alexa488 等荧光染料标记对应核酸适配体序列，实现了各种分析物的单分子荧光流式检测，证实了方法的普适性[8]。与传统单分子流式检测相比，纯液相单分子微流控传感技术的免疫反应完全在溶液中进行，避免了固相表面的非特异性结合，缩短了分析时间，提高了免疫捕获效率和检测灵敏度，扩展了分析对象。遗憾的是，该研究团队并未报道上述方法的检测限和定量范围，有待后续进一步深入研究。

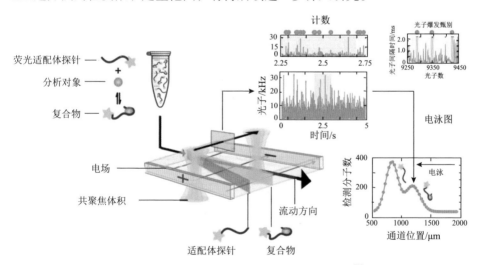

图 3-6　纯液相反应的单分子微流控传感技术[8]

3.1.2　空间分辨成像检测

空间分辨成像检测模式是利用外加力场或结合反应，将目标蛋白或标记信号沉降并固定于基板表面，目标物自然离散，相邻目标物的间距大于光学成像分辨率，使用高灵敏成像检测仪记录目标分子的空间位置，软件统计分子数量，依据标准曲线实现溶液中目标分子浓度测定。实现空间分辨成像需要将目标分子沉降、离散并固定于基板表面。分子或颗粒从本体溶液沉降至基板表面主要有三种方式：亲和作用沉降、电荷吸引沉降和溶剂挥发沉降。

1. 亲和作用引起的沉降

生物分子通过多个官能团的氢键、静电、疏水相互作用、配位键等产生特异性的相互结合作用，称为生物亲和作用。具有亲和作用的分子对之间一般具有类似"钥匙"和"锁孔"的空间结构关系。常见的高特异性亲和作用体系有抗原-抗体体系、激素-受体体系、核酸杂交体系等。

Seeger 课题组早在 1998 年就利用抗原-抗体体系实现了 C-actin 蛋白的单分子空间分辨检测(图 3-7)。捕获抗体被固定于基板表面，目标蛋白、荧光标记检测抗体先后进行免疫反应，形成捕获抗体-目标蛋白-荧光标记抗体的复合物。抗原-抗体亲和作用将荧光染料分子均匀分散于基板表面，半导体激光共聚焦荧光光谱技术进行单荧光分子的高灵敏检测。以检测 C-actin 蛋白为例，将单克隆鸡抗 C-actin IgG 共价固定在表面，以 Cy-5 标记 C-actin 的捕获蛋白多克隆 IgY，将三者反应结合，观测到了单分子的光子脉冲信号，阴性对照组无光子脉冲信号，初步证实了该方法应用于心肌梗死诊断的潜力[9]。染料分子的荧光强度偏弱，需要使用共聚焦、全内反射等高分辨显微成像系统，且染料分子易被高强度激发光漂白，并不是靶分子的最佳标记信号。

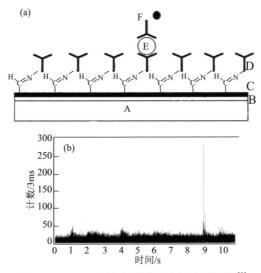

图 3-7　C-actin 蛋白的单分子空间分辨检测[9]

(a) 免疫复合物形成示意图；(b) 单免疫复合物的光子计数信号

荧光纳米颗粒，比如量子点、上转换粒子等，具有高吸收、窄发射、不易光漂白等特点，是有机染料分子的潜在替代材料。笔者课题组以量子点作为目标分子的标记信号，采用抗原-抗体亲和作用实现了蛋白的单分子空间成像检测，如图 3-8 所示。玻璃基板表面进行硅烷化处理，形成氨基官能团；戊二醛溶液浸泡氨基化玻璃基板，与氨基反应，形成醛基功能化基板；PSA 捕获抗体与醛基反应，被共价固定于基板表面。带有捕获抗体的基板先后与 PSA、量子点标记检测抗体溶液孵育，在基板表面形成量子点标记的免疫复合物，清洗除去游离和非特异性结合的检测抗体。通过抗原-抗体的亲和作用，标记信号(量子点)被特异性地沉降于玻璃基板表面，采用宽场显微镜成像技术即可实现对 PSA 的单分子计数免疫分析[10]。由于颗粒之间的空间位阻效应，结合到基板表面的量子点在周围一定区域产生位阻效应，有效避免了颗粒的聚集或颗粒信号的重叠，利于提高空间成像检测的准确性。但是，颗粒的空间位阻效应会降低单位面积内免疫捕获的效率，使得检测灵敏度下降。

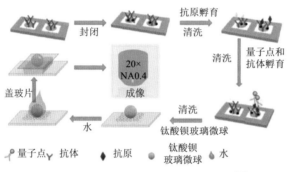

图 3-8 量子点标记的免疫复合物成像 [10]

Gorris 课题组以上转换纳米粒子(β-NaYF$_4$: 18 mol% Yb^{3+}, 2 mol% Er^{3+})为蛋白分子的标记信号，采用相似策略空间离散上转换粒子，完成了 PSA 的空间成像检测。如图 3-9 所示，捕获抗体固定于基板表面，目标抗原、上转换纳米颗粒标记的检测抗体分别与基板表面的捕获抗体进行亲和反应，形成上转换粒子标记的免疫复合物，倒置宽场荧光显微镜进行上转换纳米颗粒的高分辨荧光成像。成像结果中的绿色发光点强度较高，空间分布较均匀，表明上转换粒子依靠抗原-抗体相互作用实现较好的空间离散。单个上转换粒子发光强度的横截面分析显示上转换粒子的信噪比较高。通过计数上转换纳米颗粒产生的荧光点数量可进行蛋白定量。PSA 的检测范围为 10 pg/mL～1.0 ng/mL，检测限为 1.2 pg/mL[11]。

除了抗原-抗体的亲和作用，我们利用互补 DNA 链之间的亲和作用完成了单颗粒信号的自然空间离散(图 3-10)。玻璃基板表面经硅烷化处理修饰巯基，金纳米颗粒与巯基作用形成稳定金-硫键，被固定在基板表面。5′端含有巯基的寡核苷

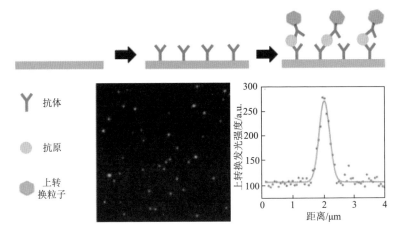

图 3-9　基于上转换纳米粒子的免疫复合物成像检测[11]

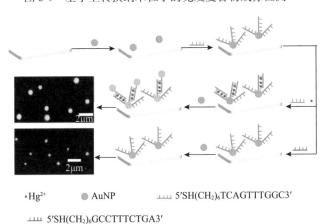

•Hg²⁺　　●AuNP　　᠁᠁ 5′SH(CH₂)₆TCAGTTTGGC3′

᠁᠁ 5′SH(CH₂)₆GCCTTTCTGA3′

图 3-10　核酸杂交引起的金颗粒沉降和空间成像检测[12]

酸序列 1 经配体交换反应与基板表面金颗粒作用,形成捕获探针。汞离子存在时,寡核苷酸序列 2(部分碱基与序列 1 互补)与序列 1 杂交,形成 T-Hg²⁺-T 的双链 DNA。后续加入游离金纳米粒子,与 T-Hg²⁺-T 的双链 DNA 的末端巯基作用,形成金纳米颗粒的聚集体。在暗场显微镜下,单个金纳米颗粒呈现绿色散射光点,金纳米颗粒聚集体呈现黄色散射光点,依据光点颜色可判断汞离子的存在。黄色光点数量与汞离子浓度的对数在 0.005~25.0 nM 范围呈现良好的线性关系。互补 DNA 之间的亲和作用具有高度特异性和适中作用力,具有应用于单分子自然空间离散的潜力[12]。尽管核酸杂交体系尚未扩展至蛋白免疫分析,我们相信随着核酸适体技术的成熟,核酸适体的识别功能与杂交链的固定功能组合,可以实现基于核酸杂交体系的单分子计数免疫分析。

2. 电荷吸引诱导沉降

异性电荷之间的吸引力是自然界广泛存在的作用力，其大小与电荷量和距离相关。通过功能基团和溶液的 pH 控制，可以使基板表面和标记颗粒表面携带相反电荷，依靠静电引力即可实现目标颗粒的空间离散。如图 3-11 所示，氨基 DNA 序列 1 固定于磁珠表面形成捕获磁珠，巯基 DNA 序列 2 固定于金纳米棒表面形成检测探针；捕获磁珠、目标 DNA 和检测探针进行核酸杂交反应，形成双链 DNA 复合物，洗脱并浓缩复合物中的检测探针，形成与目标 DNA 浓度正相关的检测探针溶液。基板表面采用 3-氨丙基三乙氧基硅烷进行处理，使得基板表面带正电。因为 DNA 的存在，检测探针表面带负电。在基板表面静电吸引力作用下，检测探针均匀沉降于基板表面。由于金纳米棒具有很强的散射效应，在暗场条件下，检测探针形成清晰的散射光点，通过计数暗场照片中金纳米棒的散射光点进行目标 DNA 的定量[13]。将 DNA 序列 1 和 2 替换为捕获抗体和检测抗体，采用相似的策略，He 课题组实现了 PSA 的单分子计数免疫分析，检测限可达 8 fg/mL[14]。

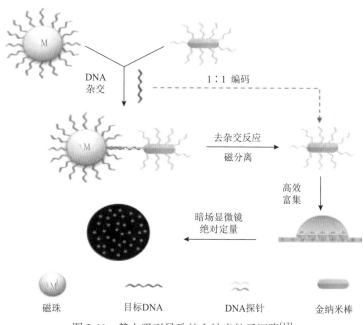

图 3-11　静电吸引导致的金纳米粒子沉降[13]

电荷吸引沉降的方法简单，操作容易，被广泛用于各种纳米尺度信号标记粒子的空间离散。笔者课题组从 Thermo Scientific 公司购买了商品化聚-L-赖氨酸修饰的正电荷载玻片（Cat. No. 4951plus4）进行量子点或金纳米颗粒的电荷吸引沉降。红色量子点（发射波长 655 nm）与捕获抗体连接，绿色量子点（发射波长 565 nm）与检测抗体连接，二者与血清中的抗原反应形成夹心免疫复合体，反应混合物直接滴加于正电荷载玻片。羧基化的量子点表面带负电荷，在基板正电荷的吸引作用下，快速、均匀沉降于基板表面，荧光显微成像。没有形成复合体的量子点分别呈红色光点和绿色光点，形成免疫复合体的量子点由于红绿重合呈现黄色光点[15]。黄色光点数量与抗原浓度的对数成线性关系，根据黄色光点数量即可确定样品中目标蛋白的浓度。采用上述粒子沉降方法，我们利用量子点-抗原-量子点，量子点-抗原-金纳米颗粒等免疫复合体系，分别实现了单组分和多组分的高灵敏检测[16-18]。

无论电荷吸引或者亲和反应，纳米粒子的沉降效率直接影响检测的灵敏度和准确率。理论上，沉降效率越高，检出效率越高，检测限越低。受光学显微系统分辨率的限制，纳米颗粒沉积的密度不能太高，高密度会导致相邻纳米颗粒的影像交叉重叠，无法分辨。此外，成像器件(CCD 或 CMOS)的成像面积很小，在高放大倍数的镜头下，单次成像获取的数字信号较少。为了获得具有统计学意义的数字信号量，一般采用多帧成像方式增加标记粒子的统计量。为避免区域重叠，多帧成像时，随机选取的成像区域相距较远，这又容易造成目标信号的漏检，影响分析准确性。

3. 溶剂挥发强制沉降

亲和反应沉降和电荷吸引沉降均存在结合-解离的动态平衡，不可能实现全部粒子的沉降，只能是部分沉降。针对粒子沉积效率的难题，我们开发了一种溶剂挥发强制粒子在基板表面沉降的方法。检测抗体修饰于聚苯乙烯微球表面，形成检测微球(3.0 μm)；捕获抗体修饰磁珠，形成捕获珠(2.8 μm)；二者与抗原反应结合成免疫复合体，磁分离收集免疫复合体和空捕获珠，酸性洗脱并收集复合体中的聚苯乙烯微球，获得与目标蛋白浓度正相关的聚苯乙烯微球洗脱液。采用打孔器在 1 mm 厚的 PDMS 片加工直径 3 mm 的通孔，PDMS 的圆孔与商品化细胞计数板的网格区域对准，可逆封接，形成带有定位功能的计数芯片[图 3-12(a)]。取一定体积的聚苯乙烯微球洗脱液加入计数芯片的微池内，加热促进水分蒸发，待水分完全蒸发后，聚苯乙烯微球沉积于芯片微池底部。由于水分蒸发过程强制聚苯乙烯微球沉积，实现了粒子沉降效率的最大化。经过多轮溶液添加-溶剂挥发的过程，所有洗脱的聚苯乙烯微球全部固定于计数芯片池底部，初步实现了目标微球的全部沉积。在芯片池底部定位网格的辅助下，倒置显微镜分区拍摄聚苯乙烯微球的明场照片，然后统计全部明场影像的微球数量，即为抗原分子数[图 3-12(b)]。以癌胚抗原(CEA)为模型分子，该方法的动态范围在 5～500 aM，检测限达到 4.9 aM。该方法采用定位网格解决多次成像的重叠、错漏问题，采用微米级聚苯乙烯球解决数字信号高密度分布的限制，利用溶剂挥发方法提高数字信号的沉降效率，大大增强了数字免疫分析的信号统计量，提高了分析的灵敏度，降低了检测限[19]。溶剂挥发强制沉积的方法也存在局限性，仅适用微米尺度的粒子沉积。因为溶剂挥发过程易导致颗粒团聚，对于微米颗粒来说，光学显微镜能够分辨和计数团聚体中的粒子数量，换成纳米粒子，普通光学显微镜则很难分辨聚集体中的粒子数量。

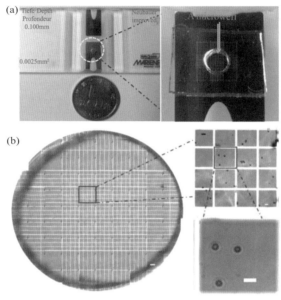

图3-12 溶剂挥发强制沉降聚苯乙烯微球[19]

(a)计数芯片图；(b)明场成像照片

相对微米颗粒而言，纳米粒子的标记效率和免疫捕获效率更高，在单分子计数免疫分析的应用也更广泛。挥发诱导的粒子团聚问题导致溶剂挥发强制沉降技术无法用于纳米粒子沉积。为了提高粒子的分布均匀性，降低团聚，Allier课题组发展了一种聚合物溶液挥发形成连续浸润薄膜的单纳米粒子光学检测方法[20]。盖玻片在肥皂水中超声 10 min，去离子水、丙酮、异丙醇依次清洗，氮气吹干，氧等离子体处理 30 s，形成亲水性的盖玻片，接触角小于5°。羧基化聚苯乙烯球(200 nm)悬浮于 PEG(分子量 600)和吐温 20 的水溶液中。吐温 20 达到临界胶束浓度。微升级的微球溶液滴加在亲水盖玻片表面，室温水分蒸发，形成单层连续 PEG 薄膜。微球的少部分嵌入薄膜，在微球周围薄膜发生形变，构成微透镜，产生类似锥透镜(axicon lenses)的长焦深。焦深增强作用可保证微球被低放大倍数的显微镜头检测，实现了相对宽大的视场。经过理论计算和实验条件的优化，他们采用低倍物镜(×5 objective，NA = 0.15)实现了 200 nm、500 nm 和 1 μm 微球的明场清晰成像和准确筛分，视场面积达到了 19.1 mm^2，远远超出了传统高倍物镜的观测视场，有利于纳米尺度物体的高通量检测(图 3-13)。

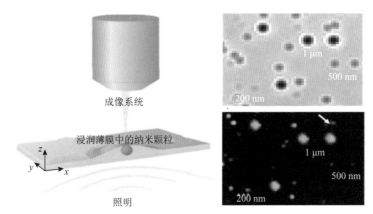

图 3-13　溶剂挥发强制沉积纳米粒子[20]

我们在前期微米级聚苯乙烯球沉积的基础上，将溶剂挥发诱导聚合物成膜过程应用于纳米粒子的沉降。以量子点(小于 10 nm)、聚苯乙烯纳米球(200 nm)、金纳米颗粒(50 nm)为模型粒子，经过对聚合物种类、分子量、浓度、沉积条件等的优化，粒子沉降效率大幅提高，沉积均匀性得到明显改善。量子点(发射波长 655 nm)的沉降率从 10% 左右(电荷吸引沉降)增加到 90% 以上(图 3-14)，在纳米尺度单颗粒传感方面显示出巨大的应用价值。

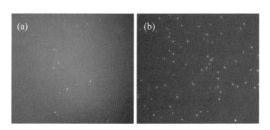

图 3-14　量子点沉降效果比较
(a)静电吸附沉降(50 pM)；(b)成膜辅助沉降(1 pM)

3.2　硬　离　散

硬离散是采用物理方式将单个分子产生的信号分隔在独立的微小空间内。微空间的体积在 fL 量级，可以显著增加分子浓度、降低背景噪声，同时物理壁障的存在可引入酶反应、核酸扩增等信号放大方式，避免相邻数字信号的交叉干扰，有利于提高检测灵敏度。依据物理壁障的类型不同，硬离散主要有三种方式：微孔阵列离散，微流控结构阵列离散和微液滴离散。

3.2.1 微孔阵列离散

微孔阵列离散是将靶标蛋白形成的免疫复合物分散于飞升量级微孔内，依靠免疫复合物携带的酶分子在微孔内进行荧光底物催化反应，产生荧光信号。根据构成微孔的材料不同，微孔阵列可分为光纤束微孔阵列和聚合物微孔阵列。不同类型微孔的加工技术差异较大，微孔尺寸、数量和密度均受加工工艺的限制。采用微孔阵列进行单分子或单颗粒的离散需解决加工工艺问题、离散效率问题和微孔封闭问题。

1. 阵列微孔加工技术

光纤束微孔阵列的化学蚀刻[21]：5 cm 长的光纤束的切面分别用 30 μm，9 μm 和 1 μm 的金刚石抛光膜顺序打磨。抛光的光纤束用 0.025 M 盐酸溶液化学蚀刻合适时间，浸入水中，蚀刻反应终止。蚀刻完成的光纤束在纯水中超声，纯水清洗，真空干燥。光纤束的内层玻璃刻蚀速度大于外壳玻璃的刻蚀速度，在内层玻璃上形成直径约 4.5 μm 的微孔阵列(图 3-15)。

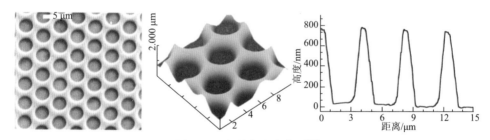

图 3-15　光纤束微孔阵列[21]

聚二甲基硅氧烷(PDMS)微孔阵列的软光刻：洁净硅片表面旋涂一层负性光刻胶(SU-8 系列，MicroChem)，前烘除去多余溶剂，采用铬板掩膜(直径几微米的圆形点阵图案)进行紫外曝光，后烘固定图形，显影除去未曝光的光刻胶，形成带有圆形凸起的 SU-8 阳模。将预混合的 PDMS 前驱体旋涂于 SU-8 阳模表面，80℃固化 0.5～1 h。PDMS 表面与洁净的玻璃基底等离子键合，然后从 SU-8 阳模剥离，形成 PDMS 微孔阵列。微孔的大小由铬板掩膜的图案确定，微孔的深度由光刻胶的黏度、旋涂速度和旋涂时间确定。PDMS 微孔阵列极易与微流控芯片功能组合、集成，方便流体操控，利于免疫捕获和信号离散的集成。Takeuchi 研究组设计并加工了集成灌流通道和微孔阵列的 PDMS 芯片(图 3-16)。圆形微孔直径为 5 μm，深度为 6 μm，体积约 120 fL。β-半乳糖苷酶(β-Gal)与荧光底物(FDG)混合，经灌流通道进入 PDMS 微孔内部，油相经灌流通道密封 PDMS 微孔。微孔内的单个β-Gal 与底物反应，生成荧光素钠，发射绿色荧光，展示了单分子水平的水解酶活性差异[22]。PDMS 的疏水性较强，水溶液很难浸润，可导致空气泡的产生，同时微孔内的溶液也易被油带出。

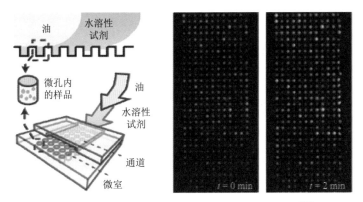

图 3-16 PDMS 微孔阵列用于单分子酶活性测试[22]

四周疏水-底部亲水的微孔阵列的干法刻蚀脱模技术[23]：玻璃基片旋涂疏水性的氟碳聚合物(CYTOP)，180℃ 烘烤 1 小时，重复旋涂-烘烤过程多次，直至 CYTOP 层的厚度与离散微珠的直径相当；采用正性光刻胶(AZP4903)进行光刻，将掩膜图案转移至 CYTOP 层；采用反应离子刻蚀系统(RIE-10NR)对曝光的区域进行氧等离子体干法蚀刻，除去 CYTOP 层，暴露亲水性的二氧化硅基底；丙酮和乙醇清洗去除未曝光的正性光刻胶模板(脱模)，在亲水玻璃基底上形成了疏水性的 CYTOP 通孔阵列(图 3-17)。圆形微孔的四周是疏水性的聚合物，底部为亲水性的玻璃基底，增强微孔的溶液留存能力，抑制气泡产生。

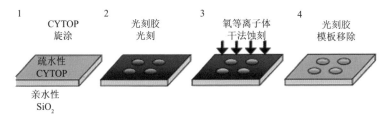

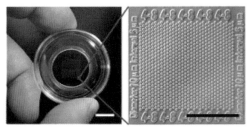

图 3-17 四周疏水-底部亲水的微孔阵列干法刻蚀脱模[23]

四周疏水-底部亲水的微孔阵列印刷技术[24]：硅片表面涂覆一层黏附增强剂（HMDS），然后旋涂一层～1.2 μm 正性光刻胶（AZ 6632），120℃烘烤 1 分钟，铬板掩膜紫外曝光，显影除去曝光的区域，100℃后烘 1 小时，采用深度反应离子刻蚀技术将硅片表面的曝光区域刻蚀成微孔阵列，残留的光刻胶采用丙酮超声去除，然后丙酮、异丙醇和水顺序清洗，形成带有微孔阵列的硅片模板。硅片模板用浓硫酸和过氧化氢的混合物（体积比为 3∶1）清洗，旋涂一层全氟硅烷，抑制 PDMS 对硅模板的黏附。PDMS 预聚物（单体和交联剂的体积比为 5∶1）混合均匀，倒在硅片模板表面，真空脱气，PDMS 预聚物进入硅片模板的微孔内，60℃固化 6 小时。PDMS 块从硅片模板表面剥离，形成具有微柱阵列的 PDMS 印章。洁净的载玻片在甲基丙烯酸硅烷溶液中浸泡 10 分钟，120℃烘干，旋涂一层 3 μm 厚的疏水聚合物薄膜（OSTE+），PDMS 印章压入聚合物薄膜，紫外光处理，剥离 PDMS 印章，室温反应过夜，形成飞升级聚合物微孔阵列，如图 3-18 所示。

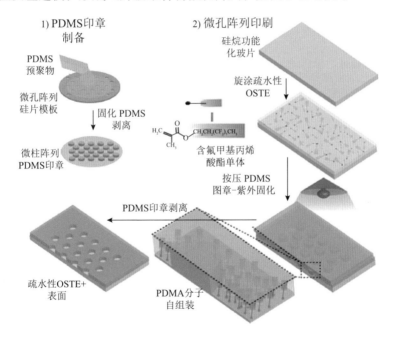

图 3-18　四周疏水-底部亲水的聚合物微孔阵列印刷[24]

热塑性塑料微孔阵列的注塑工艺[25]：在硅片上旋涂一层光刻胶，激光微加工出带有凸出圆点阵列的光刻胶阳模，电铸金属层，脱去光刻胶阳模，形成带有微孔阵列的阴模；不锈钢块材机械加工出大尺寸流体通道的阴模；环烯烃聚合物分别在两块阴模进行热压注塑，脱模获取微孔阵列塑料板和流体通路塑料板；两块塑料板对准，激光键合，即可形成完整的圆盘塑料芯片（图 3-19）。Duffy 研究组

数字免疫分析

采用注塑工艺加工了一种圆盘式环烯烃聚合物(COP)芯片。24 个单元在圆盘上呈放射状分布，每个单元由储液池、216000 个微孔组成的阵列、500 μm 流体通道和气孔组成。微孔直径 4.25 μm，深 3.25 μm，体积约 40 fL，孔中心间距 8 μm。热塑性塑料微孔的注塑工艺解决了前述化学蚀刻和光刻技术的产能和成品率问题，可以大规模、批量化生产。目前，该技术已成功商业化，用于 Quanterix 公司的数字免疫分析仪器的专有计数芯片。

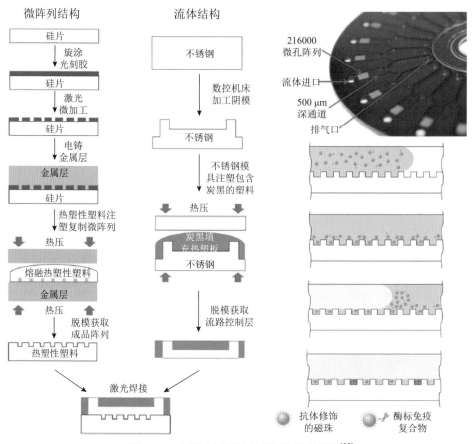

图 3-19　注塑法制备圆盘式微孔阵列芯片[25]

2. 微孔的离散效率

将目标分子离散的过程中，大量分子或磁珠并未进入微孔，离散效率很低，目标分子丢失严重，叠加多次免疫清洗、分离等步骤造成的损失，最终目标分子检出率不到 5%。当目标分子浓度极低(aM～fM)、样品体积很小(10～100 μL)时，靶蛋白分子的绝对数量少(几十到几百)，低离散封装效率导致检出的阳性信号数量极少，带来较大的泊松噪声($\sqrt{N}/N$，N 为目标数量)，影响分析的灵敏度和准确性。

提高微孔离散效率的首选策略是利用外加磁场、往复流动或者组合方式提高单分子或单磁珠的入孔效率。Lammertyn 研究组用移液枪将枪头里的磁球悬浮液打出少量液体，在亲疏水微孔阵列上形成大的液滴，然后枪头拖动大液滴移动。在外加磁场的作用下，磁球进入微孔内部。由于微孔的亲疏水特性，少量溶液被保留于微孔内，形成飞升级的小液滴阵列。经过 8~12 次循环加载，磁球进入微孔的效率可以达到 96%左右[24]。该方法需加工四周疏水和底部亲水的微孔阵列，微孔的成品率受到限制，手工拖动液体在微孔表面的往复存在不确定性。

Duffy 研究组发展了一种磁场结合弯曲液面吹扫的方法增强磁珠进入微孔的效率[26]，原理如图 3-20 所示。Quanterix 公司开发的圆盘式微孔阵列芯片底部放置磁铁，将磁珠悬浮液引入圆盘芯片，形成较长的液柱，空气压力推动液柱前进。磁场力吸引磁珠往下运动，液柱内的循环流使得磁珠在后弯月面聚集，后弯月面的界面张力推动磁珠往前运动，在三者的协同作用下，磁珠进入微孔的效率大大增加。以 120000 磁珠为例，单磁场作用下，磁珠入孔率约 5%；单弯液面吹扫作用下，磁珠入孔率约 15%；二者组合作用下，磁珠入孔率可达约 61%。

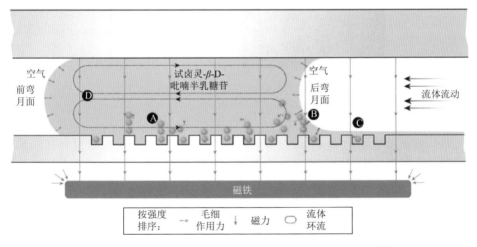

图 3-20 弯曲液面吹扫叠加磁场增强微珠入孔率示意图[26]

除了入孔率，阵列微孔的数量增加也可提高离散效率。单分子数字酶联免疫分析中，最初使用的光纤束微孔数量在 50000 个左右，200000 磁珠约有 20000~30000 个磁珠被离散进入微孔进行成像检测。Quanterix 公司开发的圆盘式 COP 微孔阵列芯片将微孔数量增加至 216000(图 3-19)，500000 磁珠约有 97000 个被装载进微孔内，离散效率未改变，但被成像检测的磁珠数量大大增加。Hiroyuki 等采用干法蚀刻在亲水玻璃基底上制备了超高通量的微孔阵列[27]。如图 3-21 所示，

8648 个 CYTOP 微孔为一个区块，120 个区块合起来形成约 103 万的微孔阵列。3×10^6 个微珠引入芯片，沉降 10 分钟后，7×10^5 个微珠被离散进入微孔进行后续成像分析。相比于 50000 左右的光纤束微孔，百万级微孔阵列提高了被离散的单分子数量，使得成像检测的灵敏度提高了约 20 倍，亲和素标记 β-半乳糖苷酶（SβG）的检测限可达 10 zM。

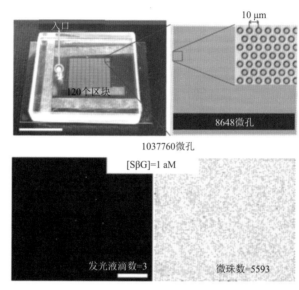

图 3-21　百万级阵列微孔增强检测灵敏度[27]

3. 微孔的封装

微孔封装是单分子离散后进行数字信号发生的重要步骤。免疫复合物携带的单个酶分子在微孔内与底物进行酶促荧光或发光反应，产生荧光或发光物质。封闭的微孔可以将荧光物质局限在飞升级微孔内，大大增加微孔内荧光物质的局部浓度，降低单分子检测的难度，常规的荧光显微镜和成像元件即可直接检测单分子。以 β-半乳糖苷酶为例，单个酶分子在小于 50 fL 的体积内与底物反应，2～3 分钟内平均产生 28000 个荧光团，荧光物质的局部浓度可达到约 1 μM。微孔封装还可以避免扩散引起的微孔交叉污染，避免孔内的水分蒸发。目前，微孔封装的方式主要包括 PDMS 密封垫机械封闭，油相封闭和压力感应胶带封闭。

数字酶联免疫分析早期，光纤束微孔阵列一般采用 PDMS 密封垫机械封闭方式进行微孔封闭操作，原理如图 3-22 所示。微珠离散后的光纤束微孔阵列被定制夹具固定在显微镜的载物平台，PDMS 密封垫置于精密机械平台上，对准光纤束阵列和 PDMS 密封垫。滴加少量底物溶液于 PDMS 密封垫，使微孔阵列与底物溶液接触，精密调节机械平台，使 PDMS 密封垫与光纤束末端紧密接触，形成分隔的飞升级微反应空间[28]。PDMS 密封垫机械封闭需要手工对准和调节机械平台，重复性较差，操作过程难以自动化。

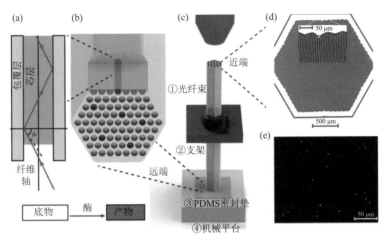

图 3-22　PDMS 密封垫封闭光纤束微孔阵列[28]

油相封闭是应用最广泛的微孔封闭方式。如图 3-23 所示，单分子离散进微孔阵列，与微流控芯片流路组合，利用外部施加的力场(压力、离心力等)，促使与水不相溶的油相流经微孔；油相对微孔壁具有一定的浸润作用，可将微孔表面的溶液排出，形成分隔的微反应空间阵列[29]。油相封闭微孔需要注意三个问题：①荧光产物在油相的扩散；②微孔中的少量液体随时间被油相所取代；③油相的光学透明性和生物相容性。综合考虑上述问题，化学惰性和生物相容的氟碳油成为油相封闭的首选，经过油相黏度的优化，可以使微孔内的溶液稳定存在几个小时，又兼具良好的流动特性。与机械封闭相比，油相封闭利用了微流控芯片的流体操控优势，方法简单、可靠，不需要复杂人工操作，可以自动化进行，已被用于商业化的数字微孔阵列离散。

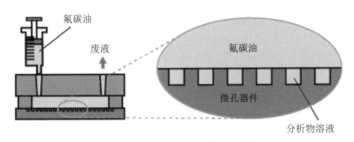

图 3-23　氟碳油密封微孔[29]

除了机械和油相封闭，Tabata 研究组于 2022 年提出了一种新的压力感应胶带封闭微孔的策略[29]。压力感应胶带由黏附层和支撑层组成，黏附层一般为多种材料的混合物，主体材料有天然或合成橡胶、丙烯酸聚合物、硅氧烷聚合物、氨基甲酸酯聚合物等，还包含各种添加剂，比如塑化剂、交联剂、抗氧化剂等。压力感应胶带密封微孔的过程包含三个步骤：①移液枪将反应混合物滴加于微孔阵列上，形成液滴；②压力感应胶带轻轻接触液滴，迫使液滴变形，驱动反应液进入微孔；③采用滚轮在压力感应胶带上施加压力，来回滚动几次，排出多余反应液，压力感应胶带与微孔上表面黏合，形成封闭的微反应空间阵列。为了验证微孔密封效果，荧光染料(Cy3)被封闭于微孔内，光漂白部分微孔的 Cy3，25 分钟后，被漂白的微孔荧光未见恢复，从而证实微孔间无交叉扩散，微孔封闭完全(图 3-24)。由于商品化的压力感应胶带的组成未公开，研究人员分别对橡胶类、丙烯酸类、硅氧烷类和氨基甲酸酯类胶带进行了微孔封闭实验，发现橡胶类和硅氧烷类胶带可以用于微孔的封闭。以流感病毒的数字分析为例，经过胶带组成和封闭条件优化，压力感应胶带密封的分析结果与油相密封的效果相当。压力感应胶带密封微孔提供了一种低成本、高可靠性的单分子检测模式，适用于偏远地区或家庭场景。

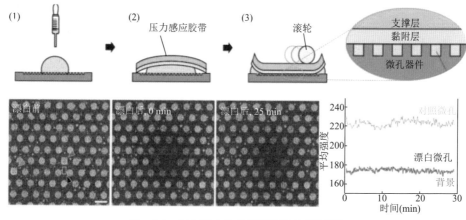

图 3-24　压力感应胶带封闭微孔流程图[29]

3.2.2　微流控结构阵列离散

微流控芯片技术可以集成多种微小结构的阵列，可以集成微泵和微阀进行精细的流体操控，是潜在的高通量离散和分析筛选平台。相比于微孔阵列，微流控结构阵列的天然优势在于流体操控和结构的封闭。何治科课题组在微流控芯片通道的侧壁加工了正六边形的捕获微结构阵列(1260 个)。反应液在空气压力差的作用下，填满整个芯片通道，氮气快速排出主通道内的反应液，六边形微结构内的反应液被保留下来，形成相互独立的微反应器阵列。以 MCF-7 细胞为模型，细胞在六边形微结构阵列内的分布符合泊松分布[30]。在此基础上，磁珠表面修饰链霉亲和素，与适配体具有互补序列的 DNA 链修饰生物素，二者反应形成带有 DNA

链的磁珠；β-半乳糖苷酶标记的适配体与磁珠表面的 DNA 互补链杂交反应，形成适配体磁珠；适配体磁珠与癌细胞（MCF-7）孵育，癌细胞表面过表达的 MUC1蛋白与磁珠表面的 DNA 链竞争，部分适配体从磁珠表面解离，并结合到癌细胞表面，从而在癌细胞表面标记 β-半乳糖苷酶；β-半乳糖苷酶标记的癌细胞被离散于上述六边形微结构阵列，与荧光底物反应，从而实现对癌细胞的计数分析，如图 3-25 所示。

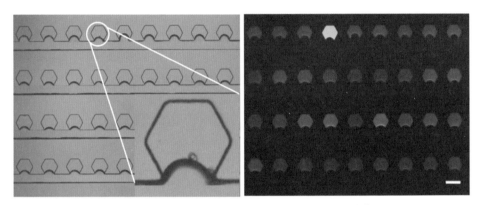

图 3-25　微结构阵列用于数字检测 MCF-7 细胞[30]

　　微流控微结构阵列内进行复杂的流体操作（比如反复清洗、混合、反应等）具有很强的挑战性，难以连续进样分析。Quake 课题组采用多层软蚀刻技术加工了集成高密度微阀的微流控芯片[31]。芯片采用三层结构，上层为控制通道，中间为 PDMS 薄膜，下层为流体通道。微阀的尺寸为 8 μm × 8 μm，每平方毫米的微阀数量可达 2000 个。依据功能，微阀可以分为流体分隔微阀和流体混合微阀（图 3-26）。流体引入阶段，混合微阀关闭，两种不同的流体（比如酶、底物）由各自入口进入蜿蜒通道，待流体充满通道后，分隔微阀关闭，形成 400 个微型反

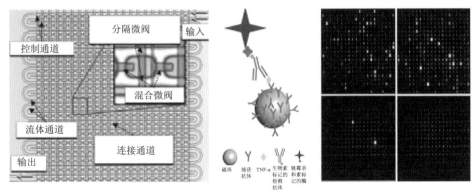

图 3-26　大规模集成微阀控制微结构阵列用于单分子检测[31]

应腔，每个反应腔被关闭的混合微阀分成两段，对应两种反应液；反应阶段，混合微阀开启，微反应腔的两种反应液进行混合、反应，然后荧光成像检测。单次检测完成后，微阀开启，进行芯片清洗，然后进入下一轮检测。24 小时内，大约可以连续进行 300 次的测定，信噪比没有明显损失。该平台对 β-半乳糖苷酶进行了单分子水平的检测，理论检测限可以达到 3 aM。以 TNF-α 为目标蛋白，进行了数字免疫分析的验证。

微流控结构阵列进行数字信号的离散存在的最大问题在于微结构的加工数量受限，导致离散空间数不足，影响检测灵敏度。微结构的大规模加工一方面需要提高加工技术水平，另一方面会导致芯片的成品率显著降低，不利于终端应用。

3.2.3　微液滴离散

微流控芯片技术生成的微液滴具有体积小（pL～fL）、尺寸均一（变异系数小于 3%）、通量高（百万级别）、内部环境稳定、传质传热效率高等特点。以微流控液滴包裹单个免疫复合物，在液滴内产生可识别的光学信号，就可实现数字信号的物理隔离，因此微流控液滴技术与数字信号离散需求契合，是潜在的数字免疫分析应用平台，具备较好的商业转化前景。

现阶段微液滴形成的技术主要包括微流控技术和电润湿技术。电润湿技术的特点在于单个液滴的精准操纵，在液滴的高通量或超高通量制备方面并不擅长，本书将重点介绍微流控芯片液滴技术。基于微流控芯片的液滴技术可分为两类：①油水两相剪切形成的连续运动液滴；②静态液滴阵列。

1. 连续运动液滴制备

依据液滴形成的机制差异,芯片通道内产生连续运动液滴技术分为 T 通道法、流动聚焦法、共轴聚焦法、阶梯乳化法等。在 "T" 型结构芯片中，油相和水相液体分别从水平和竖直通道中流出，在 "T" 结构处交汇，形成油/水界面。水溶液在外力推动下持续流入 "T" 结构处，在油相的剪切力作用下，随油相向前运动，当油水界面的张力不足以维持水溶液整体向前运动时，水溶液断裂形成独立的被油相包裹的液滴，如图 3-27 所示。"T" 型结构的特点是在较低的流速下，液滴容易形成，不足之处在于液滴生成速度相对较慢，且不容易形成直径小于 10 μm 的液滴[32]。

在 "流动聚焦" 结构的芯片中，水相从中间通道流出，油相从水相两侧流出，在两相液体汇合处设计一个狭缝，形成油相对水相 "聚焦" 的效果，如图 3-28 所示。水相液体在两侧油相的剪切力作用下，形成一条细的流线，并最终断裂成独立的液滴。相对 "T" 型结构而言，"流动聚焦" 结构形成液滴需要较高的流速，液滴形成速度快，特别适用于分散相黏度较高的体系，且液滴的大小可控范围更宽[32]。

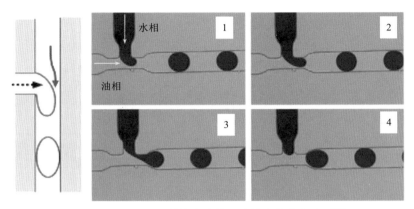

图 3-27　基于"T"型结构微流控芯片的液滴形成过程[32]

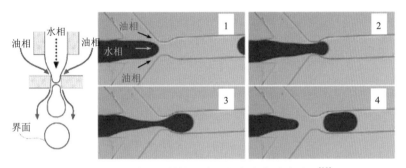

图 3-28　流动聚焦结构芯片油包水液滴形成过程[32]

　　尽管流动聚焦法可制备的液滴尺寸比 T 通道法更小，但是常规尺寸的芯片通道（最小尺寸 20 μm）仍然很难制备直径小于 10 μm 的液滴，更不用说 1～2 μm 甚至亚微米液滴。液滴的尺寸或体积较大，带来的直接影响就是液滴内目标物浓度不够高，背景信号较高，不利于单分子的离散和检测。为了进一步缩小液滴体积，我们采用流动聚焦结构形成含有两种组分（组分 1 易挥发，组分 2 不易挥发）的母液滴（图 3-29）。母液滴被氟碳油（FC40）包裹。由于 FC40 具有很高的气体渗透性，母液滴的易挥发组分经 FC40 扩散进入外周空气中，引起液滴体积缩小。待母液滴中的易挥发组分扩散完全，形成单组分的液滴[33]。以乙醇和水液滴为例，考察了溶剂挥发速率、尺寸缩小程度等因素后，采用最小宽度为 30 μm 的 PDMS 芯片，水性液滴的最小尺寸可控制在 1.3 μm 左右，有机相液滴的最小尺寸可达 1.6 μm。

　　液滴内溶剂挥发效应不仅限于超小尺寸液滴的制备，还可扩展至复杂液滴的形貌和尺寸双调控。我们采用两种互不相溶组分和助溶剂形成三元混合物液滴，在外界刺激（助溶剂挥发或温度）的作用下，三元混合物液滴发生液液相分离，最终形成具有 Janus 结构的液滴（图 3-30）。以乙醇-水-正辛醇三元共混体系为模型体系，Janus 液滴的形貌、两个半球的大小以及两个半球的组成均可以灵活调节[34]。

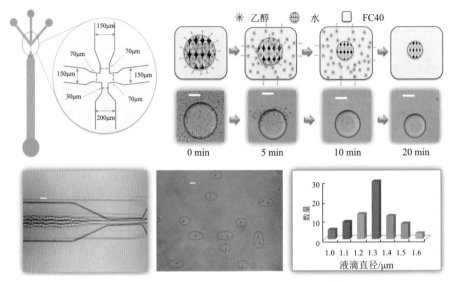

图 3-29　水分蒸发效应制备超小尺寸液滴[33]

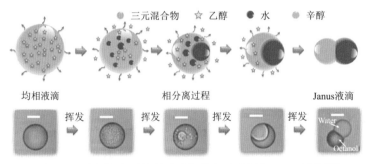

图 3-30　溶剂挥发诱导的液液相分离过程制备 Janus 液滴[34]

　　三元共混体系可以进一步扩展至四元共混体系。以 NOA61（一种紫外光固化胶水）、正辛醇、水和乙酸乙酯的四元共混体系形成单分散的均相液滴，乙酸乙酯挥发诱导均相液滴逐步进化为核-壳式 Janus 液滴。基于相似的原理，NOA61、十六烷、水和丙酮体系可形成三元 Janus 液滴，NOA61、液体石蜡（PO）、水和乙酸乙酯体系可形成多核 Janus 液滴（图 3-31）。溶剂挥发诱导的液液相分离技术与单相液滴技术偶联，可以规模制备高级结构的复杂液滴，放大复杂液滴的产能，促进其在液液界面传感和材料合成领域的应用。

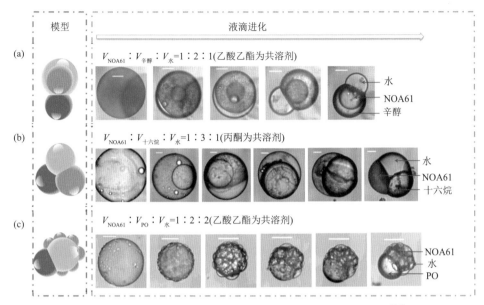

图 3-31　四元共混体系形成的均相液滴进化为复杂结构液滴[34]

共轴聚焦法采用多层毛细管嵌套，可以形成多级乳化结构，进行多相流体操控。图 3-32 是共轴聚焦法形成多层液滴的典型装置[35]。装置组装过程如下：注射管(内径为 D_1 的圆形毛细管)的尖锥末端插入过渡管中间(内径为 D_2 的圆形毛细管)，过渡管的尖锥末端插入收集管中间(内径为 D_3 的圆形毛细管)，然后在注射管和过渡管之间套方形毛细管 1，过渡管和收集管之间套方形毛细管 2。圆形毛细管的外径与方形毛细管的内边长匹配，确保注射管、过渡管和收集管三者对准，且使用过程不发生位移。内相液体从注射管引入，中间相液体从方形毛细管 1 引

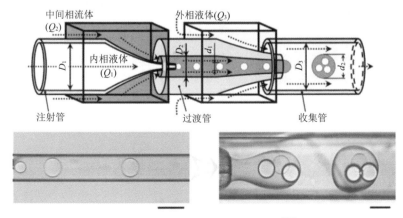

图 3-32　共轴流法形成多层液滴[35]

入，在收集管中共轴流动，内相溶液逐步断裂，形成单分散的液滴，构成第一级乳化。外相液体从方形毛细管 2 引入，与携带液滴的中间相流体在收集管中形成共轴流动，Rayleigh-Plateau 不稳定性使得中间相流体断裂，形成双乳液，构成第二级乳化。共轴聚焦法最大的特点是乳化单元可以灵活组装，从一级乳化到多级乳化可以按需调节，在流体流速控制下，可以精确调节多层液滴的层数，每层液滴包含的内核数量。因此，共轴聚焦法被广泛用于双乳液和多层液滴的制备。

阶梯乳化法使用的芯片结构如图 3-33 所示，包含两种不同深度的芯片结构，具有楔形终端的通道深度较小，连续相存储区域深度较大，楔形结构与连续相存储区域相连，形成一个具有显著高差的阶梯。分散相溶液由储液池进入浅通道内，到达楔形结构出，由于深存储区域的连续相浸润通道内壁，分散相在楔形结构出口形成舌头状的尖锥。由于浅通道内高曲率液体界面和深储液区域低曲率液体界面存在明显的拉普拉斯压力差异，舌形尖锥在阶梯边缘处发生膨胀，形成一个球状末端。随着球状末端的逐渐增大，其与分散相的液体连接逐渐变细，直至完全断裂，形成一个微液滴。阶梯乳化法最大的亮点是仅需要驱动分散相流动，就能形成单分散液滴，显著降低了流体操控的难度，特别适用于液滴的高通量、大规模制备[36]。尽管阶梯乳化法中分散相的断裂依然依靠 Rayleigh-Plateau 不稳定性，但是舌形液锥的形成及液滴尺寸的控制均受表面浸润过程控制。因此，楔形结构的尺寸、高差及表面性质(接触角)的设计和调节是阶梯乳化法进行液滴参数(大小、单分散性等)控制的重点。

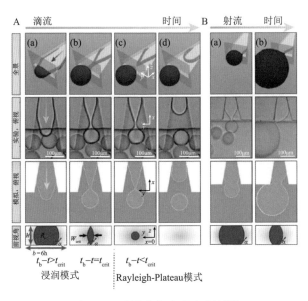

图 3-33　阶梯乳化法形成液滴[36]

依据连续相和分散相种类不同，芯片液滴可以分为油包水型(W/O)、水包油型(O/W)、全水相型(W/W)。相较于油水体系，全水相体系不包含有机溶剂，提供了生物相容的环境，可保护细胞或生物分子免于降解或变性，易于从连续过程中回收目标样品，不需要昂贵且烦琐的后处理，可直接排放连续相，无需专业处理。全水相系统的界面张力往往小于 0.1 mN/m，在射流方向形成 Rayleigh-Plateau 不稳定性很慢，容易形成细长的液柱，液柱断裂形成的液滴时大时小，很不均匀，因此需要外加力场加速液柱断裂，比如周期性输入压力、压电微盘、机械振动、PDMS 薄膜振动等。但是外部扰动需要精确控制扰动频率、复杂加工流程，限制了 W/W 液滴的通量。因此，W/W 液滴的高通量制备成为其应用于生物分子或细胞分析的挑战。我们发展了一种基于溶剂挥发的自组装微泵(图 3-34)。该泵由蒸发管、缓冲池、输出管和密封塞组成，当微泵充满乙酸乙酯，且蒸发管一端被密封塞堵塞时，蒸发管中的乙酸乙酯首先会渗透到管壁进而扩散到周围的环境中。此时系统压力降低，输出管的开口端产生负压，可为微型设备提供驱动力[37]。当蒸发管的长度在 0.05～1.0 cm 之间变化时，微泵的体积流量变化范围为 0.033～0.41 μL/min。蒸发管长度与体积流量之间显示出良好的线性关系，解决了 W/W 液滴连续形成所需的超低流速问题。

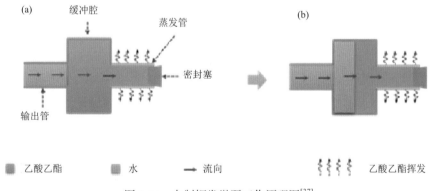

图 3-34 自制挥发微泵工作原理图[37]

我们进一步以固态光刻胶膜替代传统液态光刻胶，发展了一种快速制备多层通道和三维结构芯片的软光刻方法(图 3-35)[38]。在制备的三维芯片上，以聚乙二醇(PEG)溶液为连续相，葡聚糖(DEX)溶液为分散相，自行组装的蒸发泵为驱动力，采用负压驱动模式，稳定可控的形成了 ATPS 微液滴[39]。液滴的大小在 44～93 μm 的范围内可调；通过三维芯片的 8 个液滴单元的并列，ATPS 液滴的生成速率可达 60 Hz，基本满足高通量制备的需求，为涉及生物传感需求的全水相液滴应用提供了备选方案。

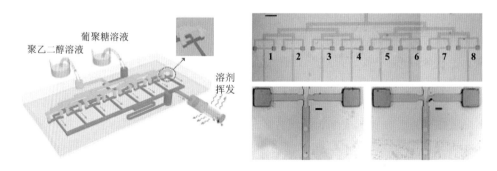

图 3-35　三维芯片高通量制备全水相液滴[39]

2. 静态液滴阵列制备

静态液滴阵列的形成技术主要有两种：亲疏水图案化技术和液滴打印技术。亲疏水图案化技术形成液滴的基本原理如下：亲水玻璃基板表面旋涂一层正性光刻胶，经紫外光刻、显影过程，形成光刻胶的微型图案阵列，整个基板表面采用全氟硅烷化试剂进行疏水处理，然后脱模剂除去光刻胶图案，形成亲水性的微小图案阵列，溶液流过亲水图案阵列时，由于表面张力和局部浸润性质的变化，在亲水图案区域形成隆起的液滴，液滴的体积由亲水图案的尺寸及亲疏水界面的接触角差异决定。Zheng 等发展了一种非光刻的亲疏水图案化方法[40]。首先，干净的玻璃基板上旋涂一层全氟聚合物(CYTOP)薄膜，聚多巴胺溶液与基板表面的全氟聚合物作用，形成聚多巴胺层。预制的聚二甲基硅氧烷(PDMS)印章(含有 2 μm 的圆形微孔阵列)用氧等离子体处理，微孔阵列四周呈亲水状态，与聚多巴胺层紧密接触适当时间(~6 min)，移除 PDMS 印章，与印章紧密接触区域的聚多巴胺被一起除掉，在全氟聚合物薄膜表面形成聚多巴胺的圆点阵列。全氟聚合物层具有很强的疏水性，聚多巴胺圆点具有很好的亲水性。将带有微通道的 PDMS 层与聚多巴胺圆点基板键合，反应液先注满通道，空气快速排出主通道内的液体，聚多巴胺圆点的亲水作用保留部分液体，形成飞升级的微液滴阵列，如图 3-36 所示。该方法可以快速形成飞升级的液滴、通量较高，但是液滴的单分散性稍差。飞升级的液滴直接暴露于空气中，溶剂挥发的影响不可忽略。

Levkin 等发展了一种形状和大小可控的静态微液滴阵列制备方法[41]。首先，在玻璃基板表面加工一层超亲水的纳米多孔聚合物薄膜(甲基丙烯酸羟乙酯和乙二醇二甲基丙烯酸酯的共聚物)，超亲水薄膜浸入 2′,2′,3′,3′,3′-五氟丙基甲基丙烯酸酯(超疏水单体)，采用石英铬板掩膜进行局部紫外光聚合，光照区域的超亲水聚合物薄膜接枝上超疏水单体，转变为超疏水区域，将超亲水多孔薄膜隔断形成形状和大小可控的超亲水结构阵列，如图 3-37 所示。当溶液在上述超亲水结构阵列运动时，部分液体会保留在多孔亲水微结构上，形成静态液滴阵列。研究者制备了 85000 个液滴，尺寸可以在 700 pL 到 3 μL 范围内灵活调节，已经用于细胞研究。微结构尺寸受限光刻技术，导致液滴尺寸偏大，液滴数量偏少，用于数字免疫分析仍然存在一定的挑战。

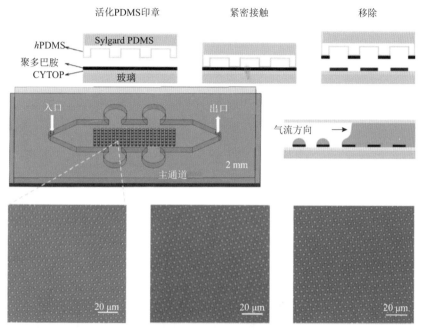

图 3-36　聚多巴胺图案化全氟表面形成静态液滴阵列[40]

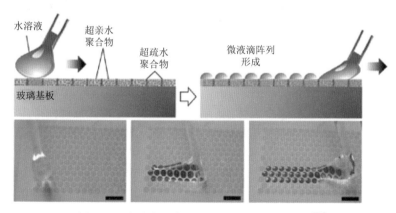

图 3-37　亲疏水图案化技术制备静态液滴阵列[41]

最近，Doyle 等发展了一种嵌入式液滴打印系统[42]。如图 3-38 所示，大体积容器内加入高屈服应力流体，打印喷嘴插入屈服应力流体内部，不混溶的另一相流体从打印喷嘴流出，在喷嘴末端呈球形，随着打印喷嘴的转移，不混溶流体断裂形成液滴。屈服应力流体是一类具有复杂流体行为的材料，依据压力条件不同，屈服应力流体可以表现出类固体行为或类液体行为。依靠屈服应力流体的类固体行为，嵌入式液滴打印系统可以在三维空间内逐层打印液滴，不用考虑固体边界或者对流影响；可以任意操控所选液滴，不受时间限制；可以按需排布液滴，液滴呈现完全静止状态，避免了液滴运动、融合和交叉污染，避免了表面活性剂的使用。缺点在于打印的液滴体积较大（～2 μL），不能满足数字免疫分析的需求，需要进一步降低打印液滴的尺寸。

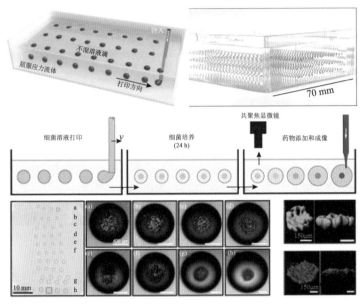

图 3-38　屈服应力流体嵌入式打印静态液滴阵列用于细菌培养和药敏测试[42]

3. 微液滴离散单分子或单细胞

利用微液滴技术包裹单个目标蛋白或其复合物，在单个液滴内产生光学检测信号，成像或流式检测目标液滴的数量，可以克服微孔阵列数量的瓶颈，获取更准确的检测结果，更宽的动态响应范围。微液滴技术进行数字信号离散的特点在于高通量，难点在于液滴的体积控制和形成速度控制。飞升级液滴的高速形成需要满足两个条件：①高流体剪切力；②低油水界面张力。增大流体剪切力可以缩小通道尺寸或增大流体流速，但是流速只能在有限范围内调节，通道尺寸缩小会导致流路流体阻力增大，稳定性降低。为了在通道尺寸和流阻之间平衡，Shim 等设计制作了集成特殊的流动聚焦结构的超高速液滴制备芯片（图 3-39）。油相和水相的引入通道尺寸为 100 μm × 25 μm（宽 × 深），流动聚焦结构的通道尺寸降为 10 μm × 5 μm(宽×深)。通道宽度和深度的同时降低极大地调高了局部流体流速,增大了剪切力,有利于降低液滴尺寸。与此同时,仅仅流动聚焦区域采用浅而窄的通道,避免了流阻的显著增大。低黏度氟碳油和氟表面活性剂的加入降低了油水两相界面张力。芯片结构的设计和特定的连续相协同实现了飞升级液滴的超高速制备。液滴的最小体积可达到 1.1 fL,最高形成速度可达 8.9 MHz[43]。

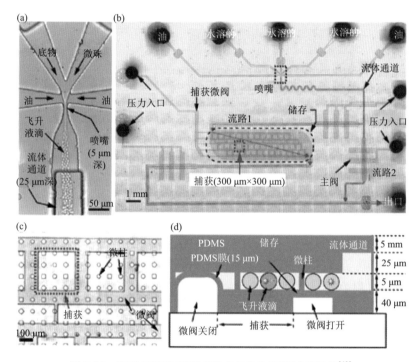

图 3-39 飞升级液滴超高速形成芯片和液滴捕获结构[43]

以肿瘤标志物(PSA)为对象,捕获抗体修饰于 1 μm 聚苯乙烯球,形成捕获球。经抗原、生物素化检测抗体、酶标亲和素孵育,在捕获球上形成酶标免疫复合物。以微球溶液(含有捕获球和酶标复合物球)和荧光底物(fluorescein di-β-D-galactopyranoside,FDG)溶液为分散相,氟碳油为连续相,形成单分散液滴。液滴分为三类:①仅含有荧光底物液滴;②荧光底物和捕获珠液滴;③荧光底物和免疫复合物液滴。①类液滴没有荧光,②类液滴呈现红色荧光,③类液滴呈现绿色荧光。③类液滴数与微珠数的比率与 PSA 浓度呈正相关。PSA 数字免疫分析的检测限可达到 46 fM(图 3-40)。

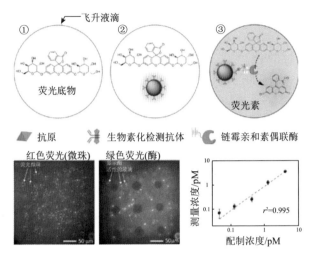

图 3-40　飞升级液滴内酶促反应示意图及 PSA 单分子计数免疫分析结果[43]

　　Tay 等以微液滴为离散单元,将核酸扩增技术(PCR)与邻位连接技术(PLA)结合,发展了一种高灵敏的数字邻位连接分析技术(digital PLA),实现了单细胞内的蛋白质数字免疫分析[44]。邻位连接技术(PLA)采用两段寡聚脱氧核苷酸序列分别标记捕获抗体和检测抗体,形成两种 PLA 探针;存在目标蛋白时,两个 PLA 探针共同识别、结合同一个目标蛋白,两个探针之间的距离靠近,产生邻近效应,在连接酶的作用下,PLA 探针的 DNA 与连接 DNA(connector oligonucleotide,一段分别与两个 PLA 探针表面 DNA 互补的寡聚脱氧核苷)形成互补的双链 DNA 片段,荧光 PCR 对新形成的双链 DNA 片段进行扩增,定量该双链 DNA 片段,进而确定目标蛋白的浓度。PLA 技术是一种将蛋白质定量转化为核酸定量的有效手段,充分利用了核酸扩增的信号放大作用,具有较高的检测灵敏度。如图 3-41 所示,单个哺乳动物细胞的裂解液采用 PLA 的策略进行免疫识别和捕获,探针 1、抗原和探针 2 形成复合物,连接 DNA 分别与邻近的探针 DNA 杂交,在 DNA 连接酶作用下,形成双链 DNA,蛋白质水解形成双链 DNA 溶液,采用商品化微流控芯片形成单分散液滴,双链 DNA 在液滴内的分布满足泊松方程,液滴内完成荧光 PCR 过程,成像检测荧光液滴的数量,从而确定蛋白浓度。

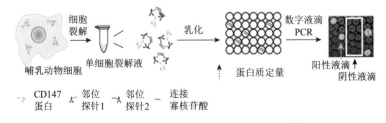

图 3-41　数字邻位连接分析技术示意图[44]

数字邻位连接分析技术对三种蛋白标准品(CD147、GFP 和 ICAM-1)的分析性能如表 3-1 所示。其中，CD147 分析的线性范围达到 3 个数量级，检测限低至 0.14 fM，对应于稀释前的样品浓度为 16.2 fM。

表 3-1　数字邻位连接分析三种蛋白质的指标[44]

蛋白质	Assay LOD/fM	灵敏度(蛋白质/DNA)	Sample LOD/fM
CD147	0.14	70	16.2
GFP	0.18	95	20.1
ICAM-1	0.34	565	38.3

数字邻位连接分析技术对单个人胚肾细胞(HEK293T)中的两种蛋白表达量(CD147 和 GFP-p65)进行了分析。该方法对单个细胞中 CD147 的检测限为 29300 个分子。分选出来的 186 个细胞中有 138 个细胞的 CD147 表达量高于检测限。单个细胞内 CD147 的数量最低为 35900±2900，最高达到 636000±36000，表达量相差了整整 18 倍，证明了单细胞水平蛋白表达的异质性。CD147 在单个人胚肾细胞的平均表达量为 218000，与单个鼠成纤维细胞的推测结果(258978)相吻合。当单细胞统计数量为 1 增加为 100 时，CD147 的表达量变化幅度变窄。以 100 个细胞为统计单位，其 CD147 平均表达量在 67200±1000 和 229000±3000 之间变动。GFP-p65 的变化趋势与 CD147 基本相同，只是变化幅度有点差异。

液滴包裹单分子、单细胞或单颗粒的过程符合泊松分布。正常情况下，包裹效率的极限受随机过程的泊松分布限制。数字免疫分析所使用的微珠数量一般在几十万，10%的单分子或单颗粒包裹效率意味着实际检测的样本量不会很大，造成大量信息的丢失，不利于小体积样本中稀有蛋白的准确分析。提高检测样本量和阳性占比率的可能策略有两种：①突破泊松分布限制，提高液滴包裹单分子的效率；②在保证免疫捕获效率的情况下，减小捕获微珠的数量。

针对泊松分布限制的问题，Toner 等早在 2008 年就提出了利用流体力学控制颗粒或细胞在微通道内的运动路线，颗粒或细胞在微通道内自我排序，形成均匀间隔的颗粒或细胞序列，单颗粒或单细胞到达液滴形成区域的频率与液滴产生频率一致，即可显著提高单颗粒或单细胞包裹效率[45]。如图 3-42 所示，高密度的HL60 细胞或 9.9 μm 聚苯乙烯微球悬浮液被强制快速流入高深宽比的方形微通道(宽 27 μm，高 52 μm，长 6 cm)，由于细胞或微球相对通道宽度较大，细胞或微球被流体聚焦，沿流动方向形成均匀间隔的单边线性阵列或双边交替阵列，依次进入油水交汇处，形成包裹单细胞或单球的液滴。微球进入油水交汇区频率与液滴产生频率协同，即可突破随机泊松分布限制，提高单细胞包裹效率。当 $\lambda=0.89$ 时(按泊松统计，每个液滴包裹 0.89 个颗粒)，该方法形成包裹单颗粒的液滴比率超过 80%，空液滴和多颗粒液滴的数量占比不到 20%，单颗粒包裹效率相较于泊松分布提高了 2 倍多。

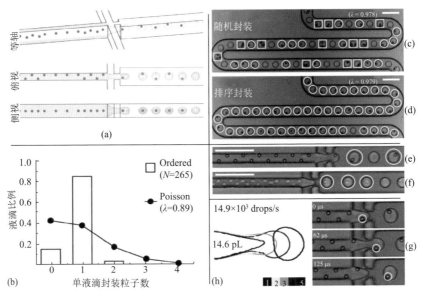

图 3-42　高深宽比通道迫使细胞排序，增强液滴包裹单细胞效率[45]

采用相似的策略，Xu 等设计了一种微珠有序排列的液滴（BOAD）系统，通过通道结构和尺寸设计，利用鞘流、迪恩流和压缩流在较短的通道内实现了微珠的有序排列，提高了单微珠的包裹效率[46]。如图 3-43 所示，BOAD 芯片由 Y 形进样区、弯曲形预聚焦区、颗粒排列区和液滴形成区等几个部分组成。微珠悬浮液和鞘流液分别从 Y 形进样口引入，进入弯曲通道（宽 50 μm，高 35 μm，曲率半径

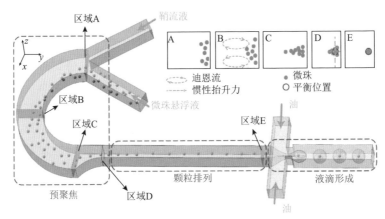

图 3-43　微珠有序排列的液滴生成系统及微珠排列原理示意图[46]

55 μm)。鞘流作用将微珠推向弯曲通道的内侧，弯曲通道的迪恩涡在 Z 轴方向聚焦微珠，微珠在弯曲通道出口靠近内侧的平衡位置聚集。单边收缩的通道结构(从 50 μm 缩小至 30 μm)将微珠群在 X 轴方向聚焦，进入微珠排列通道(宽 30 μm，高 35 μm)，在惯性抬升作用下，微珠朝通道上壁的平衡位置快速运动，形成均匀间隔的微珠序列，进入含有狭缝的交叉通道区(狭缝宽 20 μm，高 35 μm，长 30 μm)，形成液滴。三种作用力的巧妙设计和组合作用使得单个微珠的封装效率最高达到 86%。BOAD 系统用于细胞因子的数字免疫分析，其检测限达到 0.14 pg/mL。

　　除了颗粒自主排列的被动方式，Franke 等发展了一种表面超声波(SAW)驱动的液滴包裹细胞方法[47]。主动式液滴芯片的结构如图 3-44 所示，包含 T 结构的液滴形成通道和集成的 SAW 微泵。SAW 微泵的工作原理如下：结构化叉指换能器(IDT)的压电基底与含有微通道的 PDMS 块配装在一起。IDT 可在两侧产生双向传播的表面超声波，沿通道方向传播，产生声流效应，改变微通道内的流体速度。Calcein-AM 标记的血红细胞悬液和氟碳油分别从样品池和油相池引入。血红细胞到达 T 通道时，被 488 nm 激光激发，发射荧光，检测器识别并检测血红细胞的荧光，软件主动施加短周期的能量脉冲，IDT 产生脉冲超声波，促使 T 通道处产生液滴，实现单细胞的包裹。SAW 脉冲驱动的液滴形成技术将单细胞的包裹效率提高到 98%左右，且液滴形成频率高于 15 Hz，克服了随机包裹的泊松分布限制，基本满足高通量分析或筛选的需求。

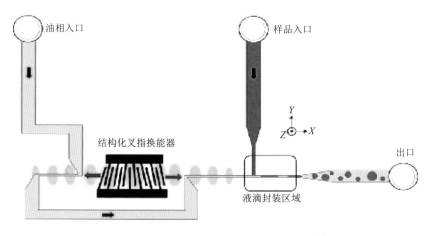

图 3-44　SAW 驱动液滴包裹细胞示意图[47]

　　数字免疫分析中，免疫捕获微珠的数量直接影响目标微珠(含靶蛋白)占微珠总量的比例。以浓度为 10 aM，体积为 100 μL 的蛋白样本为例(约含有 600 个蛋白分子)，微珠数量分别是 100 万、50 万和 10 万时，目标微珠的理论占比分别是 0.0006、0.0012 和 0.0060，显然微珠数量越少，目标微珠占比越大。在分子数很低的情况下，上样检测的微珠比例越高，检出的目标信号越多，准确性越高。对于前述 600 个蛋白分子样品，不考虑免疫捕获和清洗损失，100%上样检测比例可产生 600 个阳性信号，10%上样检测仅产生 60 个阳性信号，因此，增加微珠检测比例可以提高检测灵敏度，提高分析准确性(图 3-45)。微珠数量很大，受检测技术和分析时间的限制，实现所有微珠的检测存在挑战。在不可能 100%上样检测的情况下，减少微珠数量是提高检测灵敏度的有效方法。Walt 研究组在理论分析数字免疫分析各个步骤后，采用 10 万捕获磁珠进行实验，皮升级液滴包裹免疫复合物，显著改善上样效率，增大了统计的目标蛋白数量。与基于微孔阵列的数字免疫分析技术相比，该液滴数字免疫分析方法的检测灵敏度提高了 25 倍，检测限可达到阿摩尔级别[48]。

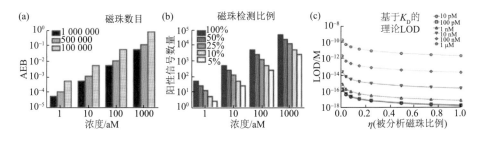

图 3-45　不同微珠用量时阳性微珠占比的理论计算结果[48]

3.2.4　其他离散方法

除了微孔、微结构和微液滴之外，气泡也可作为单分子免疫计数分析的离散单元。最近，Qin 等发展了一种等离子共振纳米气泡数字检测方法，成功用于快速、高灵敏的纳米粒子或病毒分析[49]。金纳米颗粒悬浮液经注射泵注入毛细管内，依次流入检测区域，超快脉冲激光(28 ps，532 nm)照射金纳米颗粒，等离子共振效应产生纳米气泡。纳米气泡一方面可将金纳米颗粒与四周溶液隔离，另一方面可放大金纳米颗粒的吸收，造成同步照射的探测激光强度减弱。由于等离子纳米气泡的存在时间很短(ns 级)，单个金纳米粒子的时间分辨检测图像上呈现出明显脉冲低谷信号。金纳米颗粒的尺寸越大，共振产生的纳米气泡尺寸越大，脉冲信号的振幅越强。以呼吸道合胞病毒为模式病毒，抗体修饰的金纳米颗粒与病毒形成病毒-金颗粒聚集体，引入毛细管，在检测区产生等离子共振纳米气泡，被检测器检出。病毒-金颗粒聚集体含有多个金纳米颗粒，其产生的纳米气泡远大于单个金颗粒产生的气泡，依据脉冲振幅的大小即可识别目标病毒的信号，消除单个金粒子的干扰。该等离子共振纳米气泡数字检测平台用于鼻拭子中呼吸道合胞病毒的检测限可达~100 PFU/mL，相当于每微升中 1 个 RNA 拷贝，与数字 PCR 的病毒检测能力相当，有助于病毒相关疾病的快速筛查和诊断。

参 考 文 献

[1] Todd J, Freese B, Lu A, et al. Ultrasensitive flow-based immunoassays using single-molecule counting. Clinical Chemistry, 2007, 53: 1990-1995.

[2] Agrawal A, Zhang CY, Byassee T, et al. Counting single native biomolecules and intact viruses with color-coded nanoparticles. Analytical Chemistry, 2006, 78: 1061-1070.

[3] Akama K, Shirai K, Suzuki S. Droplet-free digital enzyme-linked immunosorbent assay based on a tyramide signal amplification system. Analytical Chemistry, 2016, 88: 7123-7129.

[4] Han Y, Wu HY, Liu F, et al. Label-free biomarker assay in a microresistive pulse sensor via immunoaggregation. Analytical Chemistry, 2014, 86: 9717-9722.

[5] Mok J, Mindrinos MN, Davis DW, et al. Digital microfluidic assay for protein detection. Proceedings of the National Academy of Sciences of the United States of America, 2014, 111: 2110-2115.

[6] Arima A, Tsutsui M, Yoshida T, et al. Digital pathology platform for respiratory tract infection diagnosis via multiplex single-particle detections. ACS Sensors, 2020, 5: 3398-3403.

[7] He LQ, Tessier DR, Briggs K, et al. Digital immunoassay for biomarker concentration quantification using solid-state nanopores. Nature Communications, 2021, 12: 5348.

[8] Krainer G, Saar KL, Arter WE, et al. Direct digital sensing of protein biomarkers in solution. Nature Communications, 2023, 14: 653.

[9] Löscher F, Böhme S, Martin J, et al. Counting of single protein molecules at interfaces and application of this technique in early-stage diagnosis. Analytical Chemistry, 1998, 70: 3202-3205.

[10] Zhang Q, Li J, Pan X, et al. Low-numerical aperture microscope objective boosted by liquid-immersed dielectric microspheres for quantum dot-based digital immunoassays. Analytical Chemistry, 2021, 93: 12848-12853.

[11] Farka Z, Mickert MJ, Hlavacek A, et al. Single molecule upconversion-linked immunosorbent assay with extended dynamic range for the sensitive detection of diagnostic biomarkers. Analytical Chemistry, 2017, 89: 11825-11830.

[12] Liu XJ, Wu ZJ, Zhang QQ, et al. Single gold nanoparticle-based colorimetric detection of picomolar mercury ion with dark-field microscopy. Analytical Chemistry, 2016, 88: 2119-2124.

[13] Li GH, Zhu L, Wu ZJ, et al. Digital concentration readout of DNA by absolute quantification of optically countable gold nanorods. Analytical Chemistry, 2016, 88: 10994-11000.

[14] Zhu L, Li G, Sun S, et al. Digital immunoassay of a prostate-specific antigen using gold nanorods and magnetic nanoparticles. RSC Advances, 2017, 7: 27595-27602.

[15] Liu XJ, Huang CH, Zong CH, et al. A single-molecule homogeneous immunoassay by counting spatially "overlapping" two-color quantum dots with wide-field fluorescence microscopy. ACS Sensors, 2018, 3: 2644-2650.

[16] Liu XJ, Zhang YS, Liang AY, et al. Plasmonic resonance energy transfer from a Au nanosphere

to quantum dots at a single particle level and its homogenous immunoassay. Chemical Communications, 2019, 55: 11442-11445.

[17] Liu XJ, Huang CH, Dong XL, et al. Asynchrony of spectral blue-shifts of quantum dot based digital homogeneous immunoassay. Chemical Communications, 2018, 54: 13103-13106.

[18] Liu XJ, Lin XY, Pan X, et al. Multiplexed homogeneous immunoassay based on counting single immunocomplexes together with dark-field and fluorescence microscopy. Analytical Chemistry, 2022, 94: 5830-5837.

[19] Zhang QQ, Zhang XB, Li JJ, et al. Non-stochastic protein counting analysis for precision biomarker detection: Suppressing Poisson noise at ultralow concentration. Analytical Chemistry, 2020, 92: 654-658.

[20] Hennequin Y, Allier CP, McLeod E, et al. Optical detection and sizing of single nanoparticles using continuous wetting films. ACS Nano, 2013, 7: 7601-7609.

[21] Pantano P, Walt DR. Ordered nanowell arrays. Chemistry of Materials, 1996, 8: 2832-2835.

[22] Ota S, Kitagawa H, Takeuchi S. Generation of femtoliter reactor arrays within a microfluidic channel for biochemical analysis. Analytical Chemistry, 2012, 84: 6346-6350.

[23] Iino R, Matsumoto Y, Nishino K, et al. Design of a large-scale femtoliter droplet array for single-cell analysis of drug-tolerant and drug-resistant bacteria. Frontiers in Microbiology, 2013, 4: 300.

[24] Decrop D, Pardon G, Brancato L, et al. Single-step imprinting of femtoliter microwell arrays allows digital bioassays with attomolar limit of detection. ACS Applied Materials & Interfaces, 2017, 9: 10418-10426.

[25] Kan CW, Rivnak AJ, Campbell TG, et al. Isolation and detection of single molecules on paramagnetic beads using sequential fluid flows in microfabricated polymer array assemblies. Lab on a Chip, 2012, 12: 977-985.

[26] Kan CW, Tobos CI, Rissin DM, et al. Digital enzyme-linked immunosorbent assays with sub-attomolar detection limits based on low numbers of capture beads combined with high efficiency bead analysis. Lab on a Chip, 2020, 20: 2122-2135.

[27] Kim SH, Iwai S, Araki S, et al. Large-scale femtoliter droplet array for digital counting of single biomolecules. Lab on a Chip, 2012, 12: 4986-4991.

[28] Zhang H, Nie S, Etson CM, et al. Oil-sealed femtoliter fiber-optic arrays for single molecule analysis. Lab on a Chip, 2012, 12: 2229-2239.

[29] Yaginuma H, Ohtake K, Akamatsu T, et al. A microreactor sealing method using adhesive tape for digital bioassays. Lab on a Chip, 2022, 22: 2001-2010.

[30] Tian S, Zhang Z, Wang X, et al. A digital method for the detection of MCF-7 cells using magnetic microparticles-DNA-enzyme. Sensors and Actuators B: Chemical, 2020, 312: 127963.

[31] Araci IE, Robles M, Quake SR. A reusable microfluidic device provides continuous measurement capability and improves the detection limit of digital biology. Lab on a Chip, 2016, 16: 1573-1578.

[32] 张清泉. 液滴微流控系统及其在材料合成中的应用. 大连: 中国科学院大连化学物理研究所, 2011.

[33] Zhang Q, Liu X, Liu D, et al. Ultra-small droplet generation *via* volatile component evaporation. Lab on a Chip, 2014, 14: 1395-1400.

[34] Zhang Q, Xu M, Liu X, et al. Fabrication of Janus droplets by evaporation driven liquid-liquid phase separation. Chemical Communications, 2016, 52: 5015-5018.

[35] Chu LY, Utada AS, Shah RK, et al. Controllable monodisperse multiple emulsions. Angewandte Chemie International Edition, 2007, 119: 9128-9132.

[36] Eggersdorfer ML, Seybold H, Ofner A, et al. Wetting controls of droplet formation in step emulsification. Proceedings of the National Academy of Sciences of the United States of America, 2018, 115: 9479-9484.

[37] Zhang QQ, Li HL, Liu XJ, et al. A self-driven miniaturized liquid fuel cell. Chemical Communications, 2016, 52: 12068-12071.

[38] Chen JQ, Liu XJ, Zhang QQ, et al. Fast fabrication of a 3D prototyping microfluidic device for liquid crossflow and droplet high-throughput generation. Journal of Micromechanics and Microengineering, 2020, 30: 047001.

[39] Zhang QQ, Chen JQ, Gai HW, et al. High-throughput-generating water-in-water droplet for monodisperse biocompatible particle synthesis. Journal of Materials Science, 2019, 54: 14905-14913.

[40] Qian SQ, Wu H, Huang B, et al. Bead-free digital immunoassays on polydopamine patterned perfluorinated surfaces. Sensors and Actuators: B. Chemical, 2021, 345: 130341.

[41] Erica U, Florian LG, Victoria N, et al. Droplet microarray: Facile formation of arrays of microdroplets and hydrogel micropads for cell screening applications. Lab on a Chip, 2012, 12: 5218-5224.

[42] Arif ZN, Binu K, Wong WK, et al. Embedded droplet printing in yield-stress fluids. Proceedings of the National Academy of Sciences of the United States of America, 2020, 117: 5671-5679.

[43] Jung-uk S, Rohan TR, Clive AS, et al. Ultrarapid generation of femtoliter microfluidic droplets for single-molecule-counting immunoassays. ACS Nano, 2013, 7: 5955-5964.

[44] Cem A, Christian AJ, Christoph Z, et al. Digital quantification of proteins and mRNA in single mammalian cells. Molecular Cell, 2016, 61: 914-924.

[45] Jon FE, Dino DC, Katherine JH, et al. Controlled encapsulation of single-cells into monodisperse picolitre drops. Lab on a Chip, 2008, 8: 1262-1264.

[46] Yue XY, Fang XX, Sun T, et al. Breaking through the poisson distribution: A compact high-efficiency droplet microfluidic system for single-bead encapsulation and digital immunoassay detection. Biosensors and Bioelectronics, 2022, 211: 114384.

[47] Andreas L, John SM, Mustafa Z, et al. Active single cell encapsulation using SAW overcoming the limitations of Poisson distribution. Lab on a Chip, 2022, 22: 193-200.

[48] Cohen L, Cui NW, Cai YM, et al. Single molecule protein detection with attomolar sensitivity using droplet digital enzyme-linked immunosorbent assay. ACS Nano, 2020, 14: 9491-9501.

[49] Liu YN, Ye HH, HoangDinh H, et al. Digital plasmonic nanobubble detection for rapid and ultrasensitive virus diagnostics. Nature Communications, 2022, 13: 1687.

第4章 非均相数字免疫分析

在免疫反应后引入分离步骤，去除未参加反应的游离的抗体和标记物，纯化出免疫复合体，进而将免疫复合体离散、检测、统计的数字免疫分析技术为非均相数字免疫分析技术。分离过程是一把双刃剑，一方面减少了复杂背景基质的影响，抑制了非特异性吸附的影响，有利于提高分析的灵敏度和重复性，降低检测限；另一方面免疫反应向解离方向移动，免疫复合物减少，不利于检测。非均相数字免疫分析成功的关键在于被离散的单个免疫复合体信号能够被识别检测，而选择恰当的标记物及信号放大策略是识别检测单个免疫复合体的核心。根据本书第 2 章介绍的免疫复合体形成过程，捕获抗体和检测抗体分别标记了功能标签 α 和 β[图 2-3(b)]，α 和 β 既可以是信号物，也可以是固相表面。本章以 α 和 β 的不同组合分别介绍非均相数字免疫分析。

4.1 基板表面的非均相数字免疫分析

当捕获抗体的标签 β 为固态基板表面时，非均相数字免疫分析的流程如图 4-1所示。捕获抗体固定于基板的表面，封闭液封闭基板表面非特异性位点，目标抗原分子从本体溶液中扩散至基板表面，被基板表面的抗体捕获，缓冲液清洗移除游离的或非特异性结合的目标抗原，加入 α 标记的检测抗体孵育，在基板表面形成夹心免疫复合物，缓冲液清洗去除过量检测抗体，分区域成像，统计免疫复合物的数量，进而定量目标抗原。基板表面的数字免疫分析中，抗体固定在基板表面，可以增加局部抗体浓度，提高免疫识别和捕获效率，但是不同材料的基板表面化学物理性质差异很大，抗体在基板表面的结合力和生物活性也不相同,应依据分析对象和场景选择合适的基板材料和抗体固定方法(详见本书第 1 章 1.3.2)。检测抗体上的 α 探针是数字信号的源头，直接决定了数字信号的识别和读取方式，已报道的 α 探针包括荧光染料、荧光纳米颗粒、等离子体纳米颗粒、核酸序列等。

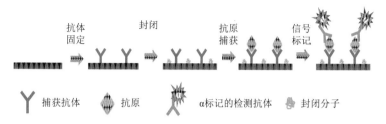

图 4-1 基板表面非均相数字免疫分析流程图

4.1.1 荧光染料分子标记

染料分子的尺寸小，与抗体偶联的空间位阻小，标记效率较高，但单个荧光分子的信号较弱，容易光漂白。常用的荧光染料有 Cy3（Sulfo-Cyanine 3）、Cy5（Sulfo-Cyanine5）、荧光素类（FAM）、SYBR Green Ⅰ 等。Cy3 是一种花青素荧光染料，分子量为 767，结构式如图 4-2（a）所示。Cy3 激发峰在 550 nm 左右，发射峰在 570 nm 左右，pH 不敏感，可采用 488 nm 或 532 nm 激光束激发，TRITC（tetramethylrhodamine）滤光片组获取最佳成像质量。Cy5 的分子量为 792，结构式如图 4-2（b）所示，激发峰和发射峰分别在 650 nm 和 670 nm 左右，可采用 633 nm 或 647 nm 激光束激发，Cy5 滤光片组获取最佳成像质量。Cy3 和 Cy5 均通过羧基与抗体表面的伯胺反应（N 末端及赖氨酸残基侧链）形成稳定的酰胺键。Cy5 的荧光亮度略强于 Cy3，在缓冲溶液中的稳定性略弱于 Cy3，但在抗荧光衰减溶液的稳定性强于 Cy3。

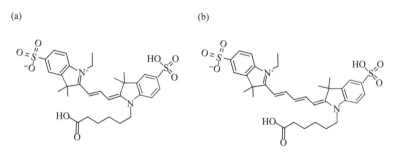

图 4-2 Cy3（a）和 Cy5（b）结构式

Mitra 等将 Cy3 标记的靶蛋白固定于牛血清白蛋白（BSA）处理过的玻璃基板表面，Cy5 标记的抗体与靶蛋白孵育，清洗除去未结合抗体，全内反射荧光成像计数抗体数量[1]。以多克隆羊免疫球蛋白（IgG）为靶蛋白，每个靶蛋白分子平均标记约 8 个 Cy3 分子，在荧光照片呈现绿色光点。Cy5 标记的多克隆抗羊抗体与羊 IgG 结合，荧光照片中呈现红色光点。绿色和红色光点融合成黄色光点（图 4-3）。

通过黄色光点的占比可计算特异性免疫捕获的效率，约70%的羊IgG被抗体识别结合。该方法对羊IgG检测的线性范围为55～1676分子/1000 μm²，线性相关性(R^2)为0.98，变异系数为1%～5%，检测下限为55分子/1000 μm²，折合靶蛋白浓度是100 pM。

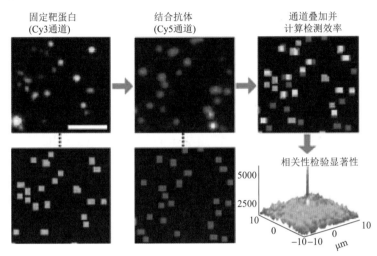

图4-3　靶蛋白固定、抗体键合和免疫复合物检测的荧光影像图[1]

绿色荧光代表Cy3标记的靶蛋白，红色荧光代表Cy5标记的抗体

Cy3与FAM分别标记不同的检测抗体，可以进行单分子多色分析。Wang等提出利用双色条形码编码策略和单分子计数方法同时检测两种细胞因子(IFN-γ和TNF-α)的策略[2]。IFN-γ和TNF-α的捕获抗体共同修饰于环氧基玻片表面；IFN-γ和TNF-α进行孵育，被玻片表面的抗体捕获；双功能磁性纳米探针(修饰检测抗体和初级条码链的磁性纳米颗粒,抗体起到分子识别功能,DNA链起到编码功能)进一步与抗原反应，形成两种免疫复合物；初级条码链引发多分支杂交链式反应(mHCR)，形成带有多支臂的缺口双链聚合物(二级条码链)，与两种荧光探针(FAM标记和Cy3标记)杂交，产生增强的荧光信号；不同滤光片组合下，分别对FAM和Cy3成像，通过荧光点的数量定量目标物浓度(图4-4)。该方法采用3级信号放大策略：双功能磁性探针为第一级放大，将单个分子放大为多个初级条码链；初级条码链的多分支杂交链式反应为第二级放大，将单个初级条码链放大为多个支臂；十字形的荧光探针为第三级放大，一个荧光探针标记三个荧光染料分子，将二级条码链的一个支臂放大为3个荧光分子。三级放大策略大大增强了荧光强度，提高了检测的灵敏度。IFN-γ和TNF-α检测的线性范围在5～120 fM，检测限均可达5fM。

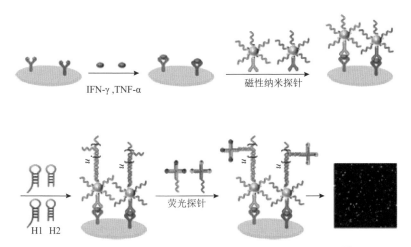

图 4-4　Cy3 和 FAM 双色编码检测多种细胞因子原理图[2]

SYBR Green Ⅰ是双链 DNA 的标记染料,可与双链 DNA 的双螺旋小沟区域结合,激发波长约 497 nm,发射波长约 520 nm。游离状态下,SYBR Green Ⅰ发出的荧光很弱,一旦与双链 DNA 结合,荧光可增强 800～1000 倍。因此,SYBR Green Ⅰ的荧光强度可用于检测双链 DNA 数量。Jiang 等将人 IgG 固于硅烷化的玻璃基板表面,生物素化的鼠抗人抗体与人 IgG 结合,形成免疫复合物。亲和素修饰的磁性纳米颗粒(350 nm)与生物素化抗体 1∶1 结合,生物素标记双链 DNA(30 个碱基对)的终端,与磁性纳米颗粒表面的亲和素反应,在磁颗粒表面聚集大量双链 DNA,SYBR Green Ⅰ高效、高比率染色双链 DNA,荧光显微镜对磁颗粒表面的 SYBR Green Ⅰ成像,如图 4-5 所示。以通过生物素-亲和素体系实现了人 IgG 和双链 DNA 的连接,以磁颗粒和双链 DNA 进行了两步荧光信号增强,从而增加了检测灵敏度,实现了单个蛋白质分子的高灵敏荧光检测,检测线性范围为 3.0～50 fM[3]。

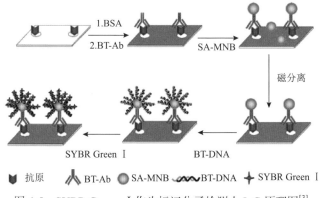

图 4-5　SYBR Green Ⅰ作为标记分子检测人 IgG 原理图[3]

4.1.2　荧光纳米颗粒标记

1. 量子点

量子点(QD)是一种无机半导体纳米材料，尺寸在 2~20 nm 之间，具有优异的光学性能[4]。与荧光染料相比，量子点有如下特性：①发射光谱窄且对称，最大半峰宽为 25~35 nm，发射波长可依据量子点尺寸可控调节；②吸收谱带范围宽，可从近红外区延伸至近紫外区，摩尔吸收系数高；③量子产率高，室温下可达 0.2~0.9；④光稳定性好，耐漂白；⑤单个量子点的荧光发射呈现周期性明暗相间闪烁状态。上述光学特性使得量子点被广泛用于单分子荧光标记。Jiang 等在玻璃基板表面固定生物素化的人 IgG 抗体，量子点标记的亲和素与基板表面的生物素特异性结合，先后采用全内反射荧光显微镜和宽场落射式荧光显微镜，配合高放大倍数、高数值孔径的镜头(60×，1.45 NA)和 EMCCD 实现了人 IgG 抗体的单分子荧光成像计数分析(图 4-6)[5]。人 IgG 抗体检测的线性范围分别为 $8.0 \times 10^{-14} \sim 5.0 \times 10^{-12}$ M(全内反射荧光显微镜)和 $5.0 \times 10^{-14} \sim 3.0 \times 10^{-12}$ M(宽场落射式荧光显微镜)。

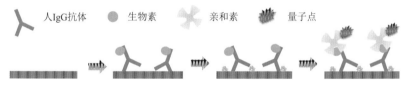

图 4-6　量子点作为标记信号检测抗人 IgG 抗体原理图[5]

为了最大限度提高光收集效率，增强成像分辨率，单个量子点的成像需使用高倍数和高数值孔径(NA>1.2)的油镜，增加了实验成本，导致量子点成像分析的门槛过高，不利于在科研实验室之外推广量子点计数分析技术，也不利于成像仪器的微型化。因此，发展低数值孔径的空气镜头获取单个量子点影像的技术成为迫切需求。我们以高折光率微球增强量子点的发射和收集效率，结合低数值孔径的干镜，发展了一种低成本的单个量子点成像方法[6]。如图 4-7(a)所示，玻璃基板表面沉积量子点层，上面分散微米级的钛酸钡玻璃珠(BTGM，折光率约 2.2)，盖玻片封住量子点和钛酸钡微珠，然后使用 10×/0.30 NA 干镜和 20×/0.4 NA 干镜观测，CMOS 相机拍摄图像。钛酸钡玻璃珠存在时，荧光影像中出现了随机分布的亮点，多数呈现量子点"眨眼"特征。100 个荧光点的强度统计结果呈现高斯分布，单个荧光点的光漂白曲线与单个量子点的漂白曲线吻合，证实影像中的荧光点为单个量子点的发射[图 4-7(b)]。没有钛酸钡玻璃珠的对照组，荧光影像中未出现亮点[图 4-7(c)]。钛酸钡玻璃珠作为微型球透镜，在成像过程中起到三方面作用：①聚焦汞灯发射的光，增强量子点的激发效率；②改变发射方向，扩大收集角度，提高发射光收集效率；③放大实像，增强成像分辨率。经过对微珠材料和尺寸的优化，20×/0.4 NA 镜头观测的单个量子点的信号背景比值与 100×/1.4 NA 镜头基本相同。

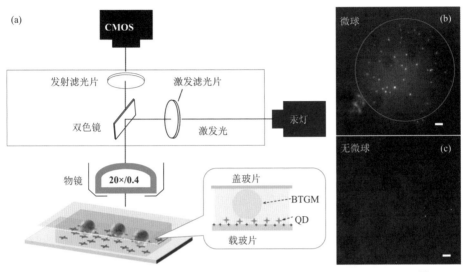

图 4-7　单个量子点成像设备图(a)以及有无微珠的量子点荧光影像（b，c）[6]

在单个量子点高质量成像基础上，我们以前列腺特异性抗原(PSA)为对象，量子点为单分子信号，利用钛酸钡微珠和 20×/0.4 NA 干镜开展了 PSA 的数字免疫分析研究。分析流程如图 4-8 所示，PSA 捕获抗体经戊二醛固载于玻片表面，PSA 和量子点(Em：655 nm)标记的检测抗体依次反应，形成量子点标记的免疫复合物，清洗除去未结合的检测抗体，钛酸钡玻璃珠沉降于免疫复合物上层，盖玻片封片，20×/0.4NA 干镜结合 CMOS 相机对免疫复合物中的量子点进行荧光成像，统计量子点的数量确定 PSA 的浓度。PSA 检测的线性范围在 0.5～50 ng/mL，检测限可达 0.17 ng/mL（图 4-8）。浓度 5 倍于 PSA 的五种干扰蛋白质对检测结果没有影响，方法具有很高的特异性。临床血清样本的 PSA 检测结果与医院测量值接近。从线性范围、选择性、检测限等方面来看，20×/0.4NA 干镜和钛酸钡微珠的组合使用与常规 100×/1.4NA 镜头的分析性能基本相当。基于微球透镜的量子点计数分析技术避免了高 NA 镜头的使用，降低了单个量子点的观测门槛，且未增加样本制备的复杂性，有利于单颗粒水平的量子点成像和计数分析的推广应用。

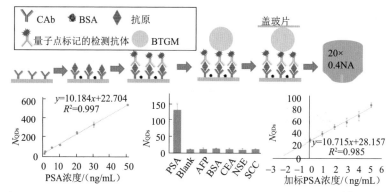

图 4-8　基于微球透镜的量子点计数检测的流程和分析性能[6]

2. 上转换纳米颗粒

上转换纳米粒子是一类将低能量光转化为高能量光的纳米材料，其能量传递和转化过程属于非线性反斯托克斯过程[7, 8]。与传统发光探针相比，上转化纳米粒子具有如下特点：①近红外的激发波长(980 nm /808 nm)位于生物组织的"光学窗口"(700～1100 nm)内，有效降低组织的光散射，增加组织穿透深度，消除内源性荧光背景干扰；②化学稳定性和光稳定性好，无光闪烁，发光衰减时间在微秒级，远大于有机染料和量子点(0.1～20 ns)，与时间分辨检测器联用，可以有效过滤短寿命的生物样本自发荧光；③尖锐多峰线发射，可改变客体晶格和激活剂的掺杂浓度，精细调节发射峰；④镧系掺杂的消光系数不高，量子效率低。上述特点使得上转换纳米粒子被广泛应用于生物成像及光动力学治疗等领域。

Gorris 等在 96 孔板底部固载 PSA 的捕获抗体，PSA 和上转换纳米粒子标记的检测抗体反应形成免疫复合物[9]。980 nm 激光激发免疫复合物上的上转化纳米粒子，采用两种模式进行分析：①定制微孔板发光读取器进行上转换发光强度测量，线性范围为 100 pg/mL～10 ng/mL，检测限为 20.3 pg/mL；②宽场显微镜结合 CMOS 相机进行单颗粒成像计数分析，线性范围为 10 pg/mL～1.0 ng/mL，检测限为 1.2 pg/mL。两种检测模式的组合可以将分析的线性范围提升至 3 个数量级，检测灵敏度比传统酶联免疫吸附分析提高了 10～100 倍，但是孔板表面非特异性吸附和空间位阻效应限制了检测灵敏度的进一步下探。

为了降低上转换粒子的空间位阻，该课题组改进了免疫识别和捕获的策略。如图 4-9 所示，抗鼠抗体被固载于孔板底部，鼠抗 PSA 抗体与抗鼠抗体结合，样品中的 PSA 被捕获至基板，生物素化的 PSA 抗体结合，形成免疫复合物，亲和素化的上转换粒子对免疫复合物进行荧光标记，荧光成像计数确定 PSA 的浓度。亲水性 PEG 链修饰上转换粒子提高了粒子在水溶液的分散性，减少粒子聚集，对血清中的干扰蛋白存在排斥和位阻效应，降低非特异性吸附，还可使上转换粒子远离孔板，降低粒子与孔板的位阻[10]。检测抗体和上转换粒子的分步反应可以使用较高浓度的检测抗体，保证表面固定的 PSA 均与检测抗体结合，同时，生物素-亲和素体系的高亲和能力可降低上转换粒子的浓度，减少粒子非特异性吸附。上述效应使得 PSA 的检测限降低了 50 倍，达到 23 fg/mL（800 aM）。

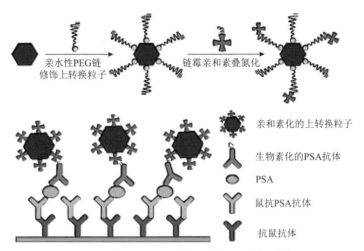

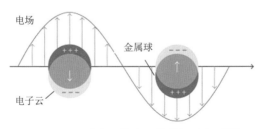

图 4-9　多层亲和识别体系降低空间位阻[10]

4.1.3　等离子体共振纳米颗粒标记

表面等离子体激元是当光波（电磁波）入射到金属与介质分界面时，金属表面的自由电子发生集体振荡行为。当表面等离子体激元被局域在粒径远小于入射光波长的金属纳米颗粒表面上时，即可形成局域表面等离子体共振（LSPR），如图 4-10 所示[11]。贵金属纳米粒子（比如金、银、金-银混合粒子等）显示出很强的 LSPR 效应，且该效应受到颗粒尺寸、形貌、组成、周围介质以及粒子间距等因素的影响。目前，在单颗粒水平分析贵金属纳米颗粒的散射性质，可以准确计数贵金属纳米粒子的技术主要有干涉反射成像技术、暗场显微成像技术和表面等离子体共振技术。

图 4-10　局域表面等离子体共振示意图[11]

数字免疫分析

Ünlü 等设计并制作一种干涉反射成像传感器(IRIS)，可实现单个金纳米棒的成像分析[12]。特定序列的核酸探针被固定于 IRIS 芯片表面，形成核酸微阵列。金纳米棒表面修饰该核酸探针的互补链，与固定的核酸探针进行杂交反应。动态示踪分析可精确测量每个杂交点的结合、解离过程，以及平衡时间，从而将特异性的核酸杂交反应与非特异性的固相表面吸附区分开来，消除背景信号，准确统计特异性杂交点的数量，实现了 12 种合成核酸序列的高灵敏检测，检测限可达 19fM(图 4-11)。

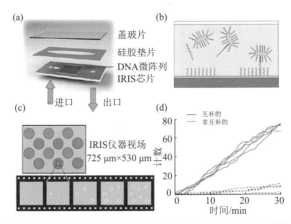

图 4-11 干涉反射成像传感器用于核酸杂交的动态示踪分析[12]

（a）干涉反射成像传感器示意图；（b）金棒标记的核酸杂交；（c）单个金棒的成像；（d）互补链和非互补链的金棒计数结果

该团队将干涉反射成像传感器进一步用于单分子的蛋白质免疫检测[13]。如图 4-12 所示，IRIS 芯片表面修饰 β-乳球蛋白的捕获抗体，β-乳球蛋白被捕获至芯片表面，与金颗粒标记的检测抗体结合，形成金颗粒标记的免疫复合物，干涉反射成像方式计数。未稀释血清样本中 β-乳球蛋白的检测限低至 60 aM，浓度上限约 100 pM，线性范围达到 10 个数量级。全血样本中 β-乳球蛋白的检测限约 500 aM，线性范围达 5 个数量级。该团队将 IRIS 与免疫微阵列技术结合，开展了乙肝表面抗原的检测，检测限可达 3.2 pg/mL。

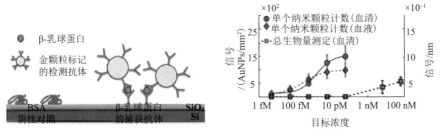

图 4-12 干涉反射成像技术用于金颗粒标记的数字免疫分析[13]

对金、银等具有表面等离子体共振特性的纳米颗粒而言，暗场显微成像是成熟度最高、应用最广的单颗粒成像技术。在暗场影像中，纳米颗粒的组成和尺寸不同，产生的散射光点强度和颜色也会变化，容易对多种组分进行识别和编码。黄承志课题组利用金纳米颗粒和银纳米颗粒在暗场影像的颜色差异实现了颜色编码的双组分分析[14]。玻璃基板表面同时固定癌胚抗原(CEA)和甲胎蛋白(AFP)的捕获抗体，各自捕获样本中的 CEA 和 AFP，金颗粒标记的 AFP 抗体和银颗粒标记的 CEA 抗体分别与对应抗原结合，形成夹心免疫复合物，清洗除去未反应的检测抗体，暗场成像采集数据。CEA 的免疫复合物标记银纳米颗粒，暗场影像呈现蓝色光点；AFP 的免疫复合物标记金颗粒，暗场影像呈现绿色光点；两种颜色光点的数量与对应的标志物浓度正相关；分别统计蓝色光点和绿色光点的数量，可确定 CEA 和 AFP 的浓度，实现两种蛋白的同时检测(图 4-13)。在 0.5～10 ng/mL 范围内，两种蛋白同时检测的结果与独立检测结果接近，相互干扰可忽略。血清样本分别加入 5 ng/mL 的 CEA 和 AFP标准品进行检测，结果与加入量接近，CEA 的加标回收率在 107.4%～109.4%范围，AFP 的加标回收率在 90.0%～96.6%范围，证明该平台可用于临床样本的双组分分析。

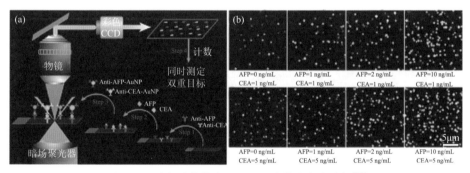

图 4-13　暗场成像技术用于双组分数字免疫分析[14]

(a)检测原理图；(b)不同抗原浓度下的暗场影像图

Anti-CEA：癌胚抗原的捕获抗体；Anti-AFP：甲胎蛋白的捕获抗体；CEA：癌胚抗原；AFP：甲胎蛋白；
Anti-CEA-AgNP：银颗粒标记的 CEA 抗体；Anti-AFP-AuNP：金颗粒标记的 AFP 抗体

除了常规的暗场成像技术，纳米颗粒的成像还可采用表面等离子体共振成像技术(SPRM)。与暗场成像使用玻璃基底不同，SPRM 技术必须在普通基底表面镀上金纳米薄膜。待观测物体(分子、纳米粒子、细胞等)在金表面产生表面等离子体共振，配合 p 型偏振片、CCD 相机和高数值孔径油镜，可获得物体的等离子体共振影像[图 4-14(a)]。物体沉积或结合于金镀层基片表面，p 型偏振光照射，在CCD 上呈现明亮的光点，尾部伴随 V 形衍射图案[图 4-14(b)]。该 V 形衍射图案是纳米颗粒散射表面共振波形成，依据信号强度可以在纳米尺度区分不同大小的物体[图 4-14(c)]。陶农建课题组采用 SPRM 技术实现了流感病毒的检测[15]。盖玻片表面镀上 47nm 厚金膜，PEG\PEG-COOH 在金膜表面自组装，完成羧基功能化；

甲型流感病毒抗体经氨羧偶联反应固载于金膜表面, 捕获溶液中的甲型流感病毒, 影像中产生典型的带 V 形衍射图案光点, 实现了 (0.8 ± 0.35) fg 的流感病毒(H1N1 Influenza A/PR/8/34)以及 (6.5 ± 0.8) fg 的人巨细胞病毒检测, 单位成像面积的检测限可达 0.2 fg/mm^2。该平台与数字免疫分析技术兼容, 仅需以纳米颗粒标记检测抗体, 在金层表面形成纳米颗粒标记的免疫复合物, 即可成像统计纳米粒子数量, 实现单分子水平蛋白质的定量。

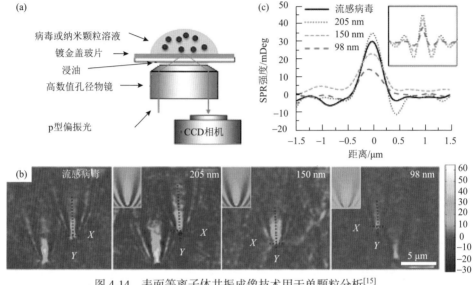

图 4-14　表面等离子体共振成像技术用于单颗粒分析[15]

（a）成像设备图；（b）不同尺寸纳米粒子的 SPR 影像；（c）SPR 强度分析结果

4.1.4　表面增强拉曼散射标记

当分析物分子被吸附到某些粗糙金属表面时, 拉曼散射强度呈现 $10^4 \sim 10^6$ 倍的增加, 这一现象称为表面增强拉曼散射(SERS)效应。利用 SERS 效应产生的光谱可以实现对物质的快速定性和定量分析。Trau 等开发了一种单分子纳米柱 SERS 平台, 用来预测和检测免疫疗法的免疫毒性[16]。纳米柱 SERS 基底的加工过程如下：电子束光刻形成光敏感性材料的阵列图案, 物理气相沉积一层金膜, 形成顶端镀金膜的柱子, 选择性反应离子刻蚀将纳米柱结构凸出来。整个芯片 SERS 由 250000 个纳米柱组成, 纳米柱宽 1000 nm, 间距 1000 nm, 与横向拉曼显微镜的分辨率(～1000 nm)匹配, 正好满足散射分离原则, 保证相邻纳米柱的 SERS 光谱不重叠。以内酸琥珀酰亚胺为偶联分子, 捕获抗体分子经金-硫键修饰于纳米柱顶端, 形成捕获纳米柱阵列。检测抗体和拉曼报告分子共同修饰于金-银合金纳米盒子(～80 nm)表面, 形成双功能检测探针。检测抗体识别和捕获蛋白, 报告分子产生特定拉曼信号。靶蛋白和检测探针在镀金纳米柱顶端形成免疫复合物,产生 SERS 信号,拉曼显微成像检测。该平台的检测限可达到阿摩尔水平,适用于多色分析。以 FGF-2、G-CSF、GM-CSF 和 CX3CL1 为目标蛋白,DTNB(拉曼信号 1330 cm^{-1})、MBA(拉曼信号 1080 cm^{-1})、TFMBA(拉曼信号 1380 cm^{-1}),MMTAA(拉曼信号 1288 cm^{-1})为四种 SERS 标记信号,可以进行 4 种细胞因子的多组分分析。DTNB、MBA、TFMBA、MMTAA 的增强因子分别达到 8.14×10^6、1.46×10^7、4.01×10^7 和 3.26×10^7,高于已报道的金纳米球和银纳米立方体。赋色拉曼影像中,纳米柱阵列显示蓝黑格子(蓝色为硅基底,黑色为镀金纳米柱)。黑色方格内随机产生四种颜色(红色、绿色、紫色和青色)拉曼信号,依次对应 FGF-2、GCSF、GM-CSF 和 CX3CL1,实现了多组分的身份识别(图 4-15)。采集 10 位正在进行免疫抑制剂阻断治疗的黑色素瘤患者的血清样本,进行上述四种细胞因子的分析。结果显示细胞因子浓度的升高预示着患者发展为严重免疫毒性的风险随之升高,证实了单分子纳米柱 SERS 平台可用于动态检测临床免疫阻断治疗中 irAEs(免疫相关不良事件)的发展。

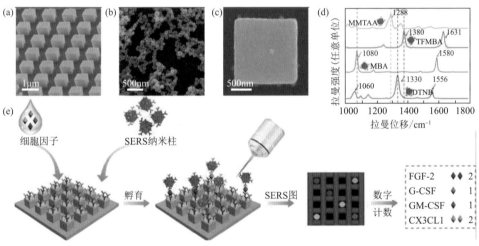

图 4-15　单分子纳米柱 SERS 平台用于 4 种细胞因子的数字免疫分析[16]

4.1.5　非光谱颗粒标记

非光谱颗粒是指颗粒本身不产生明显光谱信号(比如荧光、吸收、散射等)的微米或纳米材料,仅能依靠颗粒体积产生电阻抗或离子流脉冲信号。电阻抗或离子流脉冲检测原理如图 4-16 所示。检测区域的传感狭缝两端设置微型电极,构成电回路,非光谱粒子溶液经压力驱动流入检测区域,造成回路的电阻变化。传感狭缝没有粒子时,回路电阻较小(离子流较大),且无明显波动,在电阻抗-时间曲线上表现为平滑的基线；当粒子流经传感狭缝时，挤占离子溶液的空间，使得回路的电阻显著增大(离子流减小)，在电阻抗-时间曲线中呈现阻抗的脉冲增强(离子流脉冲减弱)，且阻抗脉冲强度与粒子尺寸正相关，脉冲数量与粒子数正相关。

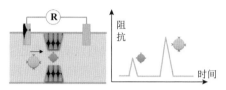

图 4-16　电阻抗脉冲检测粒子的原理图

Javanmard 等以微米磁珠(2.8 μm)标记检测抗体，微流控芯片技术集成免疫分析区域和电阻抗脉冲传感器，阻抗脉冲检测实现了细胞因子(IL-6)的浓度定量和酪氨酸激酶的活性分析[17]。芯片分为免疫反应区、流体控制区和电阻抗检测区[图 4-17(a)]。捕获抗体修饰于芯片免疫反应区域的通道底部，检测抗体修饰于微米磁珠(2.8 μm)，免疫反应区进行抗原捕获、夹心复合物形成、清洗等步骤。碱性缓冲液(1M NaOH)洗脱特异性结合的磁珠。磁珠按时间顺序依次流经传感狭缝，产生阻抗脉冲信号[图 4-17(b)]，依据阻抗脉冲的数量确定目标蛋白的浓度。基于微流控技术的数字免疫分析平台对样本的消耗少(单次测量小于 5 μL)，免疫反应和信号计数一体化。但是蛋白的检测限偏高，以 IL-6 为例，其检测限约 50 pM[图 4-17(c，d)]。限制检测灵敏度的因素是微米磁珠的位阻较大，免疫结合的效率较低。缩小颗粒尺寸至纳米尺度，可以减弱位阻效应，提高免疫反应的结合效率，但是纳米颗粒通过传感狭缝引起的阻抗变化较小，信号难以检测。

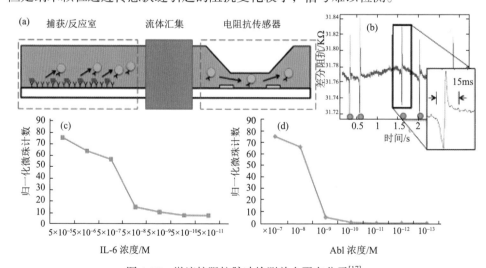

图 4-17　微流控阻抗脉冲检测单个蛋白分子[17]

(a)微流控芯片示意图；(b)单颗粒阻抗脉冲信号；(c)IL-6 分析结果；(d)Abl 分析结果

　　为了增强纳米颗粒的阻抗信号，纳米孔传感器应运而生，以单个分子或颗粒穿过纳米孔引起离子流的脉冲进行检测。与微米级狭缝比较，纳米孔的尺寸与分子或粒子匹配，信号脉冲强度较大，信噪比较高，但是纳米孔传感也存在如下问题：低浓度样本的穿孔效率不高，导致分析时间太长；非目标物质穿孔通过产生脉冲，导致复杂基质的背景很高。Gooding 课题组采用磁性纳米颗粒(50 nm)标记检测抗体，磁场驱动粒子堵塞纳米孔的分析模式，首次实现了纳米孔传感器用于单个蛋白质的计数分析，检测限可达 0.8 fM[18]。纳米孔堵塞检测的原理如图 4-18 所示。纳米孔四周的壁表面修饰 PSA 的捕获抗体，磁性纳米颗粒表面修饰 PSA 检测抗体(抗 PSA 磁珠)。抗 PSA 磁珠与样品中的 PSA 结合，磁性分离，去除背景中的干扰物。携带 PSA 的磁珠为目标磁珠，不含有 PSA 的磁珠为空磁珠。目标磁珠和空磁珠的混合物引入纳米孔的流动池，在外加磁场的作用下，二者均进入纳米孔。目标磁珠与纳米孔壁的 PSA 捕获抗体发生亲和作用，形成特异性的堵塞。随着外加磁场的反转，空磁珠被反向磁场驱离纳米孔，从而消除非特异性的堵塞。目标磁珠导致的纳米孔堵塞引起离子流降低，从而被离子流检测设备识别和计数。

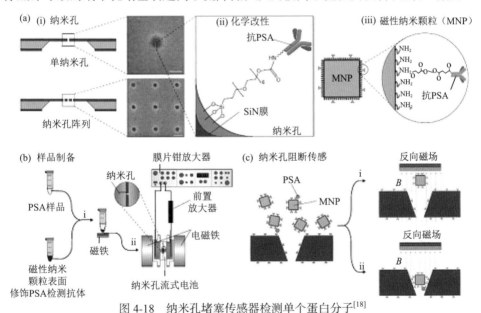

图 4-18　纳米孔堵塞传感器检测单个蛋白分子[18]

(a)固态纳米孔结构；(b)样品准备流程；(c)纳米孔堵塞传感原理

PSA：前列腺特异性抗原

　　以固态基板表面为免疫反应场所，进行单分子免疫复合物的计数是数字免疫分析的早期形态，基本不涉及额外的信号放大策略和离散技术，操作流程简单，依赖单分子成像技术的水平。另外，本体溶液中的靶蛋白离基板的远近不同，自由扩散动力学限制了蛋白分子与基板表面抗体的碰撞概率，导致靶蛋白捕获效率不高；免疫复合物需使用高发光效率的纳米探针标记(量子点、金颗粒、上转化纳米颗粒等)，探针与基板、相邻探针的空间位阻效应均会降低亲和效率，阻碍免疫复合物形成。扩散动力学和空间位阻效应直接影响免疫反应效率，成为定量分析下限的限制因素。二维平面的捕获位点数量有限，容易被浓度较高的靶蛋白饱和，限制了定量分析的上限。因此，基板表面的数字免疫分析的线性范围一般较窄、检测限多在亚 pM 水平，现有研究集中于提高探针发光效率，降低单分子成像的技术门槛和成本，以及便携化实时检测等方面。

4.2　微颗粒表面的非均相数字免疫分析

由于基底表面的免疫反应受扩散动力学影响较大，反应时间长，效率低，微颗粒表面进行免疫反应更受到研究者的青睐。常用的微颗粒包括磁珠和(荧光)微球。在微颗粒表面连接上捕获抗体，与检测抗体和抗原发生免疫反应，在部分微颗粒表面形成免疫复合体，通过磁力或离心力分离出微颗粒，去除未反应的检测抗体，再将微颗粒进行离散，根据检测抗体标记物的信号检测出免疫复合体个数。

4.2.1　酶标记

酶标记是采用酶对免疫复合物进行标记，酶促化学反应在受限的微小空间内进行，免疫复合体的信号转化为酶底物的信号，是非均相数字免疫分析应用较为广泛的一种信号识别和放大方法。酶催化法的原理如图 4-19 所示，捕获抗体修饰的磁珠、抗原和检测抗体形成免疫复合物，进行单酶或者多酶标记，酶标免疫复合物和空捕获磁珠的混合物在微结构或者微液滴中离散分隔，在独立的微小空间内发生酶促底物化学反应，酶标免疫复合物产生荧光、化学发光或者显色等目标信号，空捕获磁珠为空白信号，通过统计目标信号与空白信号的比例，可以准确定量抗原的浓度。

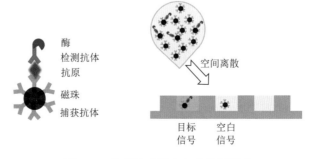

图 4-19　酶催化法数字免疫分析原理

酶催化法一般采用 "turn on" 的模式，酶促化学反应体系对酶和底物的要求如下：数字免疫分析的离散空间在飞升量级，单个酶分子的催化效率必须足够高，才能在有限分析时间内催化产生可检测的信号；酶属于蛋白质，生物活性和催化活性受外界环境的影响较大，必须具有较好稳定性；底物在酶促反应前没有或者仅有微弱的荧光或发光信号，酶催化可以快速产生荧光或者发光物质。目前，用于数字免疫分析的生物酶包括半乳糖苷酶、碱性磷酸酶和辣根过氧化物。

1. β-半乳糖苷酶

β-半乳糖苷酶及其荧光底物(resorufin-β-d-galactopyranoside，RGP)是最早应用于酶催化法的酶促反应体系。磁珠表面修饰捕获抗体形成捕获珠，生物素标记检测抗体，β-半乳糖苷酶标记链霉亲和素(酶标链霉亲和素)。捕获珠、抗原和检测抗体依次孵育、反应，形成生物素化免疫复合物，酶标链霉亲和素进一步与生物素结合，形成酶标记磁珠[图 4-20(a)]。当样品中的抗原浓度极低时，抗原分子数与捕获珠的比例小于 1∶1，磁珠携带酶标复合物的比例符合泊松分布，仅少部分微珠携带酶标复合物，大部分为空磁珠。以 100 μL 浓度为 50 aM 的样品为例，3000 个目标蛋白被捕获于 20 万微珠，最终仅有 1.5% 的微珠携带单个酶标复合物，约 98.5% 的微珠不携带目标蛋白[图 4-20(b)]。携带酶标复合物的磁珠和空磁珠随机离散进入飞升级阵列微孔[图 4-20(c)]，RGP 引入微孔进行反应，存在 β-半乳糖苷酶的微孔，RGP 分解产生荧光产物(试卤灵)，荧光影像中呈现出明显的荧光点[图 4-20(d)]，视作目标信号。荧光成像统计目标信号数量，明场成像统计微孔内的磁珠数量，依据二者比例即可确定目标蛋白的浓度[19]。

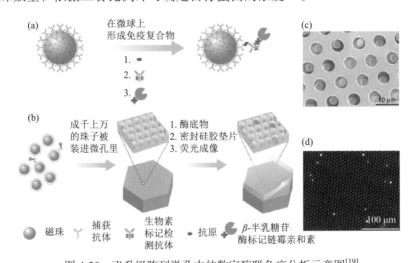

图 4-20　飞升级阵列微孔内的数字酶联免疫分析示意图[19]

(a)酶标免疫复合物形成；(b)微孔阵列离散和荧光成像检测；(c)装载磁珠的微孔扫描电镜图；(d)部分微孔阵列荧光成像图

以前列腺特异性抗原(PSA, 30 kDa)和肿瘤坏死因子 α(TNF-α, 17.3 kDa)为模式蛋白, 微孔阵列数字免疫分析平台进行了血样蛋白质检测灵敏度的验证。人源 PSA 和 TNF-α 标准品添加于牛血清中, 稀释 4 倍降低基质效应, 数字免疫分析的结果如图 4-21 所示。在 25%牛血清中, PSA 的检测限达到 50 aM(1.5 fg/mL), 相当于全血清的 200 aM(6 fg/mL); TNF-α 的检测限达到 150 aM(2.5 fg/mL), 相当于全血清的 600 aM(10 fg/mL)。PSA 和 TNF-α 的检测限均远低于商品化的 ELISA 检测(PSA, 0.1 ng/mL; TNF-α, 0.34 pg/mL)。血清中 PSA 表达水平可用于前列腺癌筛查和前列腺根治切除术后复发的监测。经过前列腺根治切除手术, 大部分患者血清中 PSA 消除, 浓度低于临床免疫分析的检测限(3 pM 或 0.1 ng/mL)。虽然 PSA 浓度的显著升高已被用于临床监测疾病复发, 但大多需要在手术后几年, 错失了提前干预的机会。微孔阵列数字免疫分析技术可以准确分析前列腺根治切除术患者血清中 PSA 浓度(低于 300 fM 或 10 pg/mL), 利于疾病复发的早期预警。研究人员采集了 30 例前列腺根治切除术后六周的病患(60~89 岁)血清样本, 稀释 4 倍进行检测, 结果显示上述血清中 PSA 浓度在 14 fg/mL~9.4 pg/mL 范围内波动, 平均浓度为 1.5 pg/mL, 明显低于临床免疫分析的检测限。

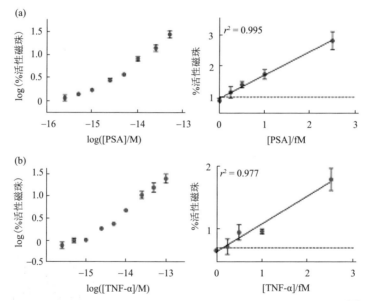

图 4-21　微孔阵列数字免疫分析用于血清中 PSA 和 TNF-α 的检测[19]

目标蛋白浓度很低时, 抗原抗体间的亲和力强弱就显得尤为重要。一般抗原抗体的解离常数(K_D)为 10^{-6}~10^{-10} M。生物素和链霉亲和素的结合稳定、专一性强、外界干扰小, 是已知强度最高的非共价作用, 解离常数在 10^{-12}~10^{-14} M, 显著高于抗原与抗体间的亲和力, 是对免疫复合物进行酶标记的首选。除此之外,二抗间接标记策略也被用于免疫复合物的酶标记[20]。如图 4-22 所示，β-半乳糖苷酶标记的二抗与免疫复合物中的检测抗体结合(不与捕获抗体结合)，形成酶标免疫复合物，空间离散于具有亲疏水特性的阵列微孔(底部亲水，孔壁疏水)，荧光素二(β-D-半乳糖吡喃糖苷)作为荧光底物引入微孔内，进行酶促化学反应，产生荧光素。一抗-二抗的亲和力对免疫复合物的酶标效率影响很大，不同来源的抗体之间的亲和力存在较大差异。科研人员采用 SPR 技术测试了多种抗体的结合动力学过程，获取了抗体间的亲和常数，从中筛选出亲和常数高的抗体进行甲型流感病毒核蛋白的数字免疫分析，缓冲液和咽拭子样本的检测限分别达到(4 ± 1) fM 和(10 ± 2) fM，接近生物素和亲和素体系的检测限。

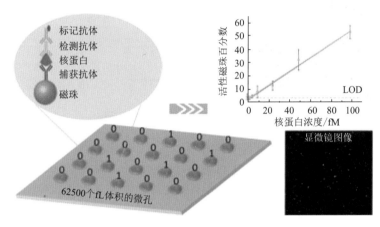

图 4-22 甲型流感病毒核蛋白的数字免疫分析[20]

2. 碱性磷酸酶

碱性磷酸酶(ALP)是一类广泛应用于酶联免疫分析的商品化酶分子。与 β-半乳糖苷酶所使用的试卤灵和荧光素类底物不同，ALP 对应的荧光底物属于香豆素衍生物，如 4-甲基伞形酮磷酸酯(4-methylunbelliferyl phosphate)。4-甲基伞形酮磷酸酯是磷酸化香豆素衍生物，本身无荧光发射，在 ALP 的催化作用下，水解产生 4-甲基伞形酮和无机磷酸盐。4-甲基伞形酮能够发射荧光信号，最大激发波长 372 nm，最大发射波长 445 nm。Noji 研究组制作了 44 fL 的亲疏水型微孔阵列，碱性磷酸酶与 4-甲基伞形酮磷酸酯混合，引入亲疏水型微孔阵列，氟碳油封闭微孔阵列，孵育适当时间，荧光成像检测[21]。当单个微孔的平均酶分子数(λ)远低于 1 时，微孔阵列的荧光成像显示出断续的荧光点阵，不发荧光的微孔数量、微弱荧光的微孔数量和强荧光的微孔数量符合泊松分布。不同 λ 条件下，荧光微孔的比例与 ALP 的浓度呈正比例关系(图 4-23)。碱性磷酸酶和 4-甲基伞形酮磷酸酯组成的荧光体系发射波长(445 nm)与试卤灵(585 nm)不重叠，可与 β-半乳糖苷酶体系共同使用，以荧光发射波长编码，为多色数字免疫分析提供了波长备选方案。遗憾的是，香豆素类物质容易泄漏至氟化油，导致相邻微孔之间的信号交叉干扰，尽管4-甲基伞形酮在香豆素结构基础上增加了羟基功能团，可以增强水溶性，但需要去质子化条件才能抑制分子泄漏。因此，4-甲基伞形酮类的荧光分析被局限于碱性条件下进行。香豆素类荧光底物用于数字免疫分析的另一个挑战是高荧光背景信号。在没有碱性磷酸酶的情况下，仍然有 0.03%～0.04% 的微孔发射出明显的荧光信号，导致免疫分析的空白信号过高，分析检测限很难达到飞摩尔浓度。

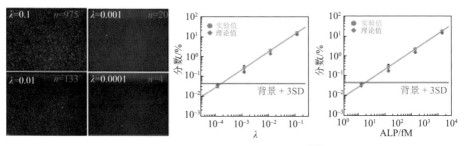

图 4-23　ALP 的单分子计数分析[21]

　　除了荧光成像，ALP 还能催化水解磷脂键，形成电活性物质，以电化学检测单个分子。4-氨基苯磷酸盐(*p*-aminophenyl phosphate monohydrate)是电化学检测常用底物，被碱性磷酸酶水解，释放具有强还原活性的 4-氨基苯酚(*p*-AP)，直接氧化产生电化学信号。但是单个碱性磷酸酶产生的 4-氨基苯酚量不多，直接氧化 4-氨基苯酚产生的电化学信号仍然较弱，检测存在挑战。张志凌团队采用酶诱导金属化策略增强电化学信号[22]。如图 4-24 所示，碱性磷酸酶与 4-氨基苯磷酸盐和硝酸银溶液混合，分散于直径 1 mm 的 PDMS 微孔内，微孔底部加工有宽度为 100 μm 的金电极。当 PDMS 微孔内存在酶分子时，4-氨基苯磷酸盐水解释放 4-氨基苯酚，还原溶液中的银离子，生成零价的金属银，沉积于金电极表面，在线性伏安扫描曲线上产生明显的信号。与 4-氨基苯酚的直接氧化信号相比较，酶诱导金属化策略产生的电化学信号增强了约 2 个数量级。

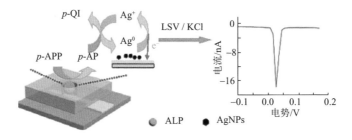

图 4-24　碱性磷酸酶诱导金属化策略增强电化学信号示意图[22]

为了增加检测通量，研究人员将 100 个通孔的 PDMS 块与 10×10 微电极阵列基板键合，形成单分子电化学检测阵列(图 4-25)。空白微孔内，微电极阵列产生的空白信号约 1.8 nA；含有一个酶分子的微孔，微电极阵列的信号约 8.0 nA。在 1～10 aM 范围内，电化学检出的酶分子分布情况与泊松分布方程的计算结果基本一致，证实了方法的可行性和准确性。实际样本分析采用肝癌细胞(Hep G2)和乳腺癌细胞(MCF-7)。癌细胞破碎，提取碱性磷酸酶，单分子电化学检测阵列测试细胞提取液，发现单个肝癌细胞内碱性磷酸酶的平均浓度约 12.1 aM，进一步证实该方法不受复杂背景的干扰，具有很好的准确性。

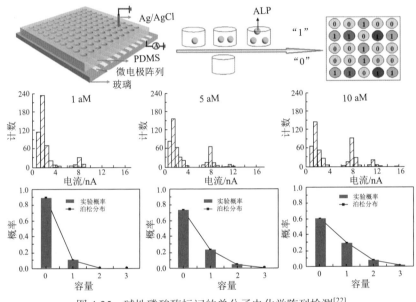

图 4-25 碱性磷酸酶标记的单分子电化学阵列检测[22]

3. 辣根过氧化物酶

辣根过氧化物酶（horseradish peroxidase，HRP）是临床检验试剂的常用酶，具有比活性高、稳定、制备成本低、易存储等特点，广泛应用于比色分析、化学发光免疫分析和荧光免疫分析。在数字免疫分析技术中，辣根过氧化物酶适用于荧光成像检测，荧光底物一般为 10-乙酰基-3,7-二羟基吩噁嗪（10-acetyl-3,7-dihydroxyphenoxazine，ADHP），荧光化学反应如图 4-26 所示。ADHP 本身不能发射荧光，与 HRP 反应生成试卤灵。试卤灵属于可溶性高荧光分子，最大激发和发射波长分别为 570 nm 和 585 nm。HRP 和 ADHP 体系相对成熟，商品化的试剂盒也有开发，数字免疫分析中使用较多的 QuantaRed™ 增强型化学荧光 HRP 底物试剂盒（赛默飞）即属于此类。

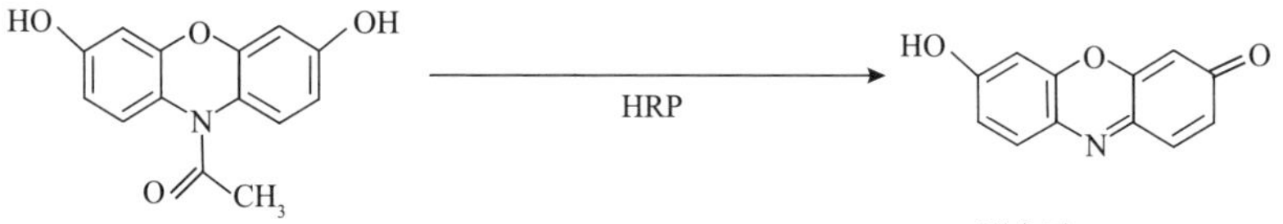

ADHP, MW=257.24 　　　　　　　　　　　　　　　　　　试卤灵, MW=229.19

图 4-26　HRP 和 ADHP 反应原理图

　　宾夕法尼亚大学的 Issadore 等利用 HRP 和 ADHP 体系发展了一种基于手机成像平台的多色、数字液滴蛋白分析技术[23]。液滴微流控芯片由微珠处理单元、试剂混合单元、液滴生成单元、液滴孵育单元和液滴荧光检测单元组成。在微珠处理单元，修饰捕获抗体的微珠与血清样本反应，捕获目标抗原，固定于半透膜的微孔表面，缓冲液清洗，HRP 标记的检测抗体孵育，形成酶标免疫复合物，缓冲液清洗去除未结合的酶标抗体，反向驱动流体释放微珠。在试剂混合单元，微珠与荧光底物汇流，流经 14 mm 长的鱼骨结构微混合器，完成试剂的快速混合。试剂的快速混合有利于缩短液滴包裹前的酶反应时间，降低背景信号。液滴生成单元采用梯度乳化技术，楔形结构的高度差为 12∶1，平行设计 100 个液滴生成器，每秒最多可生成 100000 个液滴。通过微珠的浓度调节，单个液滴包裹一个微珠或不含微珠。液滴孵育单元采用增加通道长度和降低流体流速的策略增大液滴流过时间。液滴孵育通道尺寸从微米量级增大到毫米量级(宽 1.8 mm，高 1.5 mm)，显著增大横截面积，降低液滴流速。与此同时，4 层螺旋通道逐层叠加，层间通过通孔连接，可显著增加通道长度。当流体流速为 67 mL/h 时，液滴流过孵育通道所需的时间约 3.2 分钟，保证了酶促荧光反应的时间(图 4-27)。液滴检测部分设计了一个时间域编码的智能手机影像的光流控装置，克服了手机无法分辨高速运动的邻近液滴，使得液滴的检测速率提高了 100 倍，有利于多色、超高通量分析。

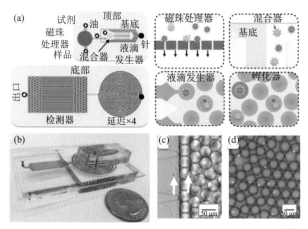

图 4-27　基于手机成像平台的数字液滴蛋白分析技术[23]

　　光流控检测平台成功用于牛血清中 GM-CSF 和 IL-6 的单组分和双组分检测。单组分分析时，GM-CSF 检测限可达 0.0045 pg/mL（320 aM），IL6 的检测限可达到 0.0070 pg/mL（350 aM）。两种细胞因子同时检测时,检测限可低至近 0.004 pg/mL。人血清中内源性 GM-CSF 和 IL-6 的分析结果与商品化的数字酶联免疫分析仪器检测结果一致。微流控芯片液滴新技术与手机成像平台的结合克服了传统显微成像的低帧数限制，检测通量达到每秒 100 万个液滴，将微流控液滴检测速率提高了100 多倍，充分发挥了芯片液滴高通量的优势，大大缩短了免疫分析的时间。与此同时，手机成像避免使用昂贵的光学元件，降低检测门槛，有利于数字液滴免疫分析技术的推广。

　　除了催化化学荧光反应外，HRP 还可作为酪氨信号扩增体系的功能酶，产生局域放大的荧光信号。Walt 团队将酪氨信号扩增技术与水凝胶固定微珠技术结合，发展了一种简化的数字酶联免疫分析形式[24]，如图 4-28 所示。磁珠表面捕获靶蛋白，生物素化检测抗体与靶蛋白结合，在磁珠表面单个免疫复合物，携带多个 HRP 的亲和素共轭聚合物与生物素结合，完成免疫复合物的 HRP 标记。免疫反应完成后的磁珠混合物（携带靶蛋白磁珠和空磁珠）悬浮于过氧化氢和酪胺-Alexa Fluor 488 和混合溶液。过氧化氢存在下，HRP 催化酪胺-Alexa Fluor 488 形成自由基中间体，与 HRP 附近的芳香环共价结合（比如磁珠表面蛋白的酪氨酸残基），使得携带免疫复合物的磁珠被标记上大量荧光染料，完成酪胺信号扩增过程。由于自由基的存在时间很短，稀溶液中自由基扩散至其他微珠的可能性极低，微珠间的交叉污染被尽可能地降低,空磁珠仅有极少量的荧光染料，不能被检测到。经过 HRP

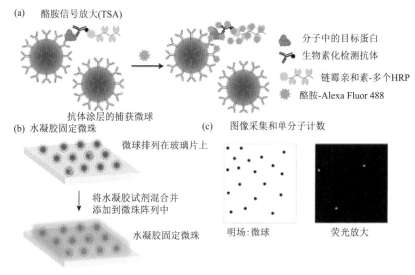

图 4-28　酪氨信号扩增技术用于数字酶联免疫分析[24]

催化的酪胺反应，荧光染料已被标记到目标磁珠表面，因此不需要使用微孔对微珠进行离散，直接将磁珠悬浮液滴加于基板表面，加入水凝胶前体溶液，快速形成水凝胶，完成微珠的固定，然后明场和荧光成像分别统计磁珠总数和标记荧光磁珠数。该分析平台实现了对 IL-6 的高灵敏检测，线性范围和检测限约均与商品化的数字酶联免疫分析相当，唾液样本的检测结果与临床检测结果一致。

4.2.2　荧光染料分子标记

以磁珠为免疫反应载体，荧光染料分子为检测抗体的标记信号，进行非均相免疫分析可以发挥磁珠易分离特性，将免疫复合物从复杂背景基质分离出来，降低背景对荧光染料分子发射的影响，提高检测灵敏度。免疫复合物中的荧光染料分子信号存在两种检测方式：单分子荧光流式检测和单分子荧光成像检测。

单分子荧光流式检测技术的检测策略[25]：商品化的亲和素修饰磁珠与生物素化捕获抗体反应，形成捕获磁珠；捕获磁珠先后与靶蛋白、荧光分子标记的检测抗体反应，形成免疫复合物磁珠；洗脱溶液将荧光检测抗体从免疫复合物磁珠表面剥离下来，形成荧光抗体洗脱液(荧光抗体分子数与靶蛋白正相关)；毛细管吸入荧光抗体洗脱液，荧光抗体依次流经检测窗口，光子计数器检测并记录单个荧光抗体的信号，依据荧光脉冲信号数量确定目标蛋白的浓度。该策略分析多种蛋白标志物的检测限均低于 pg/mL，比如，心肌肌钙蛋白 I 的检测限可达 0.11 pg/mL。

单分子荧光成像检测技术沿用流式检测的免疫复合和洗脱过程，将免疫复合物磁珠表面洗脱下来的荧光染料标记抗体沉积于基板表面，共聚焦荧光成像或 TIRF 成像检测荧光染料标记的抗体。张春阳课题组采用磁珠洗脱策略，发展了一种组蛋白修饰酶的多色单分子荧光成像检测方法[26]。如图 4-29 所示，人工合成 N 终端生物素标记的多肽底物(biotin-ART KQT ARK STGGKA PRK QLA)，序列对应组蛋白(H3)的 1～21 氨基酸残基。在乙酰基供体(acetyl-coenzyme A)和甲基供体(S-adenosyl-L-methionine)存在下，组蛋白乙酰转移酶(GcN5)和组蛋白甲基转移酶(G9a)将乙酰基和甲基转移至多肽底物相对应的赖氨酸残基。多肽底物的乙酰化位点与 Alexa Fluor 488 标记的抗乙酰化赖氨酸抗体(Alexa Fluor 488-conjugated anti-acetyl lysine)，甲基化位点与 Alexa Fluor 647 标记的抗碱基化赖氨酸抗体(Alexa Fluor 647-conjugated anti-methyl lysine)结合，从而将两种酶分子的信息转化为可区分的荧光信号。荧光染料标记的多肽底物经生物素-亲和素作用特异性结合到磁珠表面，磁性分离除去未结合的荧光抗体。被磁珠捕获的荧光标记多肽被洗脱下来，沉积于基板表面，TIRF 技术进行单分子成像和计数。该方法不仅可以对多种组蛋白修饰酶进行高灵敏、高特异性检测，GcN5 和 G9a

的检测分别为 21 pM 和 12 pM，还可用于组蛋白修饰酶的抑制剂筛选组蛋白乙酰转移酶。

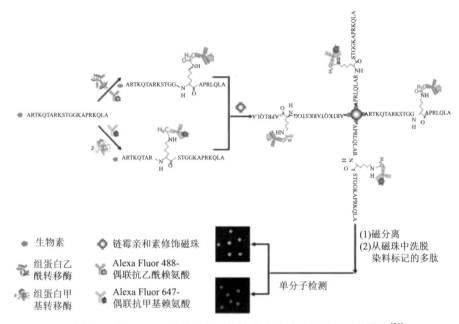

图 4-29　基于 TIRF 技术的组胺修饰酶多色单分子荧光成像检测[26]

4.2.3　荧光颗粒标记

　　磁珠表面的非均相数字免疫分析采用的荧光颗粒包括量子点、荧光聚苯乙烯球等，检测的方式也分为流式点检测和荧光成像面检测。荧光聚苯乙烯(PS)球是一类将不同发射波长的染料按比例包裹在 PS 壳内的聚合物微球，尺寸可在几微米到几十纳米范围进行调节，发射波长可在 390～700 nm 范围内调节。荧光 PS 球的合成技术较成熟，已有商业化产品(比如 Bangslab 的产品)，可利用荧光颜色编码，广泛应用于生物标志物的多色分析。

　　徐宏课题组提出了一种"荧光 PS 球标记磁球"策略，流式检测实现了 CEA 的数字免疫分析[27]。如图 4-30 所示，磁球(3.2 μm)表面修饰捕获抗体，形成捕获磁球；捕获磁球、目标抗原、生物素化检测抗体形成免疫复合物球(目标磁球)；亲和素化的辣根过氧化物多酶结合到目标磁球表面，生物素化酪胺在 HRP 催化作用下，与目标磁球表面的蛋白结合，放大生物素数量，提供足够数量的功能位点(Ligand A)，亲和素(Ligand B)化的荧光 PS 球(1.2 μm)对目标磁球进行信号标记，磁分离去除过量荧光球，进而流式细胞仪(NovoCyte2040R)检测磁球数和荧光 PS 球数，依据二者比例确定蛋白浓度。

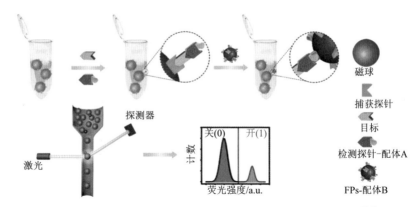

图 4-30 基于"荧光球标记磁球"策略的数字免疫分析原理图[27]

微米尺度 PS 球之间的空间位阻较大,影响免疫识别和结合的效率。Li 课题组采用纳米尺度荧光 PS 球降低免疫结合的位阻效应,不同荧光发射波长进行目标信号编码,实现了 DNA 和 miRNA 的多色、阿摩尔级、免扩增分析[28]。如图 4-31 所示,绿色($\lambda_{ex/em}$: 480 nm /520 nm)、蓝色($\lambda_{ex/em}$: 360 nm /450 nm)和红色($\lambda_{ex/em}$: 360 nm /450 nm)荧光 PS 纳米球(200 nm)分别修饰三种捕获 DNA,磁珠(1 μm)表面修饰靶标 DNA 的捕获 DNA;荧光 PS 纳米球、靶标 DNA 和磁珠反应生成夹心复合物;三色荧光 PS 纳米球从复合物表面洗脱,沉积于玻璃基板表面,荧光显微成像对三色纳米颗粒分别计数,从而确定目标 DNA 的浓度。40-nt HIV DNA,TB 和 HBV 序列的分析线性范围在 20~10000 pM,检测限在 3~52 pM(15~260 attomoles)。三种人癌症相关的 microRNA(miR-141,miR-21 和 let-7c)的检测线性范围在 20~20000 pM,检测限分别为 3 pM(miR-141),1 pM(miR-21)和 2 pM(let-7c)。该分析平台对 DNA 和 miRNA 没有明显的歧视效应,可以进行高灵敏的多色分析,虽未用于蛋白质的数字免疫分析,但我们认为以抗体取代捕获核酸序列,靶蛋白取代靶核酸,采用相同策略进行蛋白质的高灵敏数字分析是显而易见的。

为进一步降低生物分子的检测下限,张春阳等以包裹量子点的脂质体作为目标物的标记信号,磁珠、靶标 DNA 和脂质体形成夹心复合物,洗脱磁珠结合的脂质体,裂解脂质体释放量子点,将一个目标分子放大为多个量子点,结合量子点的单颗粒计数检测,大大提高了分析的灵敏度。两种 HIV 相关 DNA 的检测限可达 1 aM(HIV1)和 2.5 aM(HIV2),比荧光微球标记的纳米传感器低五个数量级,比单个量子点标记的纳米传感器低三个数量级[29](图 4-32)。

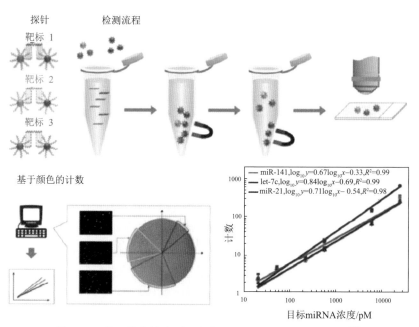

图 4-31　基于荧光纳米颗粒成像的多色、高灵敏核酸检测[28]

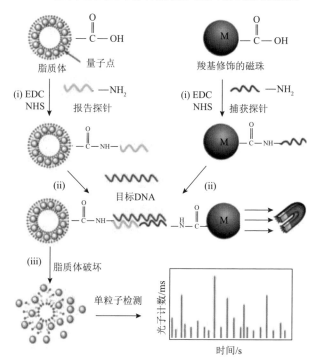

图 4-32　量子点-脂质体复合物用于信号放大的核酸数字检测[29]

153

4.2.4 等离子体共振颗粒标记

以等离子体共振纳米颗粒作为标记信号,磁珠表面进行非均相数字免疫分析,暗场成像检测的原理如图 4-33 所示。亲和素化磁珠与生物素化捕获抗体结合,形成捕获磁珠;捕获磁珠、抗原和检测抗体形成免疫复合物(磁珠-抗原-检测抗体);金纳米颗粒标记的二抗与免疫复合物的检测抗体结合,形成金标复合物(磁珠-抗原-检测抗体-金颗粒);洗脱金标复合物中金纳米颗粒,磁性分离、富集,定量转移至基板表面,暗场显微镜对金纳米颗粒进行成像和统计。金纳米颗粒的数量与抗原的浓度正相关,依据金纳米粒子数对抗原浓度的标准曲线,可校准生物样本中特定蛋白标志物的浓度[30]。以 PSA、CEA 和 AFP 为例,该方法的线性范围分别为 1~20 ng/mL(PSA)、5~30 ng/mL(CEA)和 1~25 ng/mL(AFP),检测限达到 1 ng/mL(PSA)、5 ng/mL(CEA)和 1 ng/mL(AFP)。与已有的单颗粒计数分析相比,方法的检测限偏高,可能的原因有两个:①洗脱、转移和沉积过程导致金纳米颗粒的损失;②暗场成像区域有限导致金纳米粒子的遗漏。

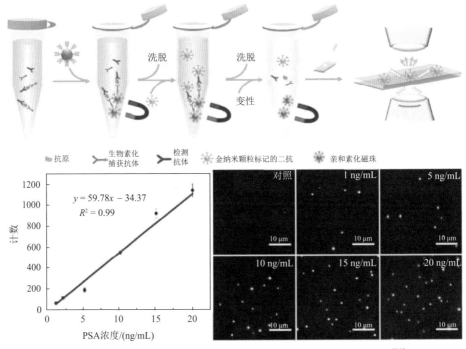

图 4-33　金纳米颗粒暗场成像计数单个蛋白质的原理和检测结果[30]

为了提高检测的灵敏度,He 等以金纳米棒代替金纳米球,延续磁珠-金纳米颗粒复合物洗脱分离策略,从金纳米棒沉积效率和成像区域两个方面改善分析灵敏度[31]。如图 4-34 所示，金棒表面同时修饰抗体和 DNA 单链，DNA 单链使得洗脱下来的金棒表面带负电，被基板表面正电荷的吸引，加速沉积到基板表面，与自然沉降相比较，金棒的沉积效率得到显著提高。以低倍数物镜(10×)对固定的金棒进行多次成像，设计算法去除成像重叠区域，确定金棒的沉积区域；以高倍物镜(40×)对沉积区域的金棒进行高分辨成像，统计金棒数量，提高了金棒统计量，尽可能减少金棒的遗漏。该方法对 PSA 的分析线性范围可达 3 个数量级(0.01~10 pg/mL)，检测限达到 8 fg/mL(226 aM)，对人乳头瘤病毒相关 DNA 序列的检测限低至 6.5 aM，极大地提高了方法在临床样本低丰度标志物的应用潜力。

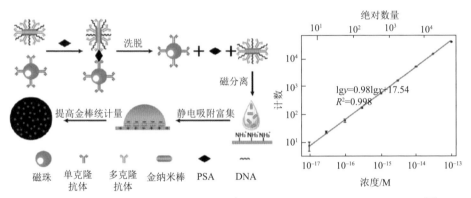

图 4-34　以金纳米棒为标记信号，暗场成像为检测方式的 PSA 数字免疫分析[31]

4.2.5　催化剂粒子标记

荧光颗粒或等离子体共振颗粒的检测一般采用荧光或暗场成像，需要高分辨率的复杂显微成像系统。手机等微型化成像设备一般只能明场成像，很难检测荧光颗粒和等离子体共振颗粒，高灵敏的现场及时检测仍存在很大的挑战。铂、钯等贵金属粒子具有优良的催化性能，可以高效催化各类化学反应，是化学合成中常用的催化剂。用贵金属催化剂粒子代替生物酶分子，以贵金属催化的化学反应进行单分子的信号放大，从而替换数字免疫中的酶催化信号放大过程，不仅能解决不同酶分子的活性差异，还能避免酶分子的稳定性问题。Wang 等以具有催化活性的 Pt 纳米粒子标记单分子免疫复合物，以 Pt 催化过氧化氢产生的气泡作为单分子信号，手机明场成像为检测手段，发展了一种高灵敏、便携化的数字免疫分析方法[32]。微气泡计数免疫分析的原理如图 4-35 所示。捕获磁珠、靶蛋白和生物素化的检测抗体形成夹心免疫复合物，中性抗生物素蛋白修饰的 Pt 纳米粒子与免疫复合物的生物素反应，完成 Pt 粒子标记。免疫复合物与 H_2O_2 混合，在外部磁铁吸引下，被引入气泡发生芯片的方形 PDMS 微孔阵列(微孔尺寸：14 μm×14 μm，深 7 μm）。当免疫复合物的数量与微孔的数量比例小于 1 时，免疫复合物装载进微孔的比例符合泊松分布。存在靶蛋白的微孔中，Pt 纳米粒子催化 H_2O_2 分解，产生氧气，氧气累积形成气泡，被手机显微镜检测到；没有靶蛋白的微孔，缺少 Pt 纳米颗粒，H_2O_2 自然分解产生的氧气很少，没有形成可检测的气泡。因此，微气泡的数量与靶蛋白的浓度呈正比例关系，依据微气泡的数量可对靶蛋白的浓度进行定量。靶蛋白存在的微孔内微气泡形成的时间和微气泡的大小存在差异，常规显微镜下的观测结果显示,经过 8～9 分钟的反应,可检测的气泡数量基本稳定。研究者利用手机(iPhone 6S)结合商品化移动显微镜(可放大 9 倍)对气泡发生芯片上的微气泡进行明场成像，采用卷积神经网络来识别和统计微气泡的数量，可显著提高微气泡图像处理算法的可靠性和准确性。经过 493 帧图像的算法训练，程序可以成功识别微阵列的边缘，并在 1 分钟内计数微气泡，22 帧测试影像的计数结果与 Image J 的手动计数结果吻合，通过机器学习实现了软件的自动、准确计数。

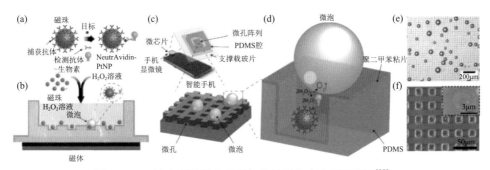

图 4-35　Pt 纳米颗粒催化的微气泡计数免疫分析原理图[32]

在微气泡计数检测平台上，研究者将前列腺癌切除术后监测的指标蛋白(PSA)和早孕检测的指标蛋白(β-亚型人体绒毛膜促性腺激素，βhCG)作为实例，进行了临床样本的分析验证。在 0.06～1 pg/mL 范围内，微气泡数量与 PSA 浓度呈现线性关系。当微气泡数量达到 500 时，相邻微气泡出现融合现象，密度达到饱和。PSA 的检测限低至 2.1 fM(0.060 pg/mL)，比临床中心实验室使用的电致化学发光分析的检测限(Roche Elecsys Cobas Total PSA assay，0.01 ng/mL)低 167 倍。PSA 分析的平均变异系数为 16.5%，有点偏大，后续可通过微流控自动化样本准备、反应混合、清洗等进一步降低。13 位前列腺癌症患者的血清盲检结果与临床电致化学发光检测结果基本一致。βhCG 的浓度在 3.75～30 pg/mL 范围时，微气泡数量与浓度呈线性关系，检测限低至 0.034 mIU/mL(2.84 pg/mL)，灵敏度显著优于现有中心实验室(Beckman Coulter 化学发光免疫分析，0.5 mIU/mL)和现场及时检测技术(Abbott i-STAT Total b-hCG Test，5 mIU/mL)。

　　微气泡计数免疫分析平台还被用于鼻咽拭子的急性呼吸道综合征冠状病毒2(SARS-CoV-2)的抗原高灵敏检测，一方面减少假阴性结果，另一方面可定量或跟踪不同群体呼吸样本的抗原载量[33](图 4-36)。鼻咽拭子中 SARS-CoV-2 经裂解释放核衣壳蛋白(N protein)，溶液中进行免疫反应，在气泡发生芯片产生微气泡，成像检测、自动计数，其检测限可达到 0.5 pg/mL（10.6 fmol/L），相当于 4000 copies/mL 的灭活 SARS-CoV-2。372 份临床鼻咽拭子样本的分析结果显示，微气泡计数免疫分析与 RT-PCR 方法的阳性和阴性百分比一致性均达到 97%。对于核酸检测结果持续阳性且免疫能力强的个体拭子分析显示抗原阳性率随着症状发作天数的增加而降低。对于患恶性血液病使得免疫系统受损的患者，抗原检测则可长时间且可变周期进行。作为抗原载量的定量指标，微气泡总体积与周期阈值和症状发作天数成反比。病毒序列变异也可在长期维持高抗原载量的患者进行检测。因此，基于微气泡计数的病毒抗原检测可用于筛查正在经历病毒高活性复制的患者，可密切监测病毒序列变化。

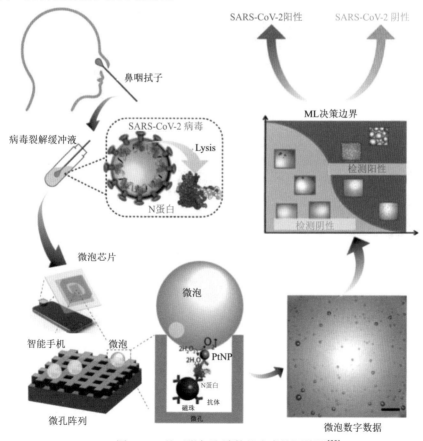

图 4-36　基于微气泡计数的病毒抗原检测[33]

4.2.6　微颗粒标记

　　以磁珠为免疫反应载体的非均相数字免疫分析均需要对标记粒子进行后续沉积和光谱成像检测。不管是自然沉降还是电荷吸引，现有沉积方法基本不可能做到标记粒子百分百地沉积，标记粒子也不可能均匀分布，粒子聚集引起的信号重叠和漏检不可避免，随机的成像分析加剧了低浓度样本分析的不确定性。为此，我们提出了一种溶剂挥发诱导粒子沉积、定位网格辅助多帧成像和微米颗粒增强信号的策略，初步实现了蛋白质的非随机计数分析，有效抑制了超低浓度样本数字分析的泊松噪声[34]。方法原理如下：以捕获抗体修饰磁珠，检测抗体修饰 PS 球，捕获磁珠依次与抗原、检测 PS 球孵育，形成免疫复合物(磁珠-抗原-PS 球)，磁分离除去未结合的检测 PS 球，洗脱免疫复合物中的 PS 球，富集于离心管[图4-37(a)]；制作带有 3 mm 通孔的 PDMS 薄片(厚度 1 mm)，与带有网格线的细胞计数板可逆封接，形成 PS 球计数芯片；取一定体积免疫复合物洗脱形成的 PS 球溶液，加入计数芯片的微孔，加热蒸发去除水分，重复加液-蒸发过程，直至所有洗脱 PS 球均被固定于微孔底部；微孔底部网格辅助确定位置，显微镜(奥林巴斯IX71)依次对整个微孔底部沉积的 PS 球进行多帧明场成像，统计所有显微照片中的 PS 球数，依据自定义的比例系数校准抗原的浓度[图 4-37(b)]。

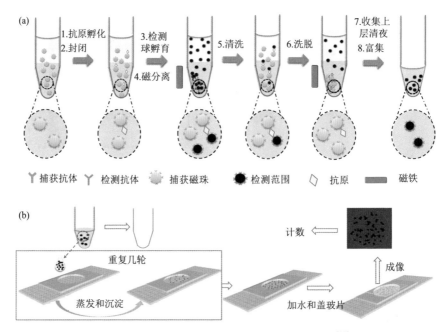

图 4-37　微米颗粒标记的非随机数字免疫分析[34]

(a)微米颗粒标记和洗脱策略原理图；(b)挥发诱导微颗粒沉积和定位网格辅助多帧明场成像检测示意图

为了实现所有标记颗粒的百分百计数，我们从三个方面对单颗粒成像统计技术进行了改进：①以微米级 PS 球代替纳米颗粒，增强单颗粒的信号分辨率，保证团聚体中的颗粒数也可准确识别；②采用水分蒸发诱导颗粒沉积，可保证所有标记颗粒高密度沉积于有限区域，实现标记颗粒百分百沉积；③微加工的辅助网格可以对每帧图像进行精确定位，排除成像重叠或区域遗漏问题，确保所有沉积颗粒均被准确计数。因此，我们将现有单颗粒计数分析的随机沉积、随机成像、随机统计方式转变为全沉积、全成像、全统计的全新方式，增强数字免疫分析的灵敏度和准确性。以 5 aM CEA 为阳性对照，PBS 缓冲液为阴性对照，对捕获磁珠用量、抗原孵育时间、封闭时间、检测微球用量、孵育时间等参数进行优化。在最佳反应条件下，PBS 缓冲液中 CEA 非随机计数分析的线性范围达到 3 个数量级（$5 \times 10^{-18} \sim 5 \times 10^{-16}$ M），相对标准偏差在 2.2%～7.7%（测量 3 次），检测限低至 4.9 aM（图 4-38）。在不含 CEA 血浆样本中分别加入 20 aM 和 40 aM CEA，检测获取的 CEA 浓度相对标准偏差均小于 8%，回收率达到 92.5%（20 aM）和 98.8%（40 aM），从而验证了该方法进行血样分析的特异性和准确性。收集两份临床血浆样本，稀释 10^5 倍，采用标准加入法进行 CEA 分析，获取的 CEA 浓度分别是 0.53 ng/mL 和 0.46 ng/mL，与医院提供的化学发光免疫分析结果（0.54 ng/mL 和 0.78 ng/mL）接近。该方法抑制了随机计数分析的泊松噪声，降低了检测限，提高了分析结果准确性，适合临床样本中稀有蛋白的检测，在重大疾病的早期筛查中显示出一定的应用价值。

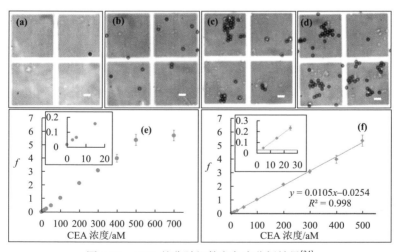

图 4-38　CEA 的非随机数字免疫分析结果[34]

4.2.7　核酸序列标记

核酸分子标记是通过特定转化技术，把目标蛋白与核酸探针建立联系，将蛋白分子数转化为靶核酸探针的数量，利用现有的核酸信号扩增技术对单个靶核酸探针的信号进行放大，成像或流式检测确定靶核酸探针的数量，进而定量靶蛋白的浓度。依据核酸分子的检测方式差异，基于核酸分子标记的非均相数字免疫分析可以分为两类：①PCR技术放大核酸分子信号，荧光成像检测、计数；②纳米孔传感器流式计数核酸分子。

　　Walt 课题组以磁珠为免疫捕获载体，DNA 分子为目标蛋白的标记信号，采用滚环扩增技术放大 DNA 分子的信号，发展了一种高灵敏、非微孔、非均相数字免疫分析方法(dSimoa)[35]，原理如图 4-39 所示。捕获磁珠、靶蛋白、生物素化抗体形成免疫复合物磁珠(目标磁珠)；预褪火的滚环扩增引物和环形 DNA 模板形成偶联体，亲和素标记偶联体，然后与目标磁珠表面的生物素结合，形成 DNA 标记磁珠；DNA 聚合酶作用下，目标磁珠表面发生滚环扩增，形成 DNA 多联体；荧光标记的 DNA 探针进行原位杂交反应，目标磁珠表面聚集大量荧光分子；空磁珠和目标磁珠经清洗、浓缩后，转移至载玻片表面，水分挥发形成单层膜固定磁珠，荧光成像检测发荧光的磁珠数量，明场成像统计磁珠总量，依据二者比例确定目标蛋白的浓度。微珠表面的滚环扩增过程既能放大信号，又能将信号限制在微珠附近，不再需要微孔限域荧光信号，避免了微珠入孔效率低的问题，可将上样效率提高至 40%～50%，增加了检测的灵敏度。另一方面，初始微珠用量从 500000 降低至 100000，提高了稀有蛋白质的取样效率，增加了目标微珠数与空白微珠数的比例，降低了泊松噪声。以 IL-10 和 IL-1β 为例，dSimoa 的检测限低至 aM 级，灵敏度比基于微孔阵列和酶信号扩增的 Simoa 增加了 15 倍和 25 倍，定量限提高了一个数量级。不同浓度的人重组 IL-10 加入人唾液样本检测的回收率在 76%～122%范围，证实了方法用于人唾液样本中蛋白检测的可靠性。IL-10 在人唾液样本中的梯度稀释实验显示唾液的基质干扰基本可以忽略。

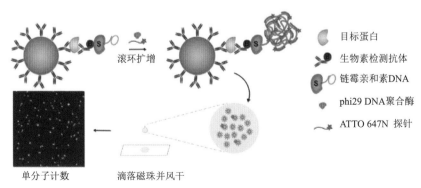

图 4-39　以 DNA 为标记信号，滚环扩增为信号增强手段的高灵敏、非微孔、非均相的数字免疫分析原理图[35]

为了开发 dSimoa 在临床诊断方面的价值,科研人员开展了血浆中的鼠短尾突变体表型(Brachyury)的分析。Brachyury 是 T-box 基因的转录因子蛋白产物,调控脊索源性组织和肿瘤发育,是脊索瘤(脊椎或颅底的一种原发性骨癌)的敏感、特异性标志物。至今未出现脊索瘤患者血清中 Brachyury 的检测报道。以 Brachyury 为目标对象,dSimoa 和 Simoa 的检测限分别达到 244.6 aM 和 841.4 aM。dSimoa 的灵敏度提升了约 3 倍,提升幅度不太大,原因是捕获磁珠用量降低,免疫捕获效率有所下降,抵消了上样率提升的信噪比。血清和血浆的加标回收实验显示,Brachyury 的加标回收率至少达到了 65%～70%,测量相对误差小于 10%。以 6 例脊索瘤患者血浆样品,6 例健康人捐赠的血清或血浆样品和 1 例软骨肉瘤患者的血浆样品为临床样品进行检测,结果发现:6 例脊索瘤患者血浆中内源性 Brachyury 含量均低于常规 Simoa 的检测限,未被 Simoa 检出,但是 dSimoa 检出了所有样品中 Brachyury 表达水平;1 例软骨肉瘤患者的血浆同样未被 Simoa 检出,但 dSimoa 可以检出;6 例健康人捐赠的血清或血浆样品中的 1 例被 Simoa 检出,3 例被 dSimoa 检出。事实证明即便灵敏度的小幅增加有时也可满足临床上重要的标志物测量需求。与常规 Simoa 比较,dSimoa 在血浆或血清样本中低浓度范围定量的高效性归因于以下几个方面:①低检测限和高取样效率增加了低浓度范围内测量的精确性;②微珠用量减少 5 倍,减弱基质影响,改善信噪比和回收率,从而保证血清或血浆样品测定的准确性;③相对于生物大分子(酶),寡核苷酸标记的非特异性吸附要小;④清洗剂量的增加进一步降低血清或血浆组分的干扰。

固态纳米孔传感器进行血清样本中特定蛋白的定量需要精准可靠地识别单个靶蛋白分子产生的电信号。Tabard-Cossa 等设计了一对陨星状的双链 DNA 纳米结构作为探针(P1 和 P2),连接 DNA 的一半序列分别与 P1 和 P2 互补,将 P1 和 P2 连接形成哑铃形 DNA 纳米结构(DB),在纳米孔传感器产生稳定、可识别的电信号。P1 和 P2 均由 12 臂的星形双链 DNA 组成,其中 11 臂的长度为 25 bp,剩余一个延伸臂为 175 bp(P1)或 150 bp(P2)的线形双链 DNA。延伸臂的末端是一个 25 nt 单链 DNA 区域,分别与连接 DNA 的一半互补,为 P1 和 P2 的键合提供位点。该团队采用上述特殊设计的探针,结合固态纳米孔传感技术,建立了蛋白标志物的数字免疫分析技术[36]。如图 4-40 所示,捕获磁珠将目标蛋白从复杂基质中提取出来,亲和素标记的检测抗体与目标蛋白结合,形成夹心复合物磁珠;生物素化的单链连接 DNA(50 nt)与检测抗体结合,成为靶蛋白的标记信号,将靶蛋白的定量转化为连接 DNA 的定量;紫外光照将连接 DNA 从生物素表面剥离,离心回收连接 DNA 溶液,与已知浓度的探针孵育,加入高浓度盐溶液进行纳米孔检测。未结合的探针(P1 或 P2)穿过纳米孔时,产生单个电流峰,可视为数字信号

"0"；哑铃形的复合物(P1+P2)穿过纳米孔时，产生电流双峰，可视为数字信号"1"，从而将纳米孔的电信号转化为数字信号，方便计数。在固定的探针浓度下，哑铃形复合物所占的比例即可校正生物样本中靶蛋白的浓度。

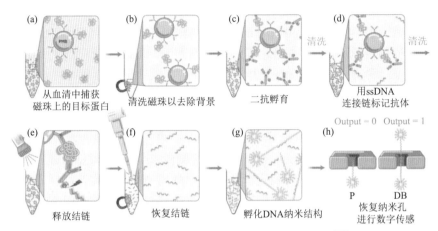

图 4-40　纳米孔计数 DNA 微结构组成的二聚体[36]

在优化的实验条件下，重组促甲状腺激素(rTSH)检测限约为 20 pM，血清中加入 0.48 nM rTSH 的回收率为 121% ± 5%，处于回收率可接受范围(80%～120%)的边缘。回收率偏高可能是非特异性吸附和基质效应导致。为了提高灵敏度，该团队采用30 nm的双功能金颗粒(颗粒表面修饰检测抗体和连接DNA)代替生物素化连接 DNA，将单个蛋白分子转化为几百个连接 DNA 分子，增加了约 100 倍的哑铃形复合物，检测限降低至 385 fM。与已有的纳米孔免疫传感分析技术相比，该方法的线性范围在高 fM 至低 nM 范围，检测灵敏度提高了约 1000 倍，基本满足血清中稀有标志物的检测需求。

4.3　多组分分析

很多生物功能需要多种蛋白质通过信号通路联合实现，同时检测多种蛋白质对于监测生物功能异常、筛查重大疾病具有重要意义。由于蛋白质表达量的差异，在同一生物样本中的蛋白质浓度变化可能达到几个数量级。即使同一种蛋白质，在不同的样本中的表达量也会出现显著差异，造成多种蛋白质同时检测面临很大的挑战。多组分分析需要采集定性、定量两种信号。识别蛋白质身份的信号称为定性信号，确定蛋白质浓度的信号称为定量信号。定性信号和定量信号可以相互独立存在，也可以定性定量合一。本节将以定性定量信号的差异对非均相多组分数字免疫分析技术进行分类介绍。

4.3.1　定性与定量信号彼此独立

在定性与定量信号相互独立模式下，多组分数字免疫分析需在免疫复合物形成过程中赋予待检测蛋白质一个身份标识的信号，即对蛋白质进行编码，N 种蛋白质就需要 N 种编码信号。与此同时，形成一个共通的信号用于免疫复合物的计数。因此，检测 N 种蛋白质，至少需要产生 $N+1$ 种信号。目前，蛋白质的编码主要通过捕获抗体端的微球进行光学编码。不同波长和强度的染料对微球进行编码，编码微球修饰捕获抗体，蛋白质经免疫捕获过程结合至修饰特异性抗体的微球，从而将微球的光学编码转变成蛋白质的光学编码。Walt 研究组以光纤束微孔捕获编码微球，6 种呼吸道疾病相关蛋白为对象，开展了多组分数字免疫分析[37]（图 4-41）。羧基化聚苯乙烯微球与两种发光物质（C30 和 Eu-TTA）共同在有机溶剂中浸泡，微球膨胀，发光物质进入微球，去离子水替换有机溶剂，微球收缩，发光物质被物理限制在微球内，形成发光微球。通过调节 C30 和 Eu-TTA 的浓度，8 种编码微球被制备出来，其中 6 种被用作特定蛋白捕获微球，1 种被用作阴性对照。以 VEGF、IP-10、IL-10、EGF、MMP-9 和 IL-1β 为对象，该微

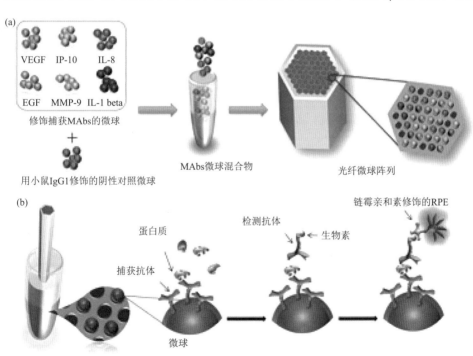

图 4-41　光纤束微孔阵列捕获编码微球进行 6 种蛋白的分析[37]

孔阵列分析平台用于唾液样本的检测限可达到亚皮摩尔级。采集 291 位人体的唾液样本，分为三组：哮喘患者组（164 位）、囊胞性纤维症患者组（71 位）和健康人对照组（56 位）。唾液样本的分析结果显示 VEGF、IP-10、IL-8 和 EGF 的表达量在囊胞性纤维症患者组显著升高，VEGF、IL-8 和 EGF 的表达量在哮喘患者组显著增加（$p<0.01$），有助于呼吸系统相关疾病的诊断。光纤束微孔数量有限，微球种类和数量的增强使得每个组分的上样检测效率大大降低，多组分分析的检测限显著低于单组分。

Duffy 等以 Cy5 和 Hilyte 750 键合磁珠表面方式制备了光学编码磁珠，以圆盘式微孔阵列芯片提高上样检测效率，尝试了牛血清样本中添加的 4 种细胞因子（IL-6、IL-1a、IL-1b 和 TNF-a）的同时分析，将多组分分析的检测限提升到了飞摩尔级别[38]。上述方法的检测灵敏度仍然难以检测很多稀有的蛋白质，且方法需要特殊的仪器设备、分析流程耗时长，限制了其更大范围的推广。微孔阵列离散结合荧光成像的模式下，组分增加越多，单组分上样效率越低，使得分析组分的进一步增长面临挑战。

为了解决组分增加和上样效率的问题，Walt 研究组开发了微珠表面信号扩增技术，采用流式细胞仪检测定性和定量信号的策略，实现了 8 种蛋白标志物的分析[39]。原理如图 4-42 所示，选取 8 种商品化的磁性荧光编码微球，每种微球表面修饰一种分析物的捕获抗体，形成 8 种捕获微球。8 种捕获微球先后与样品、生物素化的检测抗体反应，形成 8 种生物素化的免疫复合物。亲和素化的 DNA 片

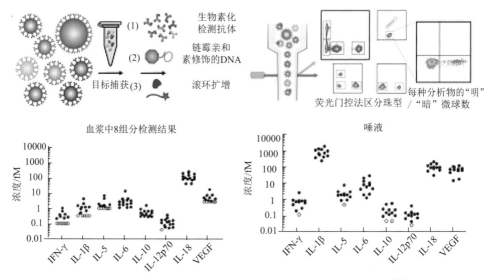

图 4-42　编码微珠表面核酸扩增信号进行 8 组分的流式检测[39]

段与生物素结合，完成免疫复合物的核酸标记。携带免疫复合物的磁珠经滚环扩增，在磁珠表面形成集聚的荧光染料分子，产生定量信号，然后液相流式荧光检测。纯液相检测模式使得编码微珠的上样率达到 50%～60%，比常规微孔阵列成像检测模式增加了约 1 个数量级，使得检测灵敏度增加了 3～12 倍，检测限低至阿摩尔级别，多组分检测能力增加至 8 种蛋白质(IL-6、IL-1、IL-10、IFN-γ、IL-12p70、IL-5、IL-18 和 VEGF)。稀释 16 倍的血浆样本和稀释 8 倍的唾液样本加标回收实验显示所有被分析物的回收率均在可接受的范围，稀释线性关系一致，所测浓度范围内基本没有交叉反应性，显示出较高的临床样本应用价值。

　　徐宏研究组以介孔微球(直径 3 μm、孔径 10 nm)为基球，两种荧光染料为编码信号，建立了一种双色编码微球制备方法[40]。Cy5 和 FITC 标记的 PEI 聚合物通过静电相互作用吸附到介孔球的孔道，磁性纳米颗粒在介孔球表面组装，二氧化硅包覆，聚丙烯酸修饰，在二氧化硅表面形成羧基功能团，提供蛋白键合位点。微球内 Cy5 和 FITC 的含量可通过 PEI，PEI-Cy5 和 PEI-FITC 的混合比例进行调控，形成具有不同发光性能的磁性微球，实现磁球的光学编码。如图 4-43 所示，多色编码捕获微球、多种抗原、多种生物素化的检测抗体进行免疫反应，抗体对一一对应，形成多种生物素化的免疫复合物，亲和素标记的多酶聚合物(SA-polyHRP)与生物素结合，完成免疫复合物的酶标记。多种酶标免疫复合物和荧光底物在微流控芯片内混合，形成液滴。通过流速的控制，使得单个液滴内至多含有 1 个编码微球。荧光显微镜对存储区的液滴进行成像检测。编码微球发射的荧光作为蛋白的定性信号，液滴内酶促产物发射的荧光(582～636 nm)作为蛋白

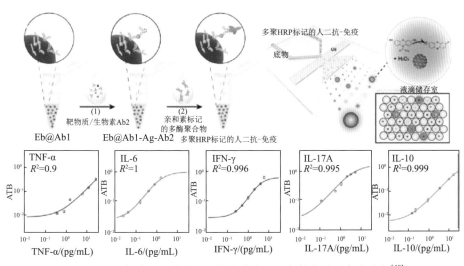

图 4-43　双色编码磁球在微流控液滴中的 5 色数字酶联免疫分析[40]

的定量信号，实现了 5 种细胞因子(TNF-α、IL-6、IFN-γ、IL-17A 和 IL-10)的高灵敏数字分析，检测限分别达到了 75.15 fg/mL(TNF-α)、16.78 fg/mL(IL-6)、112.96 fg/mL(IFN-γ)、7.57 fg/mL(IL-17A)和 1.63 fg/mL(IL-10)。多酶聚合物的标记策略提高了局部酶浓度，增加反应速率，可以在皮升级液滴内产生可检测的荧光信号，避免飞升级液滴形成和操作困难的问题。

4.3.2 定性与定量信号一体化

定性与定量信号一体化是指一个目标蛋白经免疫反应和信号发生过程仅形成一个信号，该信号既能作为目标蛋白的识别信号(定性)，又可作为目标蛋白的计数信号(定量)。测定 N 种蛋白，就需要产生 N 种信号。一体化信号模式下，固相(基板或者微球)表面修饰捕获抗体，多种待检蛋白质被捕获至固相表面，染料或颗粒编码的检测抗体进一步反应，形成编码的单分子免疫复合物，流式或荧光成像检测。编码过程发生在检测抗体端，编码手段主要有发射波长、颗粒尺寸等。

以不同荧光发射波长的染料分子进行检测抗体端编码的技术代表是 Singulex 公司的 Erenna 免疫系统，只需将单波长检测模块升级为多波长检测模块即可。Gilbert 团队以三种荧光染料(Alexa 647、ATTO532 和 BV421)分别修饰 IL-4、IL-6 和 IL-10 的检测抗体进行编码，采用改进的 Erenna 系统实现三种蛋白质的同时检测。通过 100 例健康人血浆样本的三组分检测，95%置信度下，正常人 IL-4 的参考限小于 0.61 pg/mL，IL-6 的参考限小于 6.53 pg/mL，IL-10 的参考限小于 1.08 pg/mL[41]。Erenna 系统进行多组分检测需要根据组分数量配备相应的激发光源，限制了组分数量的增加。黄承志等以金颗粒和银纳米粒子分别标记 AFP 和 CEA 的检测抗体，暗场影像下，CEA 的免疫复合物呈蓝色光点，AFP 的免疫复合物呈绿色光点，统计双色光点的数量即可实现 CEA 和 AFP 的同时定量[14]。暗场成像受成像面积和颜色分辨率的限制，2~3 组分基本就是极限，很难扩展至更多的组分分析。

除了波长，颗粒的尺寸也可用于编码分析。Chen 等以不同尺寸的 PS 球进行多色编码，明场成像为检测方式，采用人工智能辅助解码颗粒尺寸，建立了高灵敏、多靶标的数字免疫分析方法[42]。人工智能辅助解码的数字免疫分析流程如图 4-44 所示。磁珠(1 μm)表面修饰捕获抗体，PS 球表面修饰检测抗体。以 PS 球的尺寸进行编码，不同蛋白的检测抗体分别对应不同尺寸的 PS 球。免疫反应形成夹心免疫复合物，磁分离除去免疫复合物，上清中未反应的 PS 球数量与蛋白的浓度呈负相关。收集 PS 球上清液，转移至基板表面，明场多帧成像，人工智能自动识别每个尺寸 PS 球的影像，智能分类统计 PS 球数量，屏蔽掉基质和背景信号的干扰，完成信号解码和统计。依据不同尺寸 PS 球的数量即可准确定量多种蛋白质。人工智能可以自动、高通量平行分析多帧影像，相比于人工计数，通量和效率均大大提高，可以将计数过程缩短至几分钟。研究人员以三种炎症相关标志物（IL-6、PCT 和 CRP）为对象，分别采用 2 μm、3 μm 和 4 μm 检测探针进行数字免疫分析。CRP 的线性范围为 75 pg/mL～1 μg/mL，检测限为 25.88 pg/mL；PCT 的线性范围为 50 pg/mL～500 ng/mL，检测限为 17.30 pg/mL；IL-6 的线性范围为 20 pg/mL ～100 ng/mL，检测限为 3.66 pg/mL。10%胎牛血清的加标回收实验显示 CRP、PCT 和 IL-6 的回收率分别为 95.2%～115.3%、106%～98.7%和 113.7%～107.5%，均在可接收范围内，证实了方法的可靠性和特异性。该方法还可进一步扩展至小分子类检测，比如新霉素、卡那霉素和氯霉素等，显示出巨大的应用潜力。

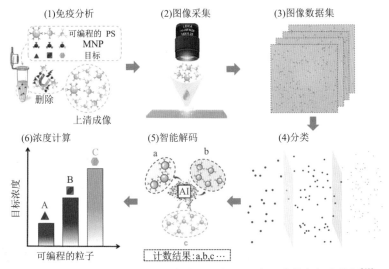

图 4-44　微球尺寸编码、人工智能辅助解码的多组分数字免疫分析[42]

4.3.3　无定性信号

无定性信号是指免疫分析过程仅产生一种信号，不管分析多少种蛋白，只有一种共通的定量信号，没有定性信号的编码和解码过程。无定性信号时，蛋白质种类无法通过信号识别，只能利用微流控芯片技术，经阵列微通道形成不同的分析区域，预先设定分析区域与待分析组分的对应关系，依靠分析区域的空间位置完成多组分的身份识别。分析 N 种蛋白质，无定性信号的数字免疫分析仅产生一种信号，但需要 N 个免疫捕获条带。不管是免疫捕获条带的形成或免疫反应流体的操作，无定性信号的多组分分析都离不开微流控芯片技术的发展。Chen 等将微流控芯片和人工智能相结合，发展了一种机器学习辅助的微流控纳米等离子共振数字免疫分析技术[43]。如图 4-45 所示，玻璃基板上制备 6 种细胞因子（IL-1β、IL-2、

数字免疫分析

IL-6、IL-10、TNF-α、IFN-γ)的免疫捕获条带，银纳米立方体标记检测抗体，形成 6 种检测探针。平行的阵列通道与免疫捕获条带正交封接，形成方形分析区域。样品和 6 种检测探针混合，在分析区域内反应，形成银纳米立方体标记的免疫复合物。EMCCD 对各个分析区域进行暗场成像，获取数字化的表面等离子共振散射光点影像。基于机器学习的影像处理方法智能识别和统计影像中的光点数量，与分析区域(即细胞因子种类)对应，从而实现细胞因子的分类准确定量。1~10000 pg/mL 范围内，6 种细胞因子均可清晰区分阳性信号，横跨 4 个数量级；1~200 pg/mL 范围内，IL-1β($R^2 = 0.998$)、IL-10($R^2 = 0.995$)、TNF-α($R^2 = 0.998$)和 IFN-γ($R^2 = 0.998$)呈现高质量的线性相关性；1~100 pg/mL 范围内，IL-2($R^2 = 0.999$)和 IL-6($R^2 = 0.999$)线性相关性很高。6 种细胞因子的检测限分别达到 0.91 pg/mL(IL-1β)、0.47 pg/mL(IL-2)、0.46 pg/mL(IL-6)、1.36 pg/mL(IL-10)、0.71 pg/mL(TNF-α)和 1.08 pg/mL(IFN-γ)。新冠(COVID-19)重症患者血清中细胞因子浓度跨越多个数量级，比如 IL-1β 在 0.5~130 pg/mL、IL-2 在 1~18 pg/mL、IL-6 在 1~10000 pg/mL、IL-10 在 1~20 pg/mL、TNF-α 在 1~1000 pg/mL、IFN-γ 在 4~80 pg/mL，多组分分析方法一般很难达到如此宽的浓度范围。研究人员采用

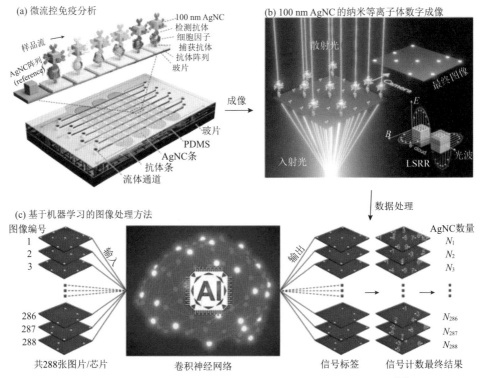

图 4-45　机器学习辅助的微流控纳米等离子共振数字免疫分析[43]

该平台对 40 例新冠重症患者的血清样本进行了分析，25 例未经任何药物治疗的新冠患者血清中全部 IL-6 异常高表达，52%、60%、64%、52%和 80%的患者高表达 IL-1β、IL-2、IL-10、TNF-α 和 IFN-γ，促线性细胞因子和抗炎性细胞因子的高表达与文献报道一致。血清细胞因子的高表达显示多数患者正在经历细胞因子风暴。上述血清细胞因子的分析证实了该方法具有高灵敏度、高准确性、宽动态范围和多组分检测能力，有利于精确、动态监测炎症应答，揭示新冠患者细胞因子风暴本质及其所处的免疫状态，利于新冠分级高效治疗。

参 考 文 献

[1] Tessler LA, Reifenberger JG, Mitra RD. Protein quantification in complex mixtures by solid phase single-molecule counting. Analytical Chemistry, 2009, 81: 7141-7148.

[2] Li W, Jiang W, Dai S, et al. Multiplexed detection of cytokines based on dual bar-code strategy and single-molecule counting. Analytical Chemistry, 2016, 88: 1578-1584.

[3] Xue Q, Jiang D, Wang L, et al. Quantitative detection of single molecules using enhancement of Dye/DNA conjugate-labeled nanoparticles. Bioconjugate Chemistry, 2010, 21: 1987-1993.

[4] Wegner KD, Hildebrandt N. Quantum dots: Bright and versatile *in vitro* and *in vivo* fluorescence imaging biosensors. Chemical Society Reviews, 2015, 44: 4792-4834.

[5] Jiang D, Wang L, Jiang W. Quantitative detection of antibody based on single-molecule counting by total internal reflection fluorescence microscopy with quantum dot labeling. Analytica Chimica Acta, 2009, 634: 83-88.

[6] Zhang Q, Li J, Pan X, et al. Low-numerical aperture microscope objective boosted by liquid-immersed dielectric microspheres for quantum dot-based digital immunoassays. Analytical Chemistry, 2021, 93: 12848-12853.

[7] Han S, Deng R, Xie X, et al. Enhancing luminescence in lanthanide-doped upconversion nanoparticles. Angewandte Chemie International Edition, 2014, 53: 11702-11715.

[8] Wang CL, Li XM, Zhang F. Bioapplications and biotechnologies of upconversion nanoparticle-based nanosensors. Analyst, 2016, 141: 3601-3620.

[9] Farka Z, Mickert MJ, Hlavacek A, et al. Single molecule upconversion-linked immunosorbent assay with extended dynamic range for the sensitive detection of diagnostic biomarkers. Analytical Chemistry, 2017, 89: 11825-11830.

[10] Mickert MJ, Farka Z, Kostiv U, et al. Measurement of sub-femtomolar concentrations of prostate-specific antigen through single-molecule counting with an upconversion-linked immunosorbent assay. Analytical Chemistry, 2019, 91: 9435-9441.

[11] Willets KA, Van Duyne RP. Localized surface plasmon resonance spectroscopy and sensing. Annual Review of Physical Chemistry, 2007, 58: 267-297.

[12] Sevenler D, Trueb J, Ünlü MS. Beating the reaction limits of biosensor sensitivity with dynamic tracking of single binding events. Proceedings of the National Academy of Sciences of the

United States of America, 2019, 116: 4129-4134.

[13] Monroe MR, Daaboul GG, Tuysuzoglu A, et al. Single nanoparticle detection for multiplexed protein diagnostics with attomolar sensitivity in serum and unprocessed whole blood. Analytical Chemistry, 2013, 85: 3698-3706.

[14] Ma J, Zhan L, Li RS, et al. Color-encoded assays for the simultaneous quantification of dual cancer biomarkers. Analytical Chemistry, 2017, 89: 8484-8489.

[15] Wang S, Shan X, Patel U, et al. Label-free imaging, detection, and mass measurement of single viruses by surface plasmon resonance. Proceedings of the National Academy of Sciences of the United States of America, 2010, 107: 16028-16032.

[16] Li J, Wuethrich A, Sina AAI, et al. A digital single-molecule nanopillar SERS platform for predicting and monitoring immune toxicities in immunotherapy. Nature Communications, 2021, 12: 1087.

[17] Mok J, Mindrinos MN, Davis RW, et al. Digital microfluidic assay for protein detection. Proceedings of the National Academy of Sciences of the United States of America, 2014, 111: 2110-2115.

[18] Chuah K, Wu Y, Vivekchand SRC, et al. Nanopore blockade sensors for ultrasensitive detection of proteins in complex biological samples. Nature Communications, 2019, 10: 2109.

[19] Rissin DM, Kan CW, Campbell TG, et al. Single-molecule enzyme-linked immunosorbent assay detects serum proteins at subfemtomolar concentrations. Nature Biotechnology, 2010, 28: 595-599.

[20] Leirs K, Tewari Kumar P, Decrop D, et al. Bioassay development for ultrasensitive detection of influenza a nucleoprotein using digital ELISA. Analytical Chemistry, 2016, 88: 8450-8458.

[21] Obayashi Y, Iino R, Noji H. A single-molecule digital enzyme assay using alkaline phosphatase with a cumarin-based fluorogenic substrate. Analyst, 2015, 140: 5065-5073.

[22] Wu Z, Zhou CH, Pan LJ, et al. Reliable digital single molecule electrochemistry for ultrasensitive alkaline phosphatase detection. Analytical Chemistry, 2016, 88: 9166-9172.

[23] Yelleswarapu V, Buser JR, Haber M, et al. Mobile platform for rapid sub-picogram-per-milliliter, multiplexed, digital droplet detection of proteins. Proceedings of the National Academy of Sciences of the United States of America, 2019, 116: 4489-4495.

[24] Maley AM, Garden PM, Walt DR. Simplified digital enzyme-linked immunosorbent assay using tyramide signal amplification and fibrin hydrogels. ACS Sensors, 2020, 5: 3037-3042.

[25] Todd J, Freese B, Lu A, et al. Ultrasensitive flow-based immunoassays using single-molecule counting. Clinical Chemistry, 2007, 53: 1990-1995.

[26] Ma F, Liu M, Wang ZY, et al. Multiplex detection of histone-modifying enzymes by total internal reflection fluorescence-based single-molecule detection. Chemical Communications, 2016, 52: 1218-1221.

[27] Xu S, Wu J, Chen C, et al. A micro-chamber free digital biodetection method *via* the "sphere-labeled-sphere" strategy. Sensors and Actuators B: Chemical, 2021, 337: 129794.

[28] Pei XJ, Yin HY, Lai TC, et al. Multiplexed detection of attomoles of nucleic acids using fluorescent nanoparticle counting platform. Analytical Chemistry, 2018, 90: 1376-1383.

[29] Zhou J, Wang QX, Zhang CY. Liposome-quantum dot complexes enable multiplexed detection

of attomolar DNAs without target amplification. Journal of the American Chemical Society, 2013, 135: 2056-2059.

[30] Wu X, Li T, Tao GY, et al. A universal and enzyme-free immunoassay platform for biomarker detection based on gold nanoparticle enumeration with a dark-field microscope. Analyst, 2017, 142: 4201-4205.

[31] Zhu L, Li GH, Sun SQ, et al. Digital immunoassay of a prostate-specific antigen using gold nanorods and magnetic nanoparticles. RSC Advances, 2017, 7: 27595-27602.

[32] Chen H, Li Z, Zhang LZ, et al. Quantitation of femtomolar-level protein biomarkers using a simple microbubbling digital assay and bright-field smartphone imaging. Angewandte Chemie International Edition, 2019, 131: 14060-14066.

[33] Chen H, Li Z, Feng S, et al. Femtomolar SARS-CoV-2 antigen detection using the microbubbling digital assay with smartphone readout enables antigen burden quantitation and tracking. Clinical Chemistry, 2022, 68: 230-239.

[34] Zhang QQ, Zhang XB, Li JJ, et al. Nonstochastic protein counting analysis for precision biomarker detection: Suppressing Poisson noise at ultralow concentration. Analytical Chemistry, 2019, 92: 654-658.

[35] Wu C, Garden PM, Walt DR. Ultrasensitive detection of attomolar protein concentrations by dropcast single molecule assays. Journal of the American Chemical Society, 2020, 142: 12314-12323.

[36] He L, Tessier DR, Briggs K, et al. Digital immunoassay for biomarker concentration quantification using solid-state nanopores. Nature Communications, 2021, 12: 5348.

[37] Nie S, Benito-Peña E, Zhang H, et al. Multiplexed salivary protein profiling for patients with respiratory diseases using fiber-optic bundles and fluorescent antibody-based microarrays. Analytical Chemistry, 2013, 85: 9272-9280.

[38] Rissin DM, Kan CW, Song L, et al. Multiplexed single molecule immunoassays. Lab on a Chip, 2013, 13: 2902-2911.

[39] Wu CN, Tyler JD, David RW, et al. High-throughput, high-multiplex digital protein detection with attomolar sensitivity. ACS Nano, 2022, 16: 1025-1035.

[40] Yi JW, Gao ZH, Guo QS, et al. Multiplexed digital ELISA in picoliter droplets based on enzyme signal amplification block and precisely decoding strategy: A universal and practical biodetection platform. Sensors and Actuators: B. Chemical, 2022, 369: 132214.

[41] Michele G, Richard L, Jackie F, et al. Multiplex single molecule counting technology used to generate interleukin 4, interleukin 6, and interleukin 10 reference limits. Analytical Biochemistry, 2016, 503: 11-20.

[42] Zhou Y, Zhao WQ, Feng YZ, et al. Artificial intelligence-assisted digital immunoassay based on a programmable-particle-decoding technique for multitarget ultrasensitive detection. Analytical Chemistry, 2023, 95: 1589-1598.

[43] Gao ZQ, Song YJ, Te YH, et al. Machine-learning-assisted microfluidic nanoplasmonic digital immunoassay for cytokine storm profiling in COVID-19 patients. ACS Nano, 2021, 15: 18023-18036.

第 5 章　均相数字免疫分析

免疫反应过程中不需要洗脱和去除游离的抗体及基质分子,直接将免疫复合体离散、识别、检测、统计的数字免疫分析称为均相数字免疫分析。均相免疫分析的检测体系中含有大量游离的标记抗体,其信号与免疫复合体相同,若无法区分免疫复合体和游离抗体的信号差异,则难以进行免疫复合体的计数测量。因此,均相数字免疫分析的关键是构建出能够区分开免疫复合体信号和游离探针信号的识别方法。现有的均相数字免疫分析大致利用三类信号的差异识别区分免疫复合体和游离探针,即光信号差异、扩散差异和结合差异(图 2-5)。其中利用光信号差异构建的均相数字免疫分析案例最多。利用扩散差异和结合差异的均相免疫分析方法较少。

5.1　光信号差异识别

光信号差异识别分为强度差异和光谱差异两大类。强度差异识别包括强度增强和强度减弱。光谱差异包括时间符合和空间重叠。下面分别加以介绍。

5.1.1　光强度差异

利用免疫复合体和游离探针的信号强度差异进行识别,主要包括邻位核酸转换信号识别、等离子体纳米气泡增强识别和共振能量转移降低识别,前两种属于强度增强差异识别,后一种属于强度减弱识别。

1. 邻位核酸转换信号识别

在捕获抗体和检测抗体上分别标记单链核酸片段,当抗体之间形成免疫复合物时,两个 ssDNA 片段距离靠近,成为邻位核酸。对这两个邻位核酸片段进行连接、扩增、杂交、置换等操作,将检测免疫复合体的任务转换为检测核酸的增强信号。在数字免疫分析中出现两类邻位核酸转换信号识别方法。一是液滴离散邻位核酸连接法;二是微池离散邻位核酸置换法。

1)液滴离散邻位核酸连接

邻位核酸连接(proximity ligation assay,PLA)于 2002 年由 Landegren 等[1]

提出。在两个抗体上分别连接一段 ssDNA 片段，免疫复合物形成后，2 条 ssDNA 尾部在空间上紧密靠近,用过量的互补连接序列和 DNA 连接酶将两个紧邻 ssDNA 的游离 5′端和 3′端与互补序列杂交，完成连接，形成一个环状的检测抗体-抗原-捕获抗体-单链 DNA 的复合物。再用实时荧光定量 PCR 对复合物中的单链 DNA 部分扩增，根据扩增 DNA 的量测量抗原，将对免疫复合物的检测转变为对 DNA 的检测[图 5-1（a）]。由于经过 PCR 扩增，1 个免疫复合体的信号转化为大量的 DNA 信号，信号显著增强，灵敏度是 ELISA 的 1000 倍。

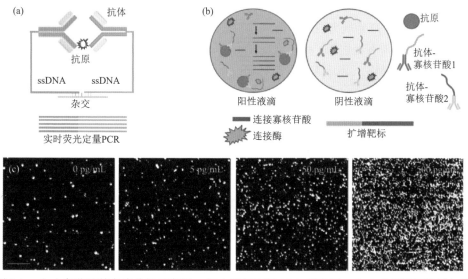

图 5-1 （a）邻位连接免疫分析示意图；（b）液滴离散 PLA 示意图；（c）发光液滴数量与抗原浓度的相关性成像结果[2]

2020 年，Byrnes 等[2]将 PLA 转移到液滴中完成，实现了简易版的数字免疫分析方法。他们用多分散液滴离散 PLA 溶液，在液滴中完成免疫和 DNA 连接后，转移至离心管中进行热循环 PCR，含有免疫复合物的液滴发荧光[图 5-1(b)]。荧光显微镜成像计数发光液滴，发光液滴的数量随着抗原浓度的增加而增加[图 5-1(c)]。以 IL-8 为对象，检测限为 0.793 pM。与其他均相数字免疫分析相比，检测效果并不理想。这很可能是因为巧合连接造成 PLA 方法的假阳性信号本身就比较高，转移到液滴中试剂浓缩，进一步提高了假阳性信号产生的概率。

2) 微池离散邻位核酸置换

PLA 法需要使用酶和 PCR，而且非特异吸附产生的邻位连接背景较高，灵敏度降低。Carlo 等提出了等温无酶的熵驱动放大数字免疫分析方法[3]。如图 5-2 所示，检测抗体上标记带有立足点(toehold)区域的单链核酸片段(CS1)，捕获抗体标记另一序列的单链核酸片段(CS2)，形成免疫复合物后，CS1 和 CS2 紧邻靠近。

它们与底物 DNA 片段(MS)结合，发生系列置换反应。CS1 的立足点锚定到 MS 上，CS2 杂交，CS1 置换掉 MS 上的序列，生成目标序列 1(TS1)。TS1 与信号探针反应，置换掉猝灭序列，产生荧光信号。只有在免疫复合物生成，CS1、CS2 邻位的条件下，后续的置换反应才能发生，因此荧光信号与抗原浓度相关。哑序列(DS)与置换掉 TS1 后的底物剩余部分继续反应，将邻位的 CS1 和 CS2 置换掉，免疫复合体脱离底物，生成废弃序列和目标序列 2(TS2)。脱离的免疫复合体与新的底物结合，进入下一个循环，形成放大回路。这个反应中，一步混合 CS1、CS2、MS、DS 以及荧光探针，无需分离洗脱，邻位 CS1、CS2 反复循环，置换生成的 TS1 与荧光探针结合，产生放大的荧光信号。在宏观体系下，流感核蛋白检测低至 10 fM，整体的分析效果不甚理想。将这个反应转移至微池芯片上完成，开发出数字免疫分析。芯片由 PDMS 光刻成 10×3 的区块。每个区块在 2 mm×2 mm 显微镜视野内，含有 58×58（3364）个微池，每个微池直径 15 μm，深 15 μm，体积约 2.65 pL。无待测分析物不形成邻位 DNA，不引发置换循环放大，不产生荧光信号，微池中无荧光，该微池计为 0。反之，含有待测分析物的微池产生荧光信号，计为 1。发光微池数量与抗原浓度在 4 aM～1 fM 之间线性正相关，检测效果显著增强。

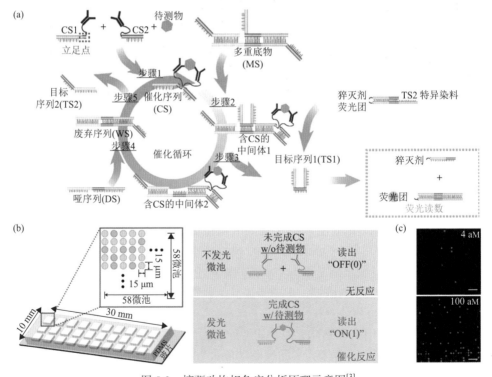

图 5-2 熵驱动均相免疫分析原理示意图[3]

(a)DNA 置换反应循环放大过程；(b)数字免疫分析示意图；(c)流感核蛋白检测成像结果

2. 等离子体纳米气泡增强识别

贵金属纳米颗粒受到等离子体共振光激发时，高效地将光能转化为热能，纳米粒子局部温度升高，周围液体气化产生气泡，称为等离子体纳米气泡(plasmonic nanobubble，PNB)。PNB 具有独特的光热效应，已经用于细胞治疗、细胞成像、药物释放传递等领域。PNB 的产生机理、影响因素、动力学等基础理论还不完善。但现有的实验结果已经表明，金纳米颗粒的 PNB 散射强度与金颗粒的大小、结构、团聚度、激光发强度等相关，60 nm 金颗粒的 PNB 强度比金颗粒自身高 10 倍左右[4]。

Ye 等利用 PNB 散射增强效应构建了用于病毒检测的数字免疫分析方法。孵育 30 分钟，检测 10 分钟即可得到结果，检测限达到 100 PFU/mL [5]。呼吸道合胞病毒(RSV)感染是婴幼儿发生呼吸道感染的主要原因，早期确诊感染情况才能及时对症治疗。将直径 15 nm 的金纳米颗粒通过 3,3'-二硫代双(磺酸琥珀酰亚氨基丙酸酯)交联到 RSV 抗体上，与病毒在室温下孵育，抗体特异性识别病毒表面的融合蛋白。每个病毒上结合大量的金颗粒(具体数值不详)，这导致病毒的等离子体气泡散射强度与游离金颗粒的等离子体气泡强度显著不同，无需洗脱游离的金颗粒，即可实现均相检测病毒。等离子体气泡既是一种信号放大手段也是一种离散方法。如图 5-3 检测原理示意图所示，样品注入 200 µm 内径的方形毛细管，压力驱动样品以 6 µL/min 的速度流过检测区。检测区由两束激光构成，一束是 532 nm 的脉冲激光，用于辐射金颗粒加热产生气泡；另一束是 633 nm 的连续激光，用于检测 PNB 散射光。气泡的寿命只有几纳秒。图 5-3(c)用虚线柱形示意为虚拟离散空间，当气泡中包裹了病毒，PNB 强度增大，计为 "On"。游离的金颗粒不产生 PNB，散射强度小，计为 "Off"。图 5-3(d)是不同浓度的病毒 100 个脉冲的检测结果。阳性信号和阴性信号通过振幅和曲线下面积识别。以阳性信号出现的频率为定量参数，作标准曲线如图 5-3(e)所示。

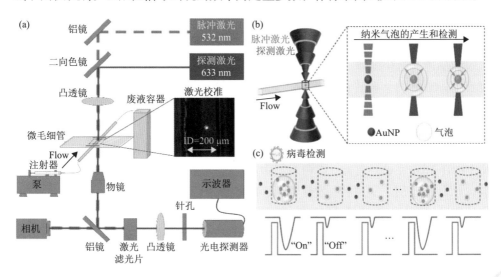

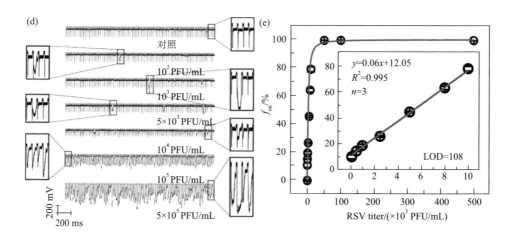

图 5-3　数字等离子体纳米气泡检测原理[5]

(a)实验设备结构示意图；(b)纳米气泡的产生和检测流程；(c)病毒检测过程，on 代表阳性信号，off 代表阴性信号；(d)典型的 PNB 序列信号(100 个脉冲)；(e)RSV 定量曲线，on 信号出现的频率为纵坐标，内插图是线性范围

等离子体纳米气泡检测法虽然表现出均相数字病毒分析的能力，但在以下几方面还有待进一步发展。第一，研究对象扩展到大分子蛋白是个难点。病毒体积大，聚集的金纳米颗粒多，PNB 信号强，容易检测。蛋白分子只能有两个金纳米颗粒，PNB 信号能否足够区分免疫复合体和游离单体是个疑问。第二，由于激光焦斑 20 μm，检测效率仅有 10%，大量的样品没有经过激光焦斑，检测灵敏度和动态范围受限。第三，没有表现出多组分检测的能力。

3. 共振能量转移降低识别

通过光信号强度差异实现均相数值免疫分析的另一个例子是利用上转换纳米发光材料(UCNP)完成的。PAA 修饰的 NaYF$_4$:Yb^{3+}, Er^{3+}上转换纳米粒子，直径在 42 nm 左右，EDC 活化后连接上 PSA 检测抗体。直径 60 nm 的金颗粒(GNP)通过疏基连上捕获抗体。加入 PSA 抗原后，UCNP 和 GNP 形成夹心结构的免疫复合体。GNP 的共振散射光谱(最大峰 540 nm)与 UCNP 的荧光发射光谱(最大峰555 nm)重叠，当二者距离足够小时可以发生共振能量转移，UCNP 发射荧光被GNP 吸收，UCNP 荧光猝灭降低。图 5-4 示意了免疫分析过程。在常规的正置荧光显微镜上，配备 980 nm 的连续激光为激发光源，40 倍的物镜收集单颗粒成像。将 UCNP 固定在玻片表面，空白对照中没有抗原时，统计发出绿光的 UCNP 粒子数，计为 N_0。加入抗原后，发生猝灭，绿色粒子数减少，计为 N_i。以减少的粒子数比例即 $(N_0-N_i)/N_0$ 为定量参数。检测限为 1.0 pM，动态范围最高到 60 pM[6]。相对高的检测限和窄的动态范围很可能由于共振能量转移效率低，猝灭效果不理想以及 UCNP 发光不均匀等原因。

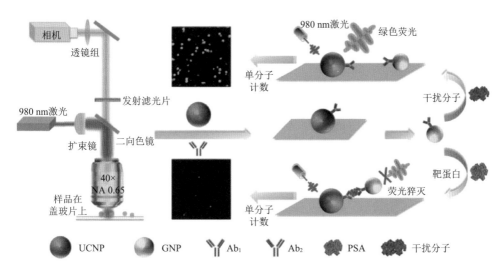

图 5-4　基于上转换纳米发光材料与金纳米粒子之间发光能量转移的均相数字免疫分析方法示意图[6]

UCNP 为能量供体，GNP 为能量受体，二者经免疫反应形成夹心结构后，UCNP 荧光被猝灭

金颗粒除了能作为能量受体接受供体能量，猝灭供体荧光之外，也可以作为能量供体，自身散射被受体猝灭。2007 年，Lee 等用暗场显微镜发现，表面吸附了细胞色素 c 的金纳米颗粒的散射光谱出现猝灭凹陷，凹陷波长与细胞色素 c 的最大吸收峰波长一致。提出了细胞色素 c 通过等离子体共振吸收了金纳米颗粒的部分能量，导致其散射强度降低[7]。这是关于等离子体共振能量转移的第一次报道。此后，逐渐认识到等离体子共振能量转移(plasmon resonance energy transfer，PRET)是贵金属纳米颗粒与受体分子近距离共振耦合，且满足能量转移条件时，供体能量非辐射转移到受体分子上的现象，等离子体共振散射光谱表现出强度降低或量子猝灭凹陷(quantum quenching dips)。PRET 的发生条件与 FRET 类似，均须供体发射光谱与受体吸收光谱重叠、偶极矩方向一致、供受体之间距离不太远。然而，高效的 PERT 体系并不容易构建。常用的 PRET 受体主要包括细胞色素 c、Cu^{2+} 配位络合物、I_3^- 等。

我们课题组 2019 年报道了金颗粒和量子点之间的 PRET 现象，并据此建立了单颗粒均相免疫分析方法[8]。直径 70 nm 的金颗粒与 QD800 通过双链 DNA 连接，用暗场显微镜观察单个金颗粒的光谱。对照组中单个纳米颗粒的原位光谱强度在 80 分钟内保持稳定，而结合了 QD 的金颗粒强度下降。将金颗粒在最大散射波长处的强度统计分布成直方图，图 5-5 可以看到，空白对照呈高斯分布，而连接了 QD 的样本则出现了双峰分布。定义 PRET 转移效率公式为

$$PE = \frac{P_a^w}{P_a^s} - \frac{P_0^w}{P_0^s} \tag{5-1}$$

式中，P_0^w，P_0^s 分别为空白对照分布中弱于期望值的概率密度；P_a^w，P_a^s 分别为样本分布中弱于空白对照分布期望值的概率密度。公式的物理意义即为 PRET 对空白分布的扭曲程度。如果没有发生 PRET，分布与空白相同，PE 为 0；PRET 效率越高，弱于期望值的金颗粒比例越高，PE 值越大。PE 与 DNA 长度相关，在 10~27.5 nm 之间，15 nm 距离 PRET 最大，随后逐渐降低。

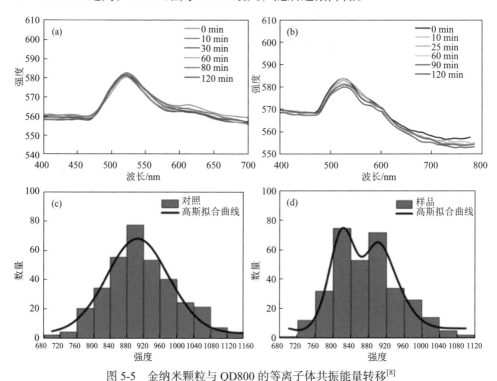

图 5-5　金纳米颗粒与 QD800 的等离子体共振能量转移[8]

(a)单个金颗粒散射光谱随时间的变化；(b)单个金颗粒结合了 QD800 的散射光谱随时间的变化；(c)对照空白样品中金颗粒散射强度(555 nm 处)分布直方图；(d)金颗粒连接了 QD800 的散射强度分布直方图

　　进一步将 PRET 用于均相免疫分析中。如图 5-6 所示。检测抗体通过其伯氨基团与吸附在金颗粒上的双链 DNA 5′端羧基反应而固定在金颗粒表面。暗场显微镜下，发出较强的散射光。捕获抗体通过伯氨基团与量子点的羧基反应而固定在量子点表面。加入 PSA 抗原后，由于抗原-抗体的特异性结合形成 CA-GNPs@Antigen@DA-QDs 免疫夹心结构。金纳米颗粒与量子点的偶联导致两者之间距离大为缩短，两者满足等离子体共振能量转移的发生条件。在暗场显微镜的观察下，偶联了量子点的金纳米颗粒散射光强下降。抗原浓度越大，其散射强度下降得越明显。游离的金和 QD 之间不发生 PRET。按照式(5-1)，计算能量转移效率。以 PE 与不同浓度 PSA 标准溶液的响应为标准曲线。在信噪比为 3σ 时，PSA 检测限低至 0.2 fM。线性范围为 $0.3\sim200.0$ fM。该方法灵敏度高的原因可能为：①量子点的吸收截面大，因而共振能量转移效率高；②金纳米颗粒散射光强且稳定；③单颗粒暗场成像的信噪比高。

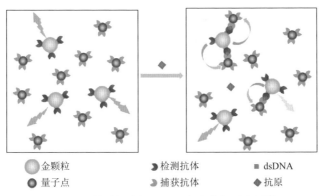

图 5-6　单颗粒均相 PRET 免疫分析示意图[8]

　　严格来说，上面两个例子与数字免疫分析有一定的区别。它们是通过共振能量转移导致的发光强度下降识别免疫复合体，进而通过统计分析单颗粒变化比例为定量参数，而不是通过发生变化的单颗粒数量进行定量。共振能量转移效率的高低在很大程度上影响定量方法的灵敏度。

5.1.2　光谱差异

　　在捕获抗体和检测抗体上分别标记光谱不同的光学标签，游离的捕获抗体或检测抗体只有一种光学信号。不考虑非特异性吸附时，免疫复合体同时发出两种光谱信息有差异的光学信号，它们在时间或空间上重合。这是非常直观的均相数字免疫分析的构建策略。然而，这种策略要求标记物信号足够强，单个标记物的光学信号足以在高通量检测中压制背景噪声。

　　1. 时间上的符合（coincidence）

　　2006 年，在单分子计数检测的早期阶段，聂书明等[9]在 TNF-α 的捕获抗体和检测抗体上分别标记绿色（直径 40 nm，$\lambda_{ex}=505$ nm，$\lambda_{em}=515$ nm）和红色（直径 40 nm，$\lambda_{ex}=488$，$\lambda_{em}=645$ nm）荧光微球，与抗原孵育后注射到方形毛细管中。如图 5-7 仪器构造图所示，488 nm 激光经 100 倍物镜聚焦激发流经激光焦斑的荧光物质，产生的荧光信号由同一个物镜收集。荧光穿过第一块二向色镜，滤除蓝色激发光，经 100 μm 小孔，其中的绿色荧光由第二块二向色镜反射，进入雪崩二极管（APD-1），红色荧光穿过第二块二向色镜经反射镜进入雪崩二极管 2（APD-2）。两个检测通道的单光子事件经符合器判断是否为相符信号。相符则意味着两个探针分子同时出现在检测区中。两个游离的探针分子同时随机出现在检测区的概率极小。而免疫复合体由两个探针分子构成，在两个检测通道中均有响应，检测为符合信号。符合信号即意味着免疫复合体。图 5-8 为两个检测通道中的单光子信号及符合信号。左列为无抗原。绿色通道和红色通道均有光子爆发信号，但没有符合信号。右列加入抗原，形成免疫复合体，在符合检测器中出现符合信号。符合信号的个数随着抗原浓度的增加而增加，由于 Hook 效应达到平台。检测下限在20～30 fM，检测效率约40%。

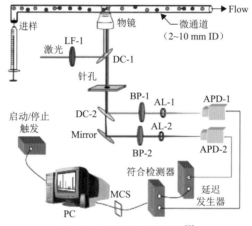

图 5-7　仪器构造示意图[9]

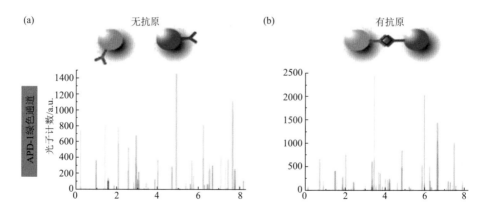

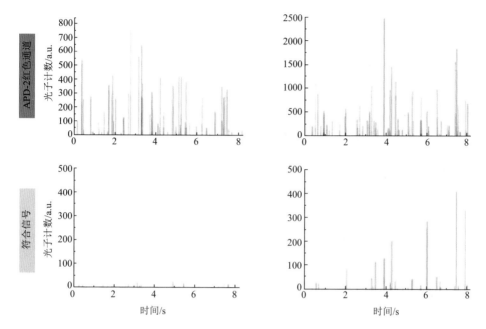

图 5-8 绿色（第一行）、红色（第二行）检测通道以及符合器通道（第三行）中的光子爆发数据[9]

左列无抗原；右列加入 50 pm/mL TNF-α

2. 空间上的重叠（overlap）

光谱不同的标记，也即异色标记，在空间上的重叠表现为颜色的调和，比如绿色和红色在空间上的重叠调和为黄色。通过颜色的差异识别游离抗体和免疫复合体。对于光谱相同的探针在空间上的重叠，需要借助标记物自身的特殊光学性质加以识别。下面分别介绍。

1）异色标记

捕获抗体和检测抗体分别结合到 QD655（红色）和 QD565（绿色）表面，用配备了彩色 CCD 的倒置荧光显微镜成像[10]。如图 5-9（a），CEA 浓度为 0 时，未形成免疫复合物，抗体皆为游离状态，图片中均为红色或绿色光斑。一旦形成免疫复合物，QD655 的红色荧光和 QD565 的绿色荧光接近，且距离小于 200 nm，在衍射极限范围内，红色光斑和绿色光斑在空间上不能区分，叠加为黄色光斑[图5-9（b～d）]。随着抗原浓度升高，黄色光斑个数增多，直到 CEA 与 CA-QD655 的比值为 1：1，而当 CEA 过量时则下降。以黄点与红点的比率定义为免疫复合物率。通过绘制以蛋白浓度的对数为横坐标，免疫复合率为纵坐标的图 5-9（e）进行定量。在信噪比为 3σ 下，CEA 和 AFP 的最低检测值分别为 6.1 pM 和 9.5 pM。这个检测限值与大多数基于单粒子计数的非均相免疫检测结果相当。

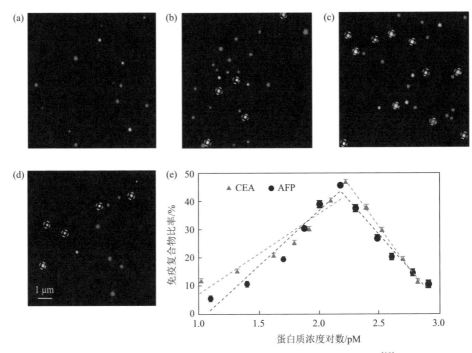

图 5-9　CA-QD655-CEA-DA-QD565 复合物的光谱成像图[10]

曝光时间 1500 ms。CEA 浓度分别为 0(a)，41.67 pM(b)，166.67 pM(c)，333.33 pM(d)。为方便识别将黄色光斑用虚线圆圈标注。(e) 免疫复合物比率与 CEA 浓度的对数图

2) 同色标记

异色重叠的方法简单易行，然而由于彩色 CCD 灵敏度较低，检测限较高，尚不能达到数字免疫分析的一般水平。在单分子单颗粒成像领域使用更广泛的成像检测器是电子倍增 CCD(EMCCD)。它的灵敏度更高，但由于是灰度显示，无法区分颜色和光谱。我们课题组发展了基于透射光栅的单分子单颗粒光谱成像方法[11-13]。如图 5-10(a) 所示，在荧光显微镜检测器前插入透射光栅。单分子荧光在 EMCCD 芯片上色散为零级光谱光斑和一级光谱。零级光谱光斑与没有光栅时的光斑位置一致。零级光谱光斑和一级光谱条纹的距离(L)与荧光波长(λ)以及透射光栅相关，即 $L=\lambda S/d$。S 为光栅与 EMCCD 芯片距离，d 光栅常数(1/70 mm)。图 5-10(b) 是不同荧光发射波长量子点的单颗粒光谱成像，为节约空间将零级和一级之间没有信息的部分删掉。从图中可以看到不同量子点的一级光谱条纹与零级光谱光斑的距离不同，荧光波长越长的量子点的一级光谱条纹与零级光谱光斑之间的距离越大。当两种甚至三种不同荧光的量子点在空间上重叠时(互补 DNA 连接)，零级光谱光斑无法区分两种量子点，但在一级光谱上可以看到两个或三个条纹。我们利用单颗粒荧光光谱成像方法，观察单个量子点在连续照明时的光学

性质，可以看到三个现象，如图 5-11 所示。一是量子点的荧光强度在明暗相间的变化，称为闪烁[图 5-11（a）]；二是一级光谱向零级光谱移动，称为蓝移[图 5-11（b）]；三是视场内的量子点个数逐渐减少，为光漂白[图 5-11（c）]。QD 闪烁是因为电子光激发跃迁到导带后被表面缺陷短暂捕获，阻碍了跃迁回价带发光。蓝移是由于光氧化导致 QD 内核尺寸减小。蓝移的波长幅度与激发波长和量子点种类有关，QD525、QD585、QD655 的蓝移波长幅度一般在 15 nm、30 nm、55 nm 左右。量子点具有耐光漂白的性质，但并不是不漂白。向溶液中加入巯基乙胺（MEA）可以抑制光漂白和光谱蓝移。

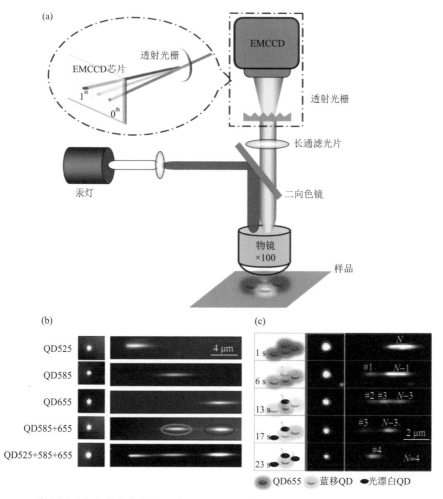

图 5-10　单个量子点光谱成像仪器示意图（a），局部放大图为透射光栅色散示意图；单个量子点光谱成像图（b）；量子点多聚体光谱蓝移过程（c）

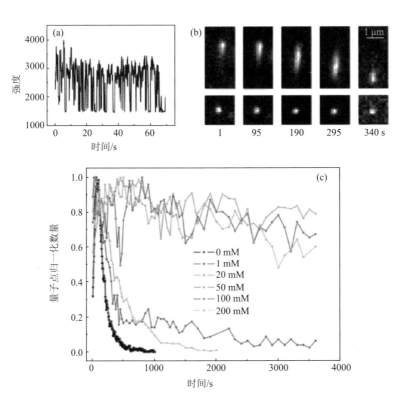

图 5-11 溶液中单个量子点在持续光照下的光学性质[11]

（a）闪烁；（b）光谱蓝移；（c）添加 MEA 对光漂白影响

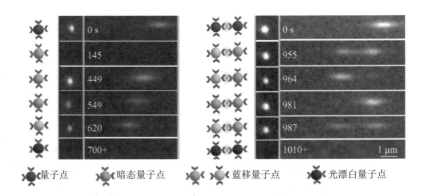

图 5-12 单个 QD 和 QD 二聚体在连续光照下的典型光谱蓝移[14]

从左到右表示 QD、零级光谱光斑和相应的一级光谱条纹的状态。表现为一级光谱条纹的分裂。通过一级光谱的
分裂区分免疫复合物和游离抗体，统计复合物比例，进行定量

在研究单个量子点光谱性质的同时，我们观察到了即使是同一种量子点，个体与个体之间的蓝移速率也存在差异，表现为一级光谱的分裂。图 5-10(c) 示意了 4 个量子点组成的团聚体的光谱蓝移过程。每个 QD 的氧化速率的微小差异，导致光谱蓝移速率不同，一级光谱依次发生分裂。我们据此建立了同色量子点标记均相数字免疫分析方法[14]。没有形成免疫复合物的游离检测抗体和游离捕获抗体只标记了一个量子点，其光谱只蓝移，不分裂。如图 5-12 左列的一级光谱条纹在漂白之前只向零级光谱光斑移动，不发生分裂。夹心结构的免疫复合物中含有两个量子点，仅依靠荧光强度并不能准确地识别为二聚体，而通过持续观察一级光谱条纹可以看到最初完整的一级光谱条纹逐渐分裂为两个条纹，最后漂白(图 5-12 右列)。这是因为两个量子点的一级光谱均发生蓝移，但蓝移速率有差异。通过一级光谱条纹的分裂识别免疫复合体，进而统计定量。以 CEA 和 AFP 为检测对象，随着抗原浓度的增加，二聚体出现率逐渐增高，当捕获抗体与抗原的比值约为 1∶1 时，达到最大值，然后下降。CEA 浓度与二聚体比例呈对数线性关系，在 0.014～43.892 pM 和 43.892～1365.521 pM 范围内为线性。相当于总可探测范围超过 5 个数量级。甲胎蛋白(AFP)在 0.018～51.376 pM 和 51.376～1644.047 pM 范围内呈线性关系。在信噪比为 3 的条件下，CEA 和 AFP 的最低检出值分别为 6.7 fM 和 3.4 fM。

3) 多组分分析

在上述研究基础上，我们进一步提出同时利用同色标记和异色标记实现二组分均相免疫分析的方法。QD585 标记到 AFP 的捕获抗体和检测抗体上，与 AFP 形成的夹心结构免疫复合体含有两个 QD585，利用图 5-13 的一级光谱分裂方法识别免疫复合体。QD655 标记 CEA 捕获抗体，QD585 标记 CEA 检测抗体，与 CEA 形成的夹心免疫复合物含有 1 个 QD655 和 1 个 QD585，利用它们显著的一级光谱差别识别。没有形成复合物的游离抗体均只有 1 个 QD，对应一个一级光谱条纹。识别并统计两种二聚体分别所占比例，分别定量 CEA 和 AFP，实现在一次实验中同时定量两种肿瘤标志物。在信噪比 3 时，CEA 和 AFP 的检测限分别为 0.10 pM 和 0.02 pM，与单组分相比有所下降，但比彩色 CCD 检测灵敏度要高一个数量级。理论上，这种编码方法可以实现 $N(N+1)/2$ 种肿瘤标志物的同时检测，N 为量子点种类数量。使用 2 种 QD，可以实现 3 组分的检测。但在实践中发现，不同量子点的发光强度不同，在同一个成像条件下所有量子点很难同时得到高品质的成像效果，量子点种类越多，互相影响得越明显，造成免疫复合体漏数，影响定量结果。而且为了观察一级光谱分裂，每次成像均须确认视野内的量子点发生光漂白，这导致成像时间较长，不利于快速检测。

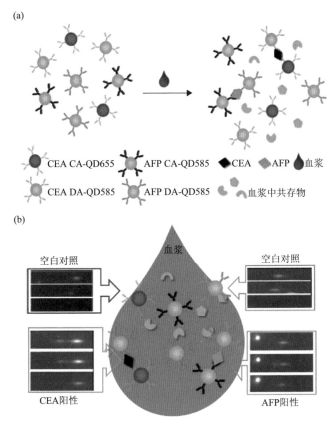

图 5-13　双组分肿瘤标志物均相免疫分析检测原理图及光谱识别结果图[15]

为了提高检测组分数，克服同色标记量子点带来的成像时间长和异色量子点标记带来的荧光强度不匹配的问题，将金纳米颗粒与量子点配对使用，利用金颗粒的散射光谱和量子点的荧光光谱空间重叠实现三组分均相数字免疫分析。以同时修饰了 CEA、AFP、PSA 三种肿瘤标志物检测抗体的 70 nm AuNP 作为散射标记物，以分别修饰一种目标物捕获抗体的 QD525、QD585 和 QD655 作为荧光标记物，如图 5-14(a) 所示。免疫反应后，取 5 μL 反应液滴在载玻片上，盖上盖玻片用指甲油封好，置于配备了暗场模式的荧光显微镜载物台上，用暗场成像和荧光成像模式分别记录，然后叠加两种成像模式的结果。由于反应液中含有多种状态的反应产物，它们对应的单颗粒水平上的散射光谱和荧光光谱的重叠形态不同，以此作为识别不同免疫复合物的判据。图 5-14(b) 为免疫反应体系中物质不同的结合状态；图 5-14(c) 为单个量子点荧光光谱成像示意图，红色仅示意为荧光模式以区别于散射模式，并不代表量子点的荧光光谱颜色;图 5-14(d) 为散射光谱成像模式，用绿色表示，由于金颗粒的散射光谱较 QD 的荧光光谱宽（550 nm±50 nm），因此金颗粒的一级光谱条纹要长于 QD 的一级光谱条纹；图 5-14(e) 为二者叠加情况；图 5-14(f) 将一级光谱的二维像转换为一维光谱形式。第 1，2，3 行为游离的量子点，第 4 行为游离的金纳米颗粒，它们对应的荧光光谱和散射光谱均只表现为一个零级光谱光斑和一个一级光谱条纹。第 5 行为 1 个金颗粒与 1 个 QD525 和 CEA 形成的复合物，既有荧光光谱也有散射光谱，荧光最大发射波长 525 nm，叠加之后黄色出现在散射光谱的左侧。第 6 行为 1 个金颗粒、1 个 QD585 和 AFP 的免疫复合体，荧光在 585 nm，重叠后散射光谱的右侧呈黄色。第 7 行为 1 个金颗粒、1 个 QD685 和 PSA 的免疫复合体，荧光在 655 nm，因此重叠后荧光光谱在散射光谱的外侧。第 8 行为 1 个金颗粒、1 个 QD525、1 个 QD655 形成的免疫复合体，重叠后散射光谱左侧和外侧呈黄色。第 9、第 10 行是另外两种情形。实验中没有观察到 1 个金上连接三种 QD 的结果。总之，由肿瘤标志物分子诱导生成含 1 个 AuNP 和 1 个或多个 QDs 的免疫复合物，因而免疫复合物具有两种信号——荧光和暗场散射，以此区别于仅有一种信号的游离探针和非特异性结合探针。在以透射光栅为基础的显微光谱成像下，两个步骤实现三种目标物的定量：第一步以散射和荧

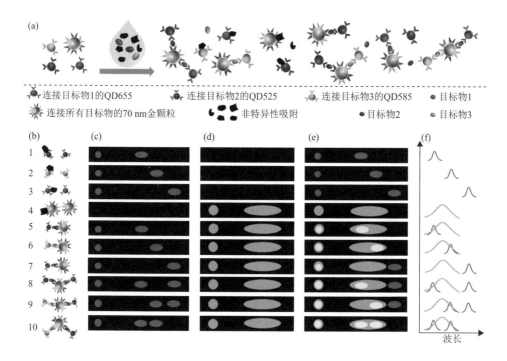

图 5-14 多组分免疫分析原理[16]

（a）三组分均相免疫分析；（b）免疫反应中可能的探针；（c）荧光光谱图并以红色着色；（d）散射光谱图并以绿色着色；（e）图像（c）和（d）的重叠图像；（f）图像（e）的相应转换光谱图

光重叠为判别标准鉴定出免疫复合物；第二步以荧光一级光谱条纹位置为判别标准鉴定出复合物中目标物的种类并计数。在 PBS 体系中，CEA、AFP 和 PSA 的检测限分别为 30 fM、10 fM 和 50 fM。在血清中，CEA、AFP 和 PSA 的 LOD 分别为 100 fM、20 fM 和 60 fM，与在 PBS 体系中获得的 LOD 值非常接近，证明该方法有效地消除了非特异性吸附的影响。另外，QD525 和 QD585 和金颗粒连接后，荧光强度略有降低，但不影响在单颗粒水平上对它们的荧光信号观测。

5.2　扩　散　差　异

利用免疫复合物与游离探针扩散行为的差异识别免疫复合体的方法，由 Noji 课题组 2019 年最早报道[17]，2020 年发展为双组分肿瘤标志物免疫分析方法[18]。

5.2.1　基本原理

图 5-15 示意了扩散差异均相免疫分析的过程。将直径 550 nm 的磁珠连接上捕获抗体，在溶液中与抗原溶液孵育反应后，注入检测芯片的反应通道中（图 5-15A）。反应通道中刻蚀了 550 万个微反应池。每个微池直径 2.5 μm，深 0.9 μm。微池的底部通过柔性连接臂固定检测抗体。芯片置于磁场上。在磁力和流体剪切力的共同作用下，磁珠进入微池中。封装了一个磁珠的微池数占输入总磁珠（100 万）的比率约 25.6%。在微池中反应 5 分钟后，以暗场成像模式，利用 60 倍物镜和高速相机以每秒 5000 帧的速度记录粒子的中心运动轨迹（图 5-15B）。由于磁珠在微池中的运动状态不同，表现出不同的扩散行为。游离的磁珠没有结合到微池上，表现为自由扩散[图 5-15C（a）]。形成夹心结构免疫复合物的磁珠表现出受限的布朗运动[图 5-15C（b）]。非特异吸附的磁珠，牢固地吸附在底部，保持静止无位移。三种运动状态对应的轨迹如图 5-15D 所示。其中受限布朗运动中有 2% 为偏向运动轨迹，这是因为粒子与表面之间通过两个连接键连接。为了进行定量分析，测量每个磁珠的均方差位移（MSD）。抗原浓度为 0 时，均方差位移分为两组，一组是 MSD 随时间线性增加；另一组是几乎不变。对应着自由扩散和吸附在表面两种情况。加入抗原后，均方差多出了一个饱和组，0.02 s 以后 MSD 不大于 0.03 μm^2，原因在于柔性连接臂大约 80 nm 长，其运动范围受到连接臂的限制。通过 MSD 计算出磁珠 0～0.02 s 内的扩散系数。扩散系数的分布中出现两组（无抗原）或三组峰（有抗原）。通过测量扩散系数进行分类，需要存储大量数据，不适于实际应用。用均方差位移的平方根（RMSD）分布能够得到和扩散系数分布同样的区分效果。

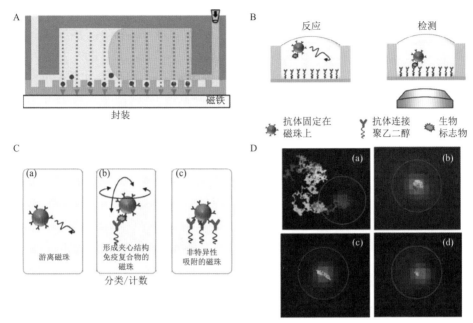

图 5-15　基于扩散系数差异的均相数字免疫分析原理图[17]

A. 磁珠在注入检测通道，在磁力和油的流体剪切力驱动封装到微池中；B. 进入微池的磁珠与微池底部的检测抗
体反应；C. 微池中的磁珠三种运动状态；D. 运动轨迹分析，状态与图 C 对应。暗场下 1 秒内采集 5000 帧图片，
受限布朗运动中有偏向运动。轨迹颜色为时间，0 s（蓝色），1 s（红色）

图 5-16 展示了不同 PSA 浓度下 RMSD 的分布和定量结果。峰 1 是非特异吸
附静止磁珠，峰 3 是自由扩散磁珠，峰 2 是免疫复合物磁珠。将峰 2 在总检测磁
珠数的占比定义为活性比例，作为定量参数。抗原浓度为 0 时，也有峰 2 说明有
非特异吸附干扰。非特异性吸附干扰随着在微池中孵育时间增加而趋于严重。在
微池中短时间反应 5 分钟能消除一部分干扰。如果不使用微池离散的话，信噪比
下降 80 倍。图 5-16（d）表明此方法在三个数量级内为线性关系，检测限为 0.093
pg/mL。RMSD 峰的展宽和重叠影响定量的准确性。峰的展宽主要来源于颗粒自
身大小的不均匀，磁珠尺寸变异系数为 29%。虽然使用尺寸变异系数更小的聚苯
乙烯微球（CV 8%）可能会降低峰的展宽，但是随之带来微池中微球装载率的下
降。无磁力辅助的装载率下降 570 倍。

引入荧光强度和置信椭圆的长短轴比校正磁珠的不均一性是 Noji 课题组提出
的方案[19]。将磁珠上连接 Alexa488 染料，记录磁珠运动过程的同时记录荧光强度
变化，RMSD 与荧光强度的平方根相乘，作为校正后的一个参数（$RSMD_{eff}$）。取
磁珠运动轨迹分布 95% 置信椭圆的长短轴比（AR）为校正的另一个参数。用这两个
参数评估无抗原和抗原充分过量的二维分布图，人为划定一个区域为阳性信号区。

这个区域为：AR 在 1~2 之间，$RSMD_{eff}$ 在多键结合 $RMSD_{eff}$ 均值的 +10 倍方差和自由扩散 $RMSD_{eff}$ −3 倍方差之间。图 5-17 中红色方框所示区域。虽然这个区域的物理意义不明确，但在定量中表现上降低了检测限和变异系数。PSA 检测限由单一的 RMSD 0.13 pg/mL，降低到 0.034 pg/mL，灵敏度提高了 3.9 倍。0.064 pg/mL 的 PSA 样本，阳性颗粒百分比的变异系数由 35% 降低到 10%。

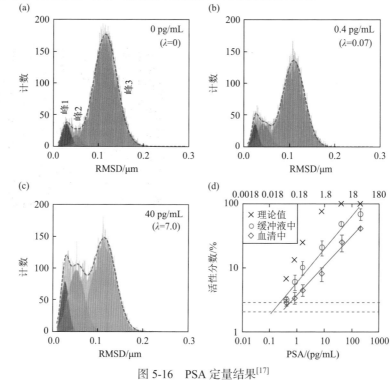

图 5-16 PSA 定量结果[17]

（a~c）RMSD 随 PSA 浓度的分布图，λ 为每磁珠上 PSA 分子数，三组峰通过高斯拟合得到；（d）标准曲线

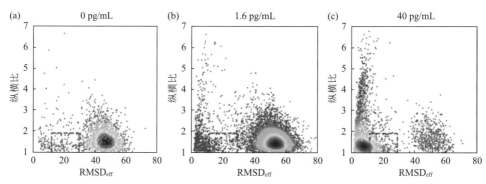

图 5-17 多参数校正单颗粒运动轨迹分析结果

红色方框区域为阳性颗粒统计区间

5.2.2　二组分分析

在单组分的基础上，将磁珠上标记不同荧光的染料，同时分析多种肿瘤标志物，构建均相二组分免疫分析方法[18]。以 PSA 和 IL6 为模式肿瘤物标志物，在磁珠上分别连接 Alexa488 和 Alexa647，作为两种探针。探针与 PSA 和 IL6 样本孵育反应 1 小时，10 μL 反应液注入检测通道，再注入氟油结合磁力将磁珠封装到微池中。微池表面固修饰两种标志物的检测抗体。在微池中反应 5 分钟，在两个检测通道下，荧光显微镜分别成像 50 帧，每帧 10 ms 曝光时间，间隔 100 ms。ImageJ分析运动轨迹，以 RMSD 分布识别免疫结合磁珠数量。PSA 和 IL6 检测限分别为0.06 pg/mL（18 fM）和 0.042 pg/mL（19 fM），与单组分分析接近。

比较扩散差异多组分法与 5.1.2 中的光谱差异多组分法，二者检测限均在几十fM 附近，动态范围也在 3 个数量级左右，检测效果相差不大。成像结果的处理和分析都较为复杂，须引入机器学习，加快结果解析。严格来说，扩散差异二组分法还不能称为多组分法，它不是在一次测试中得到的结果，它需要分别在 Alexa488和 Alexa647 通道下两次成像。而且受到微池表面修饰的抗体密度和荧光染料检测方法的限制，扩散差异法均相数字免疫分析的组分数难以进一步提高。当然光谱差异方法现在只做到三组分，想要进一步提高组分也需要努力。

5.3　结　合　差　异

密歇根大学的单分子分析课题组，通过监测探针和固定在表面的靶标分子之间的动态结合特性，建立了基于平衡态泊松采样的单分子识别方法（SiMREPS）[20]。结合是一个瞬态可逆的过程，当以荧光分子为标记物时，探针与靶标结合荧光出现，解离荧光消失。荧光强度随时间变化的指纹图谱用来区分特异性结合与非特异性结合。SiMREPS 适用于任何可以固定在表面发生的相互作用研究，包括 DNA 杂交分析、免疫分析、酶功能分析等。图 5-18 示意了 SiMREPS 在数字免疫分析中应用的基本原理[21]。捕获抗体固定在基底表面，抗原分子结合到捕获抗体上，筛选出的低结合常数检测抗体再与目标分子特异结合形成夹心结构。为了去除溶液中游离荧光探针的干扰，使用全内反射显微镜观察单个分子荧光。记录每个光斑的荧光强度随时间变化及反映了结合的过程。特异性结合和非特异性结合的光斑荧光强度随时间变化显著不同[图 5-18（b，c）]，特异性结合中反复结合解离次数远多于非特异性结合。以结合与解离事件的发生次数（N_b+N_d）和荧光平均发光时间（τ）为参数，区分特异性结合和非特异性结合。其中结合事件 N_b 指由亮转暗，解离事件 N_d 指由暗转亮。以 N_{b+d} 和 τ 为参数考察特异性结合和非特异性结合的荧光强度变化，设置阈值，区分结合种类。如图[5-18(d，e)]，非特异性结合的 N_{b+d} 小于特异性结合，荧光平均发光时间长于特异性结合。这符合特异性结合的瞬态可逆的特点。采集的时间越长，结合解离事件发生的越多，特异性结合与非特异性结合的区分越明显，一般采集 2～5 分钟。免疫分析测量中，大部分单分子信号来自于非特异性结合[图 5-18(f)]，若无法滤除非特异性结合，严重影响测量准确性。在四种标志物的分析中检测限在 680 aM～6.5 fM，与 ELISA 相比低了 55～383 倍。检测 IL34 滤除假阳性的检测限为 6.5 fM，不滤除则为 340 fM。临床检测中仅需 2 μL 血清，动态范围 3.5 个数量级。

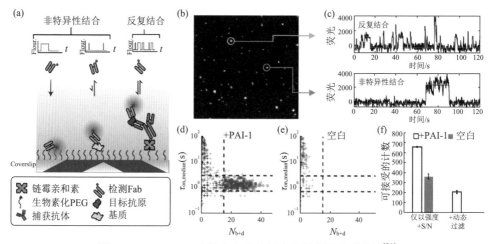

图 5-18　SiMREPS 在数字免疫分析中的基本原理示意图[21]

(a)全内反射显微镜成像示意图，捕获抗体固定在表面，检测抗体为低亲和的 Fab 片段；(b)单分子成像结果；(c)单个光斑中荧光强度随时间的指纹图谱，上行为特异性结合，下行为非特异性结合；(d，e)以结合解离次数和荧光平均存留时间为参数，划定阈值，区分识别背景和样品；(f)滤除与没有滤除非特异性结合光斑的计数结果比较

　　滤除非特异吸附的假阳性结果大大提高了检测准确性，进一步提高检测灵敏度的限制因素变成了捕获效率(检测效率)。抗原的总体捕获效率 0.5%～1.5%，每次成像视野(100 μm²)仅占总捕获区域的 0.1%，每次测量成像 9 次的检测效率为溶液中总抗原的 0.01%。增大成像视野，提高检测比例能进一步降低检测限。

　　开发有效的检测探针也是这个方法的一个局限性。由于要监测动态解离过程，希望检测探针的结合为弱结合(k_{off} 在 0.1～0.01 s^{-1})，需要针对抗原筛选弱结合抗体。虽然增加了筛选的步骤，但筛选弱结合比筛选强结合成功率要高得多。

　　陶农建课题组建立了系列基于观察结合分子个数动态变化的免洗脱计数定量方法[22,23]。其基本原理是在基底上固定捕获抗体，加入待测抗原后，随即加入标记了金纳米颗粒的检测抗体，从免疫反应的初始阶段即开始连续记录在基底表面上形成夹心结构免疫复合体个数变化情况。由于使用了独特的差分成像算法，排除了溶液中游离扩散的检测抗体的干扰，仅记录结合到表面的检测抗体。按照成像方式的不同分为等离子体共振成像和明场成像两类。

图 5-19 是等离子体共振成像（SPRI）数字免疫分析的流程示意图[22]。镀金玻璃片上修饰捕获抗体作为传感芯片，单色偏振光引入 60 倍显微物镜，调整入射角度芯片金膜表面发生全内反射，实现表面等离子体共振，产生等离子体行波。SPR对金膜表面的电介质电常数的变化极其敏感，当金颗粒结合到金膜表面时，共振条件发生改变，等离子体行波激发金颗粒产生散射信号。但这个散射信号强度较低，只比背景噪声高出几倍，需要采集序列图像并对序列图像进行降噪及平均化处理，得到一个带有衍射光波图样的单颗粒信号。在免疫反应达到平衡前，结合到金膜表面的金颗粒数随时间增长，样品浓度越高增长的斜率越大，在给定时间处，以颗粒个数与浓度作标准曲线。这个方法之所以不需要洗脱主要因为序列图像的平均化和差分处理将非结合金颗粒去除掉。另外成像发生在几百个纳米深度的隐失场内，未进入隐失场的游离金颗粒不能成像。以降钙素原为对象，孵育（采集图像）10 分钟，总检测时间 25 分钟内实现 2.8 pg/mL 的检测限，4.2～12500 pg/mL 的动态范围。

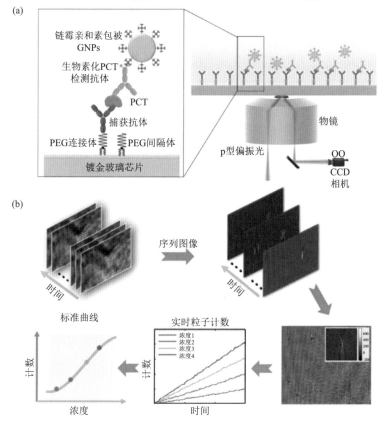

图 5-19　时间分辨的数字免疫分析技术流程图[22]

（a）成像设备；（b）成像处理算法去除背景噪声、识别结合和未结合颗粒。根据颗粒数时间的关系建立标准曲线

Wang 等[23]以差分及平均化的方式处理序列图像实现了 60 nm 直径的单个金纳米颗粒的明场成像。定量思路与 SPRI 数字免疫分析方法类似,通过实时监测结合到表面上金纳米颗粒的个数变化情况进行数字免疫分析。序列图像的处理方式去除了游离的金纳米颗粒,不需要洗脱步骤。然而非特异吸附到基底的金颗粒对定量的影响并没有排除。

余辉课题组在 SPRI 成像的基础上,开发了通过监测结合时间区分特异性结合与非特异性结合的策略[24]。在固相基底上修饰捕获抗体,检测抗体标记磁珠或金颗粒,利用 SPRI 记录单个磁珠或金颗粒在基底的结合时间。同时利用磁场或电场操纵磁珠或金颗粒结合到表面的速度。空白条件下,磁珠或金颗粒要么快速的碰撞离开,要么长时间吸附在表面,平均结合时间(4.11 ± 0.26) s。因此设置结合时间 5 s 为区分非特异性结合的阈值时间,结合时间 5 s 以下的磁珠或金颗粒认定为非特异性吸附,5~150 s 之间的认定为为特异性结合。统计数据时将非特异性结合滤除,电场操纵下 $A\beta_{1-42}$ 结合时间从 45.05 s 降低至 29.63 s,检测限降至 1.08 fM。磁场操作下结合时间降低至 17.59 s,检测限达到 0.05 fM。

5.4 展 望

非均相免疫分析的分离和洗脱步骤对灵敏度的影响要从两个角度去看待,一方面,去除了游离标记探针和部分非特异性吸附,降低了背景,提高了检测灵敏度。另一方面,使结合反应平衡向解离方向移动,不利于生成免疫复合物,使灵敏度降低。均相数字免疫分析无需洗脱和分离步骤,一次混合反应即可进行计数定量,与非均相免疫相比具有如下优势:①分析时间短。减少了洗涤需要的时间;溶液中的反应速度快,分析时间整体减少。②测量准确性高。操作步骤少,累积误差少;溶液中反应避免了表面反应引起的蛋白构象变化带来的误差,提高测量准确性。③分析范围更广。没有洗脱过程,中弱相互作用体系也能用于形成免疫复合物。④便于仪器小型化,有望开发床边个体化诊断仪器。

综合考虑光信号差异、扩散差异和结合差异这三大类均相数字免疫分析技术,可以看到扩散差异和结合差异方法都以固相表面为免疫反应场所,并没有完全满足上文所述均相免疫分析的特点。虽然它们不需要洗脱分离过程,但称为免洗脱或一步法免疫分析更为恰当。而且这两类方法均需要采集一段或长或短的序列图像,在对序列图像追踪处理的基础上进行定量。此外,使用相对较大的标记探针,比如金纳米颗粒或磁珠,对于定量结果准确性的影响还不清楚。

鉴于此,与其他类型的均相数字免疫分析方法相比,我们认为基于光谱差异识别的均相免疫分析方法有以下几个特点,更适合开发为专用仪器。①利用光谱的空间分布特征，而不是信号强度，识别免疫复合体的准确性更高，无需对背景强度进行校正；②免疫反应发生在溶液中，而不是界面上，更能凸显均相优势；③采用自然离散的方法不需要制作复杂的实体离散空间，降低成本；④多组分分析能力在均相数字免疫分析方法中处于领先地位；⑤所用标记物——量子点，尺寸与蛋白分子接近，远小于磁珠、微球、上转换纳米材料和贵金属纳米颗粒，在免疫反应效率上更具优势；⑥定区域单次成像采集即可完成识别，无需长时间采集数据；⑦双标记方式降低非特异性吸附概率。

未来的均相数字免疫分析发展方向应是开发出在溶液中进行免疫反应、无标记或以小尺寸标签标记、能快速识别出非特异性吸附、易微型化自动化的多组分分析方法。

参 考 文 献

[1] Fredriksson S, Gullberg M, Jarvius J, et al. Protein detection using proximity-dependent DNA ligation assays. Nature Biotechnology, 2002, 20: 473-477.

[2] Byrnes SA, Huynh T, Chang TC, et al. Wash-free, digital immunoassay in polydisperse droplets. Analytical Chemistry, 2020, 92: 3535-3543.

[3] Kim D, Garner OB, Ozcan A, et al. Homogeneous entropy-driven amplified detection of biomolecular interactions. ACS Nano, 2016, 10: 7467-7475.

[4] Lukianova-Hleb E, Hu Y, Latterini L, et al. Plasmonic nanobubbles as transient vapor nanobubbles generated around plasmonic nanoparticles. ACS Nano, 2010, 4: 2109-2123.

[5] Liu Y, Ye HH, Huynh HD, et al. Digital plasmonic nanobubble detection for rapid and ultrasensitive virus diagnostics. Nature Communications, 2022, 13: 1687.

[6] Li X, Wei L, Pan LL, et al. Homogeneous immunosorbent assay based on single-particle enumeration using upconversion nanoparticles for the sensitive detection of cancer biomarkers. Analytical Chemistry, 2018, 90: 4807-4814.

[7] Liu GL, Long YT, Choi Y, et al. Quantized plasmon quenching dips nanospectroscopy *via* plasmon resonance energy transfer. Nature Methods, 2007, 4: 1015-1017.

[8] Liu XJ, Zhang YS, Liang AY, et al. Plasmonic resonance energy transfer from a Au nanosphere to quantum dots at a single particle level and its homogenous immunoassay. Chemical Communications, 2019, 55: 11442-11445.

[9] Agrawal A, Zhang CY, Byassee T, et al. Counting single native biomolecules and intact viruses with color-coded nanoparticles. Analytical Chemistry, 2006, 78: 1061-1070.

[10] Liu XJ, Huang CH, Zong CH, et al. A single-molecule homogeneous immunoassay by counting spatially "overlapping" two-color quantum dots with wide-field fluorescence microscopy. ACS Sensors, 2018, 3: 2644-2650.

[11] Chen HP, Gai HW, Yeung ES. Inhibition of photobleaching and blue shift in quantum dots.

Chemical Communications, 2009: 1676-1678.

[12] Shi XB, Xie ZQ, Song YH, et al. Super-localization spectral imaging microscopy of multi-color quantum dot complex. Analytical Chemistry , 2012, 84: 1504-1509.

[13] Shi XB, Dong SL, Li MM, et al. Counting quantum dot aggregates for the detection of biotinylated proteins. Chemical Communications, 2015, 51: 2353-2356.

[14] Liu XJ, Huang CH, Dong XL, et al. Asynchrony of spectral blue-shifts of quantum dot based digital homogeneous immunoassay. Chemical Communications, 2018, 54: 13103-13106.

[15] Liu XJ, Sun YY, Lin XY, et al. Digital duplex homogeneous immunoassay by counting immuno-complex labeled with quantum dots. Analytical Chemistry, 2021, 93: 3089-3095.

[16] Liu XJ, Lin XY, Pan XY, et al. Multiplexed homogeneous immunoassay based on counting single immunocomplexes together with dark-field and fluorescence microscopy. Analytical Chemistry, 2022, 94: 5830-5837.

[17] Akama K, Iwanaga N, Yamawaki K, et al. Wash- and amplification-free digital immunoassay based on single-particle motion analysis. ACS Nano, 2019, 13: 13116-13126.

[18] Akama K, Noji H. Multiplexed homogeneous digital immunoassay based on single-particle motion analysis. Lab on a Chip, 2020, 20: 2113-2121.

[19] Akama K,Noji H. Multiparameter single-particle motion analysis for homogeneous digital immunoassay. Analyst, 2021, 146: 1303-1310.

[20] Johnson-Buck A, Su X, Giraldez MD, et al. Kinetic fingerprinting to identify and count single nucleic acids. Nature Biotechnology, 2015, 33: 730-732.

[21] Chatterjee T, Knappik A, Sandford E, et al. Direct kinetic fingerprinting and digital counting of single protein molecules. Proceedings of the National Academy of Sciences of the United States of America, 2020, 117: 22815-22822.

[22] Jing WW, Wang Y, Yang YZ, et al. Time-resolved digital immunoassay for rapid and sensitive quantitation of procalcitonin with plasmonic imaging. ACS Nano, 2019, 13: 8609-8617.

[23] Wang Y, Yang Y Z, Chen C, et al. One-step digital immunoassay for rapid and sensitive detection of cardiac troponin I. ACS Sensors, 2020, 5: 1126-1131.

[24] Zeng Q, Zhou XY, Yang YT, et al. Dynamic single-molecule sensing by actively tuning binding kinetics for ultrasensitive biomarker detection. Proceedings of the National Academy of Sciences of the United States of America, 2022, 119: 2120379119.

第6章　数字免疫分析的应用

6.1　肿瘤标志物的检测

恶性肿瘤是全球死亡率非常高的疾病之一，早期多无症状，出现特征性症状时，病变已属晚期。此时已缺乏有效的根治性治疗方案，一般采取姑息治疗，以缓解症状、减轻痛苦、改善患者的生存质量为主。恶性肿瘤异质性高，治疗过程中易复发，易转变，易产生耐药性。世界卫生组织发布的《癌症早期诊断指导》指出早期筛查、早期诊断是癌症控制计划不可或缺的一环，也是显著提高患者生存概率的重要手段。肿瘤标志物的检测是实现恶性肿瘤早期筛查早期诊断的技术方法之一。无论是开发新型检测技术，还是发现新肿瘤标志物都对早筛早检意义重大。数字免疫分析是当前综合优势最大的肿瘤标志物检测方法。

肿瘤生物标志物是反映肿瘤存在和生长的一类生化物质，其产生有两种途径，一是由肿瘤细胞合成、释放，二是机体对肿瘤细胞反应而产生或升高。它们在患病风险评估、肿瘤筛查、鉴别诊断、预后判断、治疗反应预测和疾病进展监测中发挥着重要作用。临床上用来诊断和监测癌症的方法主要有影像学成像、病理学诊断和肿瘤生物标志物检测。影像学成像主要包括 X 射线计算机断层扫描、磁共振成像、正电子发射断层成像等，这些技术尚不足以判定小于 2 cm 的肿瘤，且需要昂贵的精密仪器。病理学诊断是通过穿刺活检、钳取活检、手术中切除或切取的组织进行的病理学检查，是确定恶性肿瘤及其分型、分期、分级、分子表型的直接依据，是目前癌症诊断、治疗的金标准，但其只能获得局部的肿瘤信息，而恶性肿瘤是高度异质化的，存在以偏概全、漏检风险，且难以重复取样，不能用来监测肿瘤进展。这两种方法不适用于筛查高危人群和监测癌症进程，因此发展高特异性、高灵敏度、高通量的肿瘤检测方法是提高筛查效率、及时反映癌症进程、改善治疗现状的必然要求。由于许多蛋白质的浓度低于常规方法的检测极限，因此测量生物基质中与疾病相关的蛋白质的丰度是一项挑战。在所有早期的诊断方法中，免疫策略是最受欢迎的方法之一，因为它对相应的靶点具有良好的特异性。

蛋白类的肿瘤标志物主要包括癌胚抗原（CEA）、甲胎蛋白（AFP）、前列腺特异性抗原（PSA）等，它们也是建立数字免疫分析方法时常用的模式抗原。此外，外泌体也是数字免疫分析的研究对象，在本节一并介绍。

6.1.1　癌胚抗原

　　癌胚抗原(carcinoembryonic antigen, CEA)于 1965 年在结直肠癌中首次发现，是一种由 641 个氨基酸组成的单链糖基化蛋白，分子量 150～200 kDa，后又发现在肺癌、胰腺癌等肿瘤中异常表达。健康人血清中只有微量存在，约为 2.5 ng/mL (12.5 pM)。吸烟人群的 CEA 平均含量是不吸烟人群的 2 倍。CEA 异常表达上调是许多恶性肿瘤的共同特征,血清中 CEA 含量的升高能反映出多种肿瘤疾病的发生，是一种广谱肿瘤标志物。

　　2009 年 Chen 等[1]提出电化学计数酶免疫分析方法。在基板上修饰 CEA 捕获抗体，链霉亲和素和 CEA 检测抗体同时连接到磁珠上，磁珠与 CEA 在基板上形成免疫复合体，洗去多余的磁珠后，将磁珠从免疫复合体中洗脱，与生物素化的碱性磷酸酶通过链霉亲和素结合。加入酶底物磷酸苯二钠(DPP)后，用 $0^{o}C$ 冰水混合的注射器压入 $40^{o}C$ 的毛细管中。碱性磷酸酶催化 DPP 生成苯酚，在每个磁珠周围形成一个苯酚区。当磁珠流经电极时，产生一个电化学峰型信号，计数信号个数即 CEA 分子个数。检测限为 5.0×10^{-17} mol/L，线性范围 $5 \times 10^{-17} \sim 1 \times 10^{-14}$ mol/L。

　　2016 年 Poon 等[2]将捕获抗体修饰的 AuNPs 与检测抗体修饰的 AgNPs 形成免疫复合体，免疫复合体的散射强度强于单一的金颗粒和银颗粒，以暗场显微镜记录散射强度，以统计平均的强度为检测参数，标志物浓度越高，免疫复合体越多，统计散射强度越大，以此建立标准曲线，定量肿瘤标志物。CEA、AFP 和 PSA 线性范围 0～300 pM，它们对应的检测限分别为 1.7 pM，3.3 pM 和 5.9 pM。这一方法不是典型的数字免疫分析方法，没有通过计数而是强度平均的办法，是一个非均相软离散方法。散射计数金颗粒的数字免疫分析方法于 2017 年分别由黄承志和李娜课题组提出。Huang 等[3]在固相表面进行免疫反应建立了双组分检测法，CEA 和 AFP 的捕获抗体预先修饰到基底上，加入样品以及 54 nm 银颗粒标记的 CEA 检测抗体和 63 nm 金颗粒标记的 AFP 检测抗体，反应结束洗去游离抗体后，用暗场显微镜成像，计数发光颗粒个数，CEA 复合物呈蓝色，AFP 复合物呈绿色。两种抗原的检测限在 0.5 ng/mL，定量范围在 0.5～10 ng/mL 之间。Li 等[4]则在磁珠表面进行免疫反应，反应生成夹心结构免疫复合体，捕获抗体修饰了生物素，与标记了链霉亲和素的磁珠结合。检测抗体的二抗标记上 60 nm 金纳米颗粒，与免疫复合体结合，形成磁颗粒-捕获抗体-抗原-检测抗体-二抗-金颗粒的免疫复合物结合物。磁分离富集结合物后，用尿素变性解离出金纳米颗粒，在暗场显微镜下计数金纳米颗粒的个数，每个金颗粒对应一个免疫复合体即一个抗原分子。CEA 检测限 5 ng/mL，线性范围 5～30 ng/mL。AFP 检测限 1 ng/mL，线性范围 1～25 ng/mL。

PSA 检测限 1 ng/mL，动态范围 1~20 ng/mL。

纳米颗粒除了作为静态成像的探针，还能用于动态跟踪。Chen 等[5]提出用金纳米颗粒扩散系数定量检测疾病生物标志物的分析策略。金颗粒上偶联捕获抗体，没有抗原时为单分散状态。加入 CEA 诱导形成金颗粒聚合物，尺寸增大，扩散系数减小。将扩散系数做直方图分布，可以区分出聚合体和单体的差异，以二者差异的比值为检测参数，CEA 定量浓度范围 50~750 pM。

2018 年我们课题组以量子点为探针实现了均相数字免疫分析。以同色量子点标记，EMCCD 光谱成像检测时，CEA 和 AFP 的检测限分别是 6.7 fM 和 3.4 fM，动态范围均在 13.6 fM~1399.3 pM 之间[6]。

2020 年我们课题组又提出了一种非随机超灵敏的蛋白质计数方法，使用微球做信号标签，对所有目标分子进行计数检测。通过结合多轮蒸发诱导的颗粒沉降、网格辅助多帧成像，准确计数了所有免疫复合物上洗脱微球的数量，这种绝对定量的方式实现了检测 CEA 的检测限为 4.9 aM，动态范围 5~500 aM[7]。

Tang 等[8]开发了一种使用固态纳米孔作为工具来检测 CEA 的新技术，该方法以适配体(Apt)修饰的磁性纳米粒子(MNPs)与 CEA 相结合，施加正电位将生成的 CEA-Apt-MNPs 传输通过纳米孔。由于 CEA-Apt-MNPs 和 Apt-MPs 之间存在明显的粒径差异，它们阻断信号的电流下降程度不同。CEA-Apt-MNPs 的阻塞信号频率与一定限度内的 CEA 浓度成正比，得到 CEA 检出限为 0.6 ng/mL，线性范围 0.01~1 nM(2~200 ng/mL)。

6.1.2　甲胎蛋白

肝细胞癌是世界范围内致死率第三的恶性肿瘤，也是全球第五大常见癌症。肝癌在临床上的治疗手段非常有限，患者的总生存率也较低。因此，肝癌的早期诊断和治疗对于患者总生存率有着重要的影响。甲胎蛋白(alpha-fetoprotein, AFP)最早发现于胎儿血清，20 世纪 60 年代发现其与肝细胞癌的相关性，也是目前应用最广泛的肝癌标志物之一。AFP 是一种糖蛋白，由 590 个氨基酸构成，分子量 69~70 kDa，半衰期 5~6 天。健康成年人的甲胎蛋白浓度不超过 20 ng/mL，肝癌患者 AFP 浓度可能超过 400 ng/mL。目前，多项研究表明，AFP 的异常浓度通常预示着肝癌和疾病的存在。血清中 AFP 检测与其他影像技术相结合是临床筛查肝细胞癌常用手段。AFP 作为一种模式抗原也是数字免疫分析方法学建立常用的检测目标物。

2016 年 Ahn 等[9]制备了 100 nm 直径，20 nm 厚金铬合金沉积的纳米岛，其上修饰 AFP 捕获抗体，加入抗原溶液反应后洗脱，再加入 20 nm 银颗粒修饰的检测抗体。利用基于全内反射散射的超分辨显微镜观察纳米岛散射成像，形成免疫结构的纳米岛的散射强度显著强于没有发生免疫的纳米岛。抗原浓度越大，强度差越大，以此作为定量依据。该方法具有较高的灵敏度，检出限为 7.04 zM（1～2 个 AFP/GNI），比以往 AFP 检测方法的检出限低 100～5×10⁹ 倍。

Tian 等[10]在微流控芯片上用液滴包裹 β-半乳糖苷酶及其底物，显微镜观察发光液滴个数，可以定量酶的浓度。用 β-半乳糖苷酶与已经偶联了 AFP 免疫复合物的磁珠反应，经磁分离富集后，将没有结合到磁珠上的游离的 β-半乳糖苷酶包裹到液滴中，实现 AFP 的间接定量，可在 20 fM 水平上检测 AFP。

6.1.3 前列腺特异性抗原

前列腺癌是发生在前列腺的上皮性恶性肿瘤，发病率在全球男性恶性肿瘤中居第二位，仅次于肺癌。我国的前列腺癌患者确诊时，大多数患者已经处于中晚期，失去了最佳治疗时间窗口，死亡率高于其他国家。若能在早期发现，采取恰当治疗，患者的五年生存率会有明显提高。因此，及早对高危人群筛查，早期诊断对提高患者生存率极为重要。前列腺特异性抗原（prostate specific antigen，PSA）是诊断前列腺癌的最常用指标。PSA 是一种含 237 个氨基酸残基的丝氨酸蛋白酶，分子量 26079 Da。外周血中以游离 PSA（fPSA）和结合 PSA（cPSA）两种形式存在，一般用二者之和表示血清中总 PSA（t-PSA）水平，其中 cPSA 约占 80%左右。正常情况下，PSA 受基底膜屏障阻挡，只有少部分进入外周血中。当屏障发生病变，PSA 进入血液中的量增大，外周血中 PSA 浓度异常升高。然而，PSA 并不是肿瘤特异性抗原，其他泌尿系统病变也可能引起 PSA 升高。当 t-PSA 水平升高到 4～10 ng/mL 之间时，仅有 22%左右的患者能确诊为前列腺癌。PSA 的低特异性及检测的假阳性造成大量不必要的穿刺检测。引入 f-PSA/t-PSA 比值可以明显提高前列腺癌诊断的灵敏度和特异性。fPSA 比值<0.1 时，患者发生前列腺癌的可能性高达 56%。通常把 fPSA 比值>0.16 作为正常范围。临床上根治性前列腺切除术是治疗局限性前列腺癌的常用方法，血清 PSA 水平的测量是监测术后患者最有用的诊断工具，因为复发后 PSA 升高。

早在 2010 年 Rissin 等[11]利用微孔阵列硬离散数字酶免疫技术检测了 25%牛血清中 PSA，检测限达到了 50 aM。为了监测前列腺癌的复发情况，他们检测了前列腺切除手术患者血清中的 PSA 浓度，平均在 0.4 fM（14 fg/mL）左右。低浓度抗原时以发光的微球数为定量参数，属于数字分析范畴；高浓度时以微球的发光强度为定量参数，属于模拟信号范畴，将两种分析方式相结合扩大了检测线性范围，达到 6 个数量级，8 fg/mL～100 pg/mL（250 aM～3.3 pM）[12]。Noji 等[13]制备了百万规模的 PDMS 微孔阵列，将微球-免疫复合物-酶封装到微阵列中，PSA 检测限达到 2 aM（60 ag/mL）。Chen 等[14]开发了一种可视化蛋白质分子的检测方法，不需要额外的荧光系统中的激发和发射光。将铂纳米颗粒(PtNP)作为信号标签，封装到微孔中的免疫复合体催化 H_2O_2 产生气泡，每一个微气泡代表一个免疫复合体分子，通过智能手机即可观察记录微气泡。利用该方法对前列腺切除术后 PSA 监测的检测限为 2.1 fM(0.06 pg/mL)。Walter 等[15]利用 Simoa 平台测量了单个细胞的 PSA 表达差异性，挑选出的单个活细胞加入细胞裂解液和分析试剂后，上样至微孔阵列中，统计发光微孔的荧光强度，以 AEB 为定量参数。检测限为(0.0043 ± 0.0022) pg/mL，相当于 140 μL 中的 12000 个 PSA 分子。以 LNCaP$_A$ 细胞和 LNCaP$_B$ 细胞为分析对象，短串联重复序列表明两种细胞有 12% 的遗传漂移。测量结果显示，在每种细胞中，PSA 含量分布都跨越了两个数量级，A 细胞的平均含量为 2.15×10^6 个分子/细胞，B 细胞的平均含量为 7.04×10^4 个分子/细胞，细胞体积按照 2 pL 计算，分别相当于 1.79 μM 和 0.0586 μM。

Shim 等[16]设计了一种多层微流控装置结构，能够在高达 1.3 MHz 的频率下生成和操纵高度单分散的 fL 级液滴，单酶分子催化的液滴信号能在几分钟内被观察到，通过施加和释放外部压力能重新加载飞秒液滴。由于液滴产生的频率极高，该过程仅需约 10 s，因此不限制重复分析的速率。该装置对前列腺癌的生物标志物 PSA 的检测限低至 46 fM。

2014 年 Poon 等[17]在流动池基底上修饰多聚 L-赖氨酸，与带负电的 PSA 抗原静电作用结合，再引入 65 nm 银纳米颗粒标记的 PSA 检测抗体，与抗原结合，暗场计数银颗粒定量 PSA，检测限 9 pM，动态范围 0~100 pM，可用于血清样品检测。2017 年 Tan 等[18]用金纳米棒标记 PSA 检测抗体，磁珠修饰的捕获抗体，二者形成夹心结构后，经磁分离和洗脱，金纳米棒滴至氨基修饰的基底，静电作用吸附到载玻片上，暗场显微镜观察计数金纳米棒数量进行定量。缓冲液中线性范围 0.01~10 pg/mL，检测限 8 fg /mL(～226 aM)。

Gorris 课题组发展了上转换纳米粒子标记的数字免疫分析方法。2017 年以硅包 NaYF$_4$ 上转换粒子为标记物检测 PSA，结合计数和强度进行定量，在 25% 血清中数字定量方式的检测限是 1.2 ng/mL(42 fM)，动态范围是 10 pg/mL～1 ng/mL。模拟定量方式的检测限是 20.3 pg/mL(700 fM)，动态范围是 100 pg/mL～10 ng/mL[19]。2019 年他们[20]以链霉亲和素-PEG 修饰代替硅包覆，通过生物素结合到三明治免疫复合体上，由于 PEG 的疏水作用和空间位阻排斥效应，既降低了上转换粒子在水相中的聚集又降低了非特异性吸附，检测效果明显提升，适用于血清样本。数字免疫检测限 0.023 pg/mL(0.8 fM)，模拟信号检测限 0.41 pg/mL(14 fM)，综合动态范围 0.1~1000 pg/mL。Li 等[21] 演示了一种简单而灵敏的三明治型单粒子计数免疫分析法，用于定量 PSA。该设计基于上转换纳米颗粒(UCNP)和金纳米颗粒(GNP)之间的发光共振能量转移(LRET)。羧基功能化的 UCNP 与 PSA 检测抗体结合作为发光能量供体，而 GNP 由 PSA 捕获抗体修饰作为能量受体。由于绿色上转换发光光谱与 50 nm 金纳米粒子的吸收光谱强烈重叠，因此在免疫复合物形成后，UCNP 和 GNP 距离足够近时，二者发生 LRET，强烈猝灭了 UCNP 发光。通过对载玻片表面目标依赖荧光颗粒的统计计数，测定载玻片溶液中抗原的数量。该方法在缓冲液中对 PSA 的检测限为 1.0 pM，动态范围 0～500 pM，远低于患者血清样本的临界值。在血清样品测定中，也获得了相似的 LOD（即 2.3 pM）。

表 6-1 汇集了部分数字免疫分析检测蛋白肿瘤标志物的效果。同类方法按文献发表的时间先后顺序排列。非均相的数字免疫分析的灵敏度一般高于均相数字免疫分析，检测限大致低 100 倍。

表 6-1 肿瘤标志物检测效果汇总表

对象	免疫模式	离散方式	分离方式	检测探针	检测方式	检测限	动态范围	基质	文献
	非均相	软离散：时间	表面清洗+磁珠	碱性磷酸酶	电化学	50 aM	50 aM～10 fM	溶液	[1]
	非均相	软离散：空间	表面清洗	银纳米颗粒	暗场成像	0.5 ng/mL	0.5～10 ng/mL	溶液	[3]
	非均相	软离散：空间	磁珠	金纳米颗粒	暗场成像	5 ng/mL	5～30 ng/mL	血清	[4]
	非均相	软离散：时间	磁纳米颗粒	磁纳米颗粒	电流	0.6 ng/mL	0.01～1 nM（2～200 ng/mL）	血清	[8]
	非均相	软离散：空间	微球离心	微球	明场成像	4.9 aM	5～500 aM	血浆	[7]
CEA	均相	软离散：空间		金纳米颗粒+银纳米颗粒	暗场成像	1.7 pM	0～300 pM	血清	[2]
	均相	软离散：空间		同色量子点	荧光成像	6.7 fM	13.6 fM～1399.3 pM	血清	[6]
	均相	溶液扩散		金属纳米	暗场成像		50～750 pM	溶液	[5]
	均相	软离散：空间		量子点	荧光成像	20 fM	30 fM～3 pM	血浆	[22]
	均相	软离散：空间		金纳米颗粒+量子点	暗场+荧光成像	10 fM	0.1～2.2 pM	血浆	[23]
	非均相	软离散：空间	磁珠	金纳米颗粒	暗场成像	1 ng/mL	1～25 ng/mL	血清	[4]
	非均相	软离散：空间	表面清洗	金纳米颗粒	暗场成像	0.5 ng/mL	0.5～10 ng/mL	溶液	[3]
	非均相	硬离散：液滴	磁珠	β-半乳糖苷酶	荧光成像	～20 fM		溶液	[10]
AFP	均相	软离散：空间		金纳米颗粒+银纳米颗粒	暗场成像	3.3 pM	0～300 pM	血清	[2]
	均相	软离散：空间		同色量子点	荧光成像	3.4 fM	13.6 fM～1399.3 pM	血清	[6]
	均相	软离散：空间		量子点	荧光成像	10 fM	30 fM～3 pM	血浆	[22]
	均相	软离散：空间		金纳米颗粒+量子点	暗场+荧光成像	20 fM	0.1～2.2 pM	血浆	[23]

续表

对象	免疫模式	离散方式	分离方式	检测探针	检测方式	检测限	动态范围	基质	文献
	非均相	硬离散：微孔	磁珠	β-半乳糖苷酶	荧光成像	1.5 fg/ml (50aM)	200 aM～ 2.5 fM	血清	[11]
	非均相	硬离散：微孔	磁珠	β-半乳糖苷酶	荧光成像	8 fg/mL	8 fg/mL～ 100 pg/mL	血清	[12]
	非均相	硬离散：微孔	磁珠	β-半乳糖苷酶	荧光成像	2 aM (60 ag/mL)	5 aM～1 fM	溶液	[13]
	非均相	硬离散：液滴	微球离心	β-半乳糖苷酶	荧光成像	46 fM (1.2 pg/mL)	0.046～4.6 pM	溶液	[16]
	非均相	软离散：空间	表面清洗	银纳米颗粒	暗场成像	9 pM	0～100 pM	血清	[17]
	非均相	软离散：空间	磁珠	金纳米颗粒	暗场成像	1 ng/mL	1～20 ng/mL	血清	[4]
	非均相	软离散：空间	磁珠	金纳米棒	暗场成像	8 fg /mL (～226 aM)	0.01～10 pg/mL	溶液	[18]
PSA	非均相	软离散：空间	表面清洗	上转换材料	荧光成像	1.2 ng/mL (42 fM)	10pg/mL～ 1 ng/mL	血清	[19]
	非均相	软离散：空间	表面清洗	上转换材料	荧光成像	23 fg/mL (800 aM)	0.1～1000 pg/mL	血清	[20]
	非均相	硬离散：微孔	磁珠	铂纳米颗粒	明场成像	2.1 fM (0.06 pg/mL)	0.06～1 pg/mL	溶液	[14]
	均相	软离散：空间		金纳米颗粒+ 银纳米颗粒	暗场成像	5.9 pM	0～300 pM	血清	[2]
	均相	软离散：空间		上转换材料+ 金纳米颗粒	荧光成像	1.0 pM	0～500 pM	溶液	[21]
	均相	软离散：空间		金纳米颗粒+ 量子点	暗场+ 荧光成像	60 fM	0.1～2.2 pM	血浆	[23]

6.1.4　外泌体

外泌体(exosome)是由细胞分泌的具有脂质双层膜结构的细胞外囊泡(extra-cellular vesicles，EVs)，直径大约为 40～100 nm。外泌体广泛存在于生物体液中，如血液、尿液、唾液，它们携带来自母体细胞的大量分子信息，内含有特定的蛋白质、脂质、细胞因子或遗传物质，在细胞间的通信中起着至关重要的作用。相比于健康细胞，肿瘤细胞分泌外泌体的能力更强。因此，肿瘤组织中脱落的外泌体及其内含分子可用于癌症的检测、分型及预后分析。然而在疾病(尤其是癌症)液体活检的早期阶段，外泌体亚群丰度低，外周血中很难检测得到，宏观外泌体检测方法的灵敏度不能满足要求。受数字免疫分析方法启发，外泌体也可以通过计数免疫的方式进行检测。

2018 年，Liu 等[24]开发了一种基于液滴离散的单个外泌体计数免疫分析方法。检测流程和成像效果如图 6-1 所示。乳腺癌 MDA-MB-231 外泌体为目标检测对象。

数字免疫分析

在磁珠上修饰外泌体标志蛋白 CD63 的抗体，用于捕获外泌体。捕获到磁珠上的外泌体与 GPC-1 抗体反应，形成夹心结构。GPC-1 蛋白在癌症外泌体膜上显著表达，具有早期诊断的潜在价值。GPC-1 抗体通过生物素亲和素反应偶联 β-半乳糖苷酶。将磁珠-CD63 抗体-外泌体-GPC-1 抗体-β-半乳糖苷酶复合体引入液滴生成芯片，与酶的底物 FDG 共同包裹在液滴中。在荧光显微镜下观察，发出荧光的液滴捕获到了目标外泌体。没有捕获到目标外泌体的磁珠以及没有包裹磁珠的液滴不发光。统计发光液滴个数定量目标外泌体含量。将外泌体计数免疫方法应用到临床血清样本中 GPC-1 阳性外泌体的检测。图 6-2 定量比较了外泌体含量在健康人、良性乳腺患者、乳腺癌患者以及乳腺癌患者术前与术后的差异。从图中可以看出，健康人和非癌患者体内都有一定量的 GPC-1 阳性外泌体存在，但乳腺患者的 GPC-1 阳性外泌体含量显著升高，患者术后外泌体含量虽明显下降，但比健康人略高。

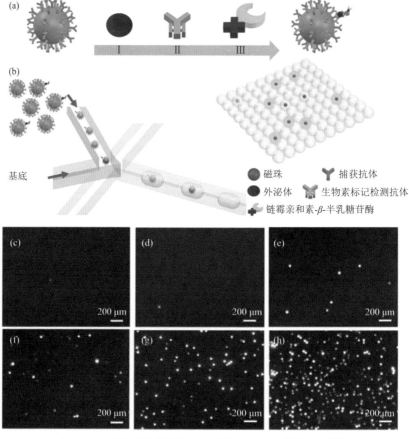

图 6-1　液滴外泌体数字免疫分析流程及成像结果图[24]

(a)磁珠上免疫反应示意；(b)液滴生成、离散及成像示意；(c)无目标外泌体液滴荧光图像；(d~h)不同浓度外泌体离散到液滴中的荧光成像结果，以基线的 3 倍方差计算出检测限为 10 个外泌体/μL

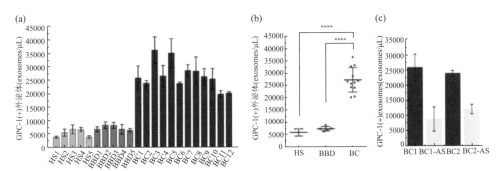

图 6-2　　GPC-1 阳性外泌体的临床分析结果[24]

(a)不同血清来源 GPC-1 阳性外泌体数量：5 名健康人(HS)，5 名良性乳腺患者(BBD)，12 名乳腺癌患者(BC)；
(b)BC 组 GPC-1 过表达散点图；(c)两名患者术前(BC)与术后(BC-AS)外泌体含量的比较

　　临床样本中外泌体含量在 10^8/μL，通常的检测只能检测到 10^4 个，如何快速地筛查所有外泌体，并检测到稀有外泌体是一个挑战。Yang 等[25]开发了每分钟生成 2000 万个液滴的高通量外泌体计数系统。荧光顺磁微球(5 μm)修饰捕获抗体，捕获目标外泌体，再用偶联了 HRP 的检测抗体形成免疫复合物。磁珠与 HRP 底物封装到液滴中，反应 5 分钟后，液滴流经两束激光检测区，既发出微球绿光，又发出酶底物红光的信号为外泌体阳性信号。从人神经元细胞系中收集外泌体为检测标准品，依次以 PBS 稀释浓度为 $0\sim10^5$ 个/μL，检测限达到 9/μL，动态范围 $9\sim5\times10^5$ 个/μL。将人神经元外泌体稀释到牛血清中进行检测以考察方法特异性，牛血清含有 2×10^7 个牛外泌体，结果表明牛外泌体对检测效果没有影响，检测限为 11 个/μL。

　　Morasso 等[26]利用单分子阵列技术(SiMoA)建立了直接识别血浆中 CD9-CD63 阳性外泌体的方法，定量限在 $2\sim3$ ng/μL 之间。测量了 181 名受试者(95 个乳腺癌患者和 86 个健康对照)的血浆中的外泌体含量，健康人血浆中外泌体含量中间值为 613.0 ng/μL(范围 $30.0\sim6862.0$ ng/μL)，而乳腺癌患者血浆中的外泌体数量显著升高(中间值 1779.1 ng/μL，范围 $72.1\sim22805.9$ ng/μL)。由于方法绘制标准曲线中用到的标准品是血浆中的总外泌体含量，如果其中仅有 30%的外泌体是目标外泌体，并将质量单位转化数量单位，则此方法的定量限预计在 10^4 个/μL。

　　Wei 等[27]则利用基于微孔阵列离散的 SiMoA 技术检测了 CD9 和 Epcam 阳性的外泌体。分别通过微珠捕获血浆中的 CD9 阳性 EV 和抗上皮细胞黏附分子(Epcam)捕获 Epcam 阳性 EV，并通过 CD63 抗体进行检测。两者测定的检测限分别为 34 个颗粒/μL 和 25 个颗粒/μL。随后比较了 163 名结直肠癌(CRC)患者，46 名健康对照和 51 名腺瘤患者血浆样本中外泌体含量，图 6-3 结果显示结直肠癌患者的 CD9 阳性和 Epcam 阳性的外泌体含量都显著高于健康对照。ROC 曲线的诊断效果评价也表明以 CD9-CD63（AUC 0.96）和 Epcam-CD63（AUC 0.90）为检测标志物好于传统的 CEA 和 CA125。

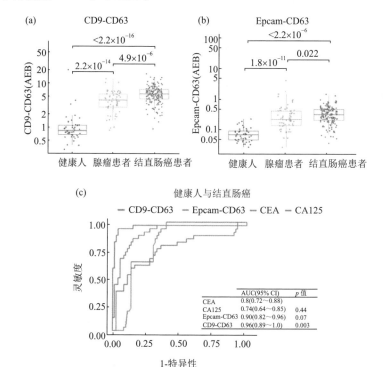

图 6-3　CRC 样本中外泌体检测结果[27]

血浆样本来源于 46 名健康人，51 名腺瘤患者，163 名结肠癌患者

（a）CD9-CD63；（b）Epcam-CD63；（c）ROC 曲线

Huang 等[28]基于镧系元素掺杂的上转换纳米颗粒标记（UCNPs）和全内反射荧光显微镜成像对单个外泌体颗粒进行免疫测定。他们将 CD81，CD63 和 CD9 抗体固定在载玻片表面上用以捕获 Ev，随后用偶联了 EpCAM 抗体的 UCNPs 检测捕获到的外泌体。根据 UCNPs 亮点的数量直接对外泌体计数。CD9+EpCAM+、CD63+EpCAM+、CD81+EpCAM+外泌体的检测限分别为 1.8×10^6/mL、1.1×10^7/mL、8.9×10^6 /mL。

6.2　神经退行性疾病标志物的检测

神经退行性疾病是机体神经元结构或功能逐渐丧失，引起认知及运动障碍的不可逆损伤性疾病，是一种慢性进行性疾病，主要包括阿尔茨海默病（AD）、帕金森病(PD)、肌萎缩侧索硬化症等，发病机制非常复杂，至今尚未完全明确，临床上缺乏有效的治疗办法。早期诊断可有效延缓病程，提高治疗效率，因此神经退行性疾病的早期检测极为重要。当神经元膜结构受到损伤，一些生物标志物，如神经丝蛋白(NFL)、β-淀粉样蛋白(amyloid-β，Aβ)、Tau 蛋白和磷酸化 Tau 蛋白(pTau)，会被释放到脑脊液(cerebrospinal fluid，CSF)中，进而穿过血脑屏障进入外周血液。随着疾病的恶化，生物标志物在体液中的水平发生不同程度变化。通过监测标志物的浓度变化可有效辅助临床诊断。这些标志物在 CSF 中含量最高，但检测 CSF 需要穿刺取样，患者接受度较低，且有一定的风险。相比而言，血液检测对患者损伤小，易于采样且可重复采样，但是血脑屏障的存在导致外周血中标志物浓度低，传统方法难以检测。单分子水平的检测恰好具有灵敏度高的优点，对神经退行性疾病的早期检测十分有利。反过来，神经退行性疾病也是数字免疫分析技术的最成功的应用案例。

6.2.1 β-淀粉样蛋白

阿尔茨海默病(AD)是世界上最常见的神经退行性疾病之一，它会引起人格改变及认知功能的下降，最明显的是严重的记忆丧失。我国 65 岁以上老年患病率3.21%，患病人口超过 800 万，随着我国人口老龄化的进程，AD 发病率逐年上升，不仅严重影响患者自身生活质量，也造成严重的社会经济负担。AD 诊断指南中指出，在患者出现认知损害症状至少 10 年以前，AD 患者脑内就已有相关病理改变。这促使研究者积极进行 AD 病理的生物标志物研究。AD 神经病理的两个主要标志分别是β-淀粉样蛋白(Aβ)的斑块沉淀和 Tau 蛋白过度磷酸化导致的神经纤维原缠结沉淀。所以，Aβ和 Tau 蛋白一直被推荐为 AD 特异性病理生物标志物。PET 成像或测量脑脊液(CSF)中标志物含量得到的 Aβ和 Tau 病理学特征早于症状发生 15～20 年。

Aβ在脑组织中细胞外聚集形成寡聚体和纤维状沉淀是 AD 重要病理特征之一。Aβ蛋白一般由39~42个氨基酸构成，分子量约40 kD，是一种天然无序的蛋白，在溶液中没有特定的四级结构，是多种形态的混合体，其中的 Aβ40 和 Aβ42 是AD 最常用的标志物。传统方法检测结果没有发现 AD 患者和健康对照者血浆中Aβ含量的显著差异。2016 年，Janelidze 等[29]利用 Simoa 平台实现了血浆中 Aβ42和 Aβ40 含量的超高灵敏度测量。在他们的检测中，Aβ42 和 Aβ40 的捕获抗体相同，都以 N 端为靶标，但检测抗体不同，结合到不同的 C 端。检测限分别为 0.019pg/mL 和 0.16 pg/mL，定量限分别为 0.167 pg/mL 和 1.939 pg/mL，远低于传统的免疫分析方法。719 人的队列研究表明血浆中 Aβ42 和 Aβ40 含量与 CSF 含量正相关；AD 患者血浆的 Aβ42、Aβ40 以及 Aβ42/Aβ40 与对照组、主观认知能力下降组（SCD）、轻度认知障碍组（MCI）相比均降低，见表 6-2。这推翻了以往认为血浆中 Aβ含量无法用于 AD 诊断的观点。Vergallo 等[30]进一步研究了 Aβ40/Aβ42 在预测脑 Aβ-PET 状态的准确性，他们用 Simoa 平台以主述健忘老年人队列（$n=276$）为对象，结果表明 Aβ40/Aβ42 的最佳阈值为 17.82，此时 AUC 为 0.794，灵敏度 78.1%，特异性 74.9%。Chatterjee 等[31]研究了 Aβ42/Aβ40 识别 Aβ+和 Aβ–参与者的准确性。他们以 PET 扫描的标准摄取值比例为 Aβ+和 Aβ–的判断标准，以 Simoa 测量的血浆中 Aβ42、Aβ40 及 Aβ42/Aβ40 进行评估，结果发现 Aβ+和 Aβ–参与者的 Aβ42、Aβ40 含量没有明显差异，而 Aβ+参与者的 Aβ42/Aβ40 显著降低。但是 Aβ+个体血浆中 Aβ42/Aβ40 的下降也仅有 10%~20%，脑脊液下降达到 40%~60%，而且血浆中 Aβ42/Aβ40 检测容易受到操作的干扰。血浆中 Aβ42/Aβ40 区分 AD 患者和非 AD 患者的诊断价值还有待进一步研究。将 Aβ 和 pTau 相结合可能更符合早期精准检测要求。

表 6-2　Simoa 平台检测血浆和 CSF 中 Aβ 含量结果(括号内为方差)[29]

项目	对照($n=274$)	SCD($n=174$)	MCI($n=214$)	AD($n=57$)
女性/%	61	55	44	60
年龄	73 (5)	70 (6)	71 (5)	76 (5)
Aβ42(pg/mL)	19.6 (5.2)	18.8 (5.4)	18.8 (6.1)	13.2 (7.3)
Aβ40(pg/mL)	276.7 (66.1)	276.9 (69.1)	287.6 (77.0)	244.3 (105.8)
Aβ42/Aβ40	0.073 (0.023)	0.070 (0.025)	0.066 (0.015)	0.057 (0.022)
CSF Aβ42(pg/mL)	554.0 (195.1)	588.8 (253.4)	470.1 (232.3)	289.5 (103.8)
CSF Aβ40(pg/mL)	4688.5 (1650.0)	4966.5 (1750.5)	4765.3 (1884.8)	4387.2 (1761.6)
CSF Aβ42/Aβ40	0.123 (0.036)	0.123 (0.045)	0.104 (0.044)	0.070 (0.022)

6.2.2　Tau 蛋白

Tau 蛋白是一种分子量在 48~67 kD 的神经微管结合蛋白，诱导神经元微管稳定成束，主要分布在中枢神经系统神经元，星状胶质细胞和少突胶质细胞也有少量表达。神经退行性疾病和脑受到严重伤害患者的脑脊液中发现 Tau 蛋白含量上升，表明 Tau 可以作为一种脑损伤的特异性生物标志物。因此推测，穿过血脑屏障进入外周血液中的 Tau 可能成为非常简便的检测脑状态的标志物。然而，血清中的 Tau 含量很低，低于 pg/mL，阻碍了利用 Tau 评价脑损伤的研究进展。数字免疫分析技术的出现为血液中 Tau 的检测提供了新机遇。

2013 年，Randall 等[32]利用 Simoa 平台建立了血清中 Tau 的检测方法，以 Tau5 为捕获抗体，HT7 和 BT2 为检测抗体，可以捕获 Tau 和 pTAu，血清中检测限为

0.02 pg/mL，超过传统免疫 1000 倍（30~60 pg/mL）。监测了 25 例心脏骤停患者复苏后 108 小时内血清中总 Tau 含量变化，用以预测 6 个月的临床结局。结果发现，血清中 Tau 上升的程度有高有低，从<10 pg/mL 到数千 pg/mL 不等。上升的模式也各不相同，有的在 24 小时内上升，有的在 24~48 小时内延迟上升，还有两种模式兼备的。Tau 含量与时间曲线的 AUC 用于评估 Tau 峰与临床结局的关联性。Tau 含量在 24 小时内上升的患者与预后效果关联性不明显；延迟升高的患者与 6 个月后的预后效果密切相关，灵敏度 91%，特异性 100%。同年，Zetterberg 等[33]用数字免疫分析方法检测了阿尔茨海默病患者血浆中 Tau 含量。这也开启了血液中 Tau 含量与阿尔茨海默病关联性的研究。2021 年，四川大学研究团队撰写的综述[34]荟萃分析了 41 篇利用 Simoa 平台检测血浆中 Tau 和 pTau181 的结果。在这篇综述中主要分析了三个问题，一是正常人血浆中 Tau 和 pTau 的含量是多少？二是 AD 患者血浆中 Tau 和 pTau 与健康人相差多少？三是以 Tau 和 pTau 作为诊断标志物的准确性有多少？针对第一个问题，通过分析 42 个队列（1590 个健康人）的研究结果，健康人血浆中 Tau 平均水平为 3.07 pg/mL。为了解年龄和性别对 Tau 水平的影响，把所有队列分为年轻组（<40 岁），中年组（40~60 岁），老年组（>60 岁）；按性别比例分为低男组（男性比例<40%），均等组（男性比例 40%~60%），高男组（男性比例>60%）。分析表明，Tau 含量与年龄无明显关联；但与性别表现出关联性（低男组 4.15 pg/mL，均等组 2.64 pg/mL，高男组 3.24 pg/mL）。通过分析 7 个队列的 1424 个健康人的检测结果，健康人血浆中 pTau181 平均含量为 11.18 pg/mL。针对第二个问题，通过分析 14 个队列中 1189 个 AD 患者和 1611 个对照样本，AD 患者血浆中的 Tau 水平高于健康人对照样本，加权平均值高出 0.61 pg/mL。性别差异子类中，低男组高出 0.48 pg/mL，均等组高出 0.99 pg/mL，高男组高出 1.30 pg/mL。针对第三个问题，将 4 例研究中的 5 个队列纳入分析。Tau 预测 AD 的综合灵敏度和特异性分别为 0.75 和 0.69，SROC 曲线的 AUC 为 0.77。另外 4 例研究，5 个队列讨论了 pTau181 的诊断准确性，灵敏度和特异性分别为 0.89 和 0.86，SROC 的 AUC 为 0.93。血浆中 pTau181 诊断 AD 的准确性比 Tau 更高，而且与 PET 和 CSF 中 pTau181 的检测结果非常接近。然而，血浆中 pTau181 在 AD 的哪个阶段超过了生理含量，与 AD 特征性病理在时空演进上如何相关等问题还不清楚。

2021 年瑞典哥德堡大学 Scholl 课题组[35]利用 Simoa 平台检测血浆中的 pTau181 含量，进行了一项不少于 6 年的血浆 pTau181 含量的跟踪检测研究。将其含量变化与淀粉样蛋白病理、CSF pTau181 含量等已有研究方法相比较，试图在散发性 AD 疾病谱中建立血浆 pTau181 的自然时间进程。他们建立了一个 1067 人队列进行前瞻性纵向研究，这个队列中有正常认知的病例（CN），有轻度认知障碍（MCI）也有老年痴呆病例（AD）。研究表明：①血浆中 pTau181 含量的动态变化与 β-淀粉样蛋白病理相关明显。图 6-4 是血浆 pTau181 与 PET 测量 β-淀粉样蛋白沉积的相关图。图中用颜色标注的部分为 Aβ 沉淀区域，颜色的变化表示与 pTau181含量相关程度，颜色越红表示相关度越高。图 6-4（a）是基线 pTau 与基线 PET 的相关性，MCI 相关度最高，AD 其次。图 6-4（b，c）分别是基线 pTau 与 PET 变化的相关性以及 pTau 变化与 PET 变化的相关性，都是 MCI 相关度最高，CN 其次，AD 没有相关性。这些结果表明，pTau 含量与 Aβ 沉积在疾病的进展阶段相关性更强。图 6-5 是血浆中 pTau 与 CSF 中 Aβ 的基线含量（a）和纵向变化（b）（垂直蓝虚线），CSF 中血浆中 Aβ 含量尚未达到截止点，pTau181 就已经开始升高并超过了截止点。②pTau181 含量的升高与 6 年后 tau-PET 信号的上调相关，信号分布区与 AD 中 NFT 病理好发部位高度重叠。③血浆中 pTau181 含量变化反映了 CSF 中 pTau181 的动力学过程，而且血浆 pTau181 升高的变化早于 Aβ 标志物显现出不正常水平。他们的研究结论强烈支持利用血液中的 pTau181 作为 AD 诊断和筛选的标志物。有研究者提出其他种类的 pTau 也可以作为 AD 诊断的标志物，效果可能比 pTau181 还要好。比如 Palmqvist 等认为血浆中 pTau217 区分 AD 和其他退行性疾病以及与 PET 的相关性效果要好于 pTau181[36]，关于 pTau217 的评价

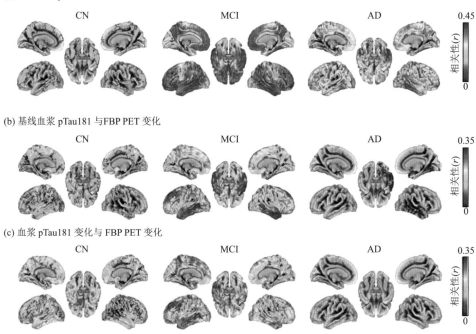

图 6-4　在 AD 的不同阶段，PET 测量的 Aβ 沉积与血浆中 pTau 含量相关性[35]
(a)pTau 基线含量与 PET 基线；(b)pTau 基线含量与 PET 变化；(c)pTau 含量变化与 PET 变化

尚无数字免疫分析的结果，因此不在此详述。2021 年 Ashton 等[37]利用 Simoa 评价了血浆中 pTau231 作为 AD 标志物的准确性和可行性。定量范围在 0.25～64 pg/mL，最低定量限设在 2 pg/mL，低于此值时测量误差大于 20%。研究结果表明，pTau231 从 Aβ 阴性认知功能无损老年人中识别出 AD 患者的 AUC 为 0.92～0.94；从非 AD 神经退行性紊乱疾病患者中识别出 AD 患者的 AUC 为 0.93；从 Aβ 阴性 MCI 中识别 AD 患者的 AUC 为 0.89。他们认为，pTau231 在 AD 临床阶段和神经病理方面的鉴定与 pTau181 效果一样，但是 pTau231 含量提升得更早。

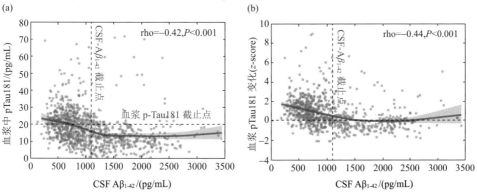

图 6-5　血浆中 pTau 与 CSF 中 Aβ 的基线含量（a）和纵向变化（b）相关图[35]

6.2.3　神经丝轻链蛋白

神经丝轻链蛋白（neurofilament light chain，NfL）位于神经元细胞质中，用于维持神经元结构的稳定性，是神经丝的亚单位。正常情况下，轴突释放低水平的 NfL，随着年龄增长，NfL 释放逐渐增多，20～50 岁之间增长两倍，70 岁再增长两倍。病理条件下，轴突损伤，NfL 的释放急剧增加，释放的 NfL 经脑脊液通过血脑屏障进入外周血中。血液中 NfL 升高的现象在多种神经退行性紊乱疾病均已发现。与其他标志物相比，血液中 NfL 含量与 CSF 含量相关性非常强，也就意味着血液中的 NfL 水平反映了中枢神经系统的病理，外周血的干扰可以忽略。

为了准确建立血清中 NfL 检测方法，Kuhle 等[38]比较了 ELISA、电化学发光（ECL）免疫和 Simoa 三种检测方法分别测量血清和 CSF 中 NfL 的效果。三种方法定量下限分别是 78.0 pg/mL，15.6 pg/mL 和 0.62 pg/mL，超过 50% 的血清样本 ELISA 和 ECL 法无法可靠定量。CSF 和血清中定量的相关性是 Simoa 最强，ECL 其次，ELISA 最弱。三种方法测量 CSF 中 NfL 的相关性比较强，测量血清中 NfL 时，ECL 和 Simoa 相关性相对好些，其他两两之间相关性很差。随后，Gisslen 等[39]报道了 NfL 作为 HIV 感染者中枢神经系统损伤标志物的可行性。结果显示血浆中 NfL 比 CSF 低 50 倍，依然可以用 Simoa 平台测量出来。在 HIV 痴呆和 CD4+ 细胞数低的患者血浆和 CSF 中 NfL 含量显著升高。Rojas 等[40]则研究了血浆中 NfL 作为诊断进行性核上性麻痹症(PSP)的可行性,Simoa 测量 12 个健康人血浆中 NfL 平均含量为 17.5 pg/mL,15 个 PSP 患者为 31 pg/mL。以 20 pg/mL 为阈值诊断 PSP 的灵敏度为 0.8,特异性为 0.83。Rohrer 等[41]研究了额颞痴呆症(FTD)患者血清中的 NfL 含量与正常人的差异,探讨 NfL 作为 FTD 诊断标志物的可行性。FTD 整体平均值为 79.9 pg/mL ± 51.3 pg/mL,而正常人的平均值为 19.6 pg/mL ± 8.2 pg/mL。虽然 FTD 患者血清中 NfL 含量明显上升,但是 FTD 亚型患者的 NfL 分布差异比较大,分布也比较宽。Mattsson 等[42]利用 Simoa 测量了 AD 患者血浆中的 NfL 含量,方法的定量范围为 2.2~1620 ng/L。他们比较了认知功能正常的健康人(193)、轻度认知障碍患者(197)、AD 患者(180)三组受试个体血浆中 NfL 含量、CSF 中 NfL 含量、认知功能测试、神经成像结果。结果表明,MCI(42.8 ng/L)和 AD 患者的血浆 NfL(51.0 g/L)相比对照(34.7 ng/L)含量显著增加,血浆中 NfL 含量与其他几个疾病指标参数正相关。以血浆 NfL 诊断 AD(AUC = 0.87)与 CSF 检测准确性相当。Byrne 等[43]研究了血浆中 NfL 能否作为亨廷顿病的预后标志物。他们进行了 3 年的跟踪研究,回顾性地对照分析了健康人和 CAG 延展突变携带者在血浆 NfL 含量、认知功能、运动机能和脑体积的差异。基线 NfL 浓度在基因突变携带者(3.63 pg/mL ± 0.54 pg/mL)明显高于正常对照(2.68 pg/mL ± 0.52 pg/mL)。基线浓度的高低与后续认知功能的衰退、全面生活能力下降和脑萎缩明显相关。2017 年,Piehl 等[44]利用 Simoa 测量了 CSF 和血清中 NfL 含量与多发性硬化症(multiple sclerosis,MS)的相关性。神经疾病对照组($n = 27$)与 MS 患者组($n = 39$)CSF 中 NfL 平均含量分别是 341(267) pg/mL 和 1475(2358) pg/mL;神经疾病对照组与 MS 患者组血清中 NfL 含量分别是 8.2 (3.58) pg/mL 和 17.0(16.94) pg/mL(括号内为方差)。使用芬戈莫德(Fingolimod)药物治疗组($n = 243$)的平均 NfL 含量 12 个月内由 20.4(10.7) pg/mL 显著下降到 13.5(7.3) pg/mL,在随后的 24 个月内保持稳定。Siller 等[45]利用血清中 NfL 作为多发性硬化的标志物,通过与 MRI 比较基线和 6~37 个月的追踪检测,结果发现基线血清 NfL 与 T2 病灶体积明显相关。基线 NfL 高的患者 T2 病灶体积增加和脑实质体积下降得更快。Oskar 等[46]采用 Simoa 方法测定血液 NfL 浓度,测量 3 个队列中非典型帕金森病(APD)组、帕金森病(PD)和健康对照组的患者中 NfL 的水平,结果表明血液与 CSF 中 NfL 的浓度之间存在很强的相关性($\rho \geqslant 0.73 \sim 0.84$,$p \leqslant 0.001$),血液中的 NfL 水平可有效区分 PD 和 APD(三个队列的 AUC = 0.81,0.85,0.91),但无法区分 PD 与健康人的差别。这说明了血液诊断价值的局限性和条件性。Ashton 等[47]从两个独立的多中心收集了 2269 例个体,分成认知无障碍组、AD 连续疾病组、其他神经退行性疾病组、唐氏综合征组、抑郁症组,分别测量了各组中血浆 NfL 分布值。如图 6-6(a)所示,在两个队列中,与 CU Aβ阴性组相比,认知功能障碍组、唐氏综合 AD 患者组、ALS 组血浆中 NfL 明显上升。但是 PD、DS、抑郁症并没有升高。随后，探讨了 NfL 在区分不同的神经退行性疾病之间以及区分认知无障碍人群的诊断价值。从 CU Aβ−中区分 CU Aβ+, SCD, MCI（AUC = 52%～65%）准确性较差，但识别 AD 的准确性较好（KCL，AUC = 79%；Lund，AUC = 80%）。KCL 队列中从 CU Aβ−中区分非典型帕金森症、唐氏综合征、唐氏综合征并发 AD、FTD 以及 ALS 效果较好（AUCs＞80%）。最后提出了与年龄相关的血浆中 NfL 浓度阈值用于预测神经退行性紊乱疾病、唐氏综合征、抑郁和认知无障碍的依据。

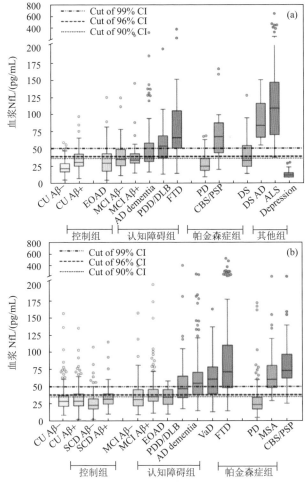

图 6-6　血浆中 NfL 在不同诊断组中的含量比较[47]

（a）KCL 队列（n=805）；（b）Lund 队列（n=1464）

AD, 阿尔茨海默病；ALS, 肌萎缩侧索硬化；CU Aβ−, 认知无障碍且 Aβ 病理阴性；CU Aβ+, 认知无障碍且 Aβ 病理阳性；DS, 唐氏综合征；DSAD, 唐氏综合征并发 AD；EOAD, 早发性阿尔茨海默病；FTD, 额颞痴呆；MCI Aβ−, 中度认知障碍 Aβ 病理阴性；MCI Aβ+, 中度认知障碍 Aβ 病理阳性；PD, 帕金森；PDD/DLB, 帕金森痴呆和路易小体痴呆

Gleerup 等[48]利用 Simoa 测量了 152 位患者和 17 位健康对照者的唾液中的 NfL 含量，其中 162 份样本可定量 NfL，含量在 1.8～2.3 pg/mL 之间，在健康人、MCI、AD 和非 AD 各组之间没有显著差别。唾液和血浆 NfL、脑脊液 Aβ42、pTau 或 Tau 浓度水平之间没有关联。唾液中的 NfL 无法反映大脑中的神经变性，不适合作为神经退行疾病的诊断标志物。

6.2.4 胶质纤维酸性蛋白

胶质纤维酸性蛋白(glial fibrillary acidic protein，GFAP)是一种中间丝蛋白，是星形胶质细胞的骨架蛋白，分子量 50～52 kD，富含谷氨酸和天冬氨酸。在星形胶质细胞受到刺激时，其表达发生变化。脑组织中，星形胶质细胞占胶质细胞的 50%～60%，为神经元的 5 倍以上。血清中的 GFAP 水平反映神经细胞受损的范围和程度。以往认为 CSF 中 GFAP 含量不能显著区分 AD 患者和对照。但是数字免疫分析的结果已经表明临床上 AD 连续谱患者血液中 GFAP 浓度表现出升高态势。

2019 年 Oeckl 等[49]用 Simoa 测量了 AD 患者(n=28，376 pg/mL)、额颞叶痴呆(bvFTD)患者(n = 35，211 pg/mL)、帕金森患者(n=11，186 pg/mL)、路易体痴呆(DLB，n = 19，343 pg/mL)以及对照组(n=34，157 pg/mL)血清中 GFAP 含量。GFAP 在 AD 患者和 DLB 患者中显著升高，CSF 中 GFAP 在各类神经退行疾病中都升高。血清 GFAP 在识别 AD 与对照以及 AD 与 bvFTD 的 AUC 分别达到 0.91 和 0.85。Elahi 等[50]的研究也证实了 GFAP 在早发型和晚发型 AD 患者血浆中的含量都比正常对照组要高，而 NfL 含量则是在早发型 AD 患者中更高。2020 年，Verberk 等[51a]将血浆中 Aβ、GFAP、NfL 水平与 PET 扫描结果进行比较，尝试鉴定临床 AD 谱病理，包括 SCD(n = 70)、MCI(n = 50)和 AD(n = 132)。单一指标识别 Aβ阳性的 AUC 分别是 Aβ42/Aβ40 = 73%；GFAP=81%；NfL=71%，将 Aβ、GFAP 组合之后的 AUC=88%。在 SCD+MCI 组中识别 Aβ 阳性的 AUC 分别是 Aβ42/Aβ40=67%，GFAP=76%，NfL=63%，组合之后的 AUC=84%，说明血浆中 Aβ、GFAP 标志物组合可以用来筛选 Aβ 阳性。他们进一步发现 GFAP 和 NfL 可以用来监视 AD 严重程度。Asken 等[52]的研究也表明，血浆中 GFAP 与 Aβ-PET 成像 Centiloid 量表相关，NfL 则没有这种相关性。额颞叶退行性变(FTLD)患者血清中 GFAP 与健康人相比含量显著差异，而且与疾病的严重性相关[53]。Chatterjee 等[54]利用血浆中 GFAP 含量评价认知正常老年人罹患 AD 病的风险情况。以 PET 为 Aβ 阳性判断标准，Aβ 阳性群体中血浆 GFAP 含量显著高于 Aβ 阴性群体(240.12 pg/mL±124.88 pg/mL vs 151.42 pg/mL±58.49 pg/mL)。以年龄、性别、APOE ε4 等风险指数为基本模型时，区分 Aβ+和 Aβ–的 AUC=0.78；将血浆 GFAP 含量加入基本模型时 AUC = 0.91；再进一步加入 Aβ42/Aβ40 时，AUC=0.92。Verberk 等[51b]则是建立了由 300 位认知功能正常老年人组成的队列，并对其中部分人平均追踪 3 年监测 GFAP 和 NfL 含量变化。27 人发展为痴呆，他们的血清 GFAP(327 pg/mL ± 141 pg/mL)和 NfL(14.8 pg/mL ± 6.5 pg/mL)基线含量都远高于其他人(195 pg/mL ± 123 pg/mL；10.7 pg/mL ± 5.9 pg/mL)，而且他们后续变化的斜率也大于其他人。Cicognola 等[55]研究了血浆中 GFAP 含量与 MCI 转化为 AD 关联性，追踪测量了平均 4.7 年内 160 名 MCI 患者 GFAP 含量的变化。基线 GFAP 含量可以反映出反常 CSF Aβ42/Aβ40 和 Aβ42/T-Tau，准确度以 AUC 衡量分别为 0.79 和 0.80。GFAP 预测 MCI 转化的准确性 AUC 为 0.84。GFAP 变化的斜率对于 Aβ 阳性和 MCI 转化者来说大于 Aβ 阴性和 MCI 稳定者。

6.2.5　α-突触核蛋白

α-突触核蛋白(α-synuclein，α-syn)是一种由 140 个氨基酸组成的神经元蛋白，分子量 14.4 kDa，主要定位于突触前神经末梢。在健康神经元中，α-syn 主要作为单体蛋白存在于神经元突触前，但在患病细胞中，α-syn 异常表达，聚集成为可溶性低聚物和不溶性纤维。目前尚不清楚 α-syn 聚集体与神经元变性的机制联系以及毒性物质的性质，但普遍认为，可溶性的低聚物是最具细胞毒性的 α-syn 形式，它比沉积在细胞内的纤维状淀粉样聚集体更容易接近神经元的各个部分。帕金森病(PD)发病机制的核心现象就是错误折叠的 α-syn 蛋白在大脑中的路易体沉积，因此 α-syn 可以作为 PD 早期诊断、疾病监测和预后评估的特征生物标志物。PD 是仅次于阿尔茨海默病的第二大神经退行性疾病，65 岁以上老年人中超过 1%的会罹患 PD。研究表明，由于形成路易体，PD 或 PD 痴呆患者 CSF 中的 α-syn 含量降低，而血液中 α-syn 浓度用不同的方法测得结果有高有低，没有形成共识。

Ng 等[56]利用 Simoa 平台测量了 221 名受试者(51 名对照组，170 名 PD)血浆中的 α-syn。他们的研究结果表明，血浆中 α-syn 含量与受试者年龄、性别、病程无明显关联性；PD 患者(15.5 µg/L ± 8.48 µg/L)较健康对照者(13.1 µg/L ± 7.77 µg/L)的平均 α-syn 水平升高 16%；α-syn 含量与 H&Y 分级无关，但在 3~4 级有降低的趋势；运动评分小于 23 与对照无差别，运动评分大于 24 的 α-syn 含量较对照高；简易精神状态检查量表(MMSE)打分低的患者 α-syn 含量越高。α-syn 区分 PD 和健康人的 AUC 只有 0.599，附加上 MMSE≤25，AUC 为 0.63。

尸检脑样本中发现大量的磷酸化修饰 α-syn 的沉积和错误折叠，尤其 129 位丝氨酸的磷酸化 α-syn(pS129 α-syn)是最主要成分，因此也将 p α-syn129 视为 PD 诊断的标志物。Cariulo 等[57]利用 Sigulex 的单分子计数免疫分析技术测量 CSF 和血浆中 α-syn 和 pS129 α-syn 的含量，pS129 α-syn 的检测限，定量下限，定量上限分别是 0.15 pg/mL，4.19 pg/mL 和 2560 pg/mL；对于 α-syn 则分别是 12.4 pg/mL，65.5 pg/mL 和 16000 pg/mL。他们的研究表明，由于基质效应，CSF 中 pS129 α-syn 很难检测得到，即使向其中外加 pS129 α-syn，也只有 70%的回收率。而血浆中 pS129 α-syn 则可以很容易检测到。血浆中 pS129 α-syn 检测受到磷酸酶活性的影响，当样品收集时加入磷酸酶抑制剂，pS129 α-syn 含量升高 10 倍。比对了 5 例 PD 患者和 5 例正常人的血浆 pS129 α-syn 含量，PD 患者含量明显升高。

Youssef 等[58]比较了三种检测方法测量血浆中 α-syn 的效果，三种检测方法测得 PD 患者血浆中 α-syn 均高于正常人对照，但是高出程度不同。BioLegend 的化学发光法高出 10%，MesoScale Discovery 的电化学发光法高出 13%，Quanterix 的数字免疫法高出 30%。Quanterix 的 p 值也明显高于另外两种方法。三种方法测量的结果均与患者年龄、性别、患病时间、H&Y 评分无关。但是红细胞裂解释放的 α-syn 对 BioLegend 和 MesoScale 的检测效果影响大于对 Quanterix 的影响。

6.2.6 多指标联检

多指标组合诊断是提高诊断精准度的一个重要方向。不同研究者尝试将不同的标志物进行组合。Sugarman 等[59]将血浆中 NfL 和总 Tau 含量测试相结合，研究它们区分正常认知组(NC)、MCI 组和 AD 组的准确性。AD 组的基线 NfL 含量高于 MCI(对数转换差 0.55)和 NC(对数转换差 0.68)，AD 组的基线总 Tau 含量略高于 MCI 和 NC 组，MCI 组与 NC 组没有显著差别。在诊断准确性上，单独的 NfL 和总 Tau 在区分 MCI 和 NC，AD 和 NC，AD 和 MCI 的 AUC 几乎一致，两个指标的结合并没有增加 AUC 值。Wu 等[60]研究了血浆中 pTau181、NfL、Aβ 含量在中国人群中诊断 AD 的准确性。单一指标中 pTau181 准确性最高(AUC=0.885)，组合了 T-tau、Aβ40、Aβ42、pTau181、NfL 及临床特征数据的诊断模型 9(图 6-7)AUC 达到 0.951，模型 12 将模型 9 简化为 pTau181、Aβ42 及临床特征的组合，AUC 为 0.933，区分 AD 和正常对照的灵敏度为 0.786，特异性为 0.942。

Huang 等[61]研究了血浆中 pTau181、NfL、Aβ 含量与 Aβ 负荷及客观定义细微认知衰退患者(Obj-SCD)之间的关联性。利用 Simoa 检测了 Aβ 阴性正常认知组(Aβ-NC，65 例)，Aβ+NC 组(58 例)，Aβ 阴性客观定义细微认知衰退组(Aβ-Obj-SCD，65 例)以及 Aβ+Obj-SCD 组(48 例)血浆中标志物含量。结果表明，Aβ+Obj-SCD 组比 Aβ-NC 组的仅有 pTau181 和 NfL 显著升高，单独的 pTau181 或 NfL 诊断 AUC 分别是 0.763 和 0.748，当把二者结合后 AUC 升高为 0.814。

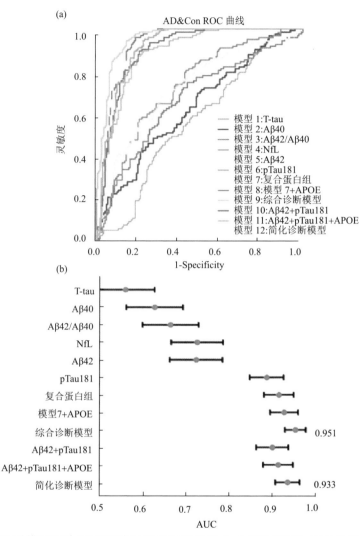

图 6-7 12 种模型鉴别 AD 和正常对照的 ROC 曲线（a）以及它们的 AUC 比较（b）[60]

De Wolf 等[62]收集了 2002～2005 年间鹿特丹研究中的 4444 名非痴呆患者的血浆样本和临床数据，采用 Simoa HD-1 分析仪平台测量了这些血浆样本中的总 Tau、NfL、Aβ40 和 Aβ42 含量，并追踪测量至 2016 年 1 月，以评估血液标志物含量与发生全因痴呆和 AD 痴呆之间的关联度。在最长 14 年的跟踪过程中，549 人发展为痴呆，其中 374 人为 AD 痴呆。研究表明，高 Aβ42 基线值与低全因痴呆风险（HR0.6）和低 AD 痴呆风险（HR0.59）相关。高 NfL 基线值与高全因痴呆风险（HR1.59）和高 AD 痴呆风险（HR1.50）相关。将最低 Aβ42 与最高 NfL 组合得到更高的全因痴呆风险（HR9.5）和 AD 痴呆风险（HR15.7）相关性。总 Tau 和 Aβ40

与痴呆风险无明显关联性。追踪研究表明发展为 AD 的参与者 NfL 升高速度比一直保持非痴呆的参与者快 3.4 倍，血浆值偏离对照 9.6 年后确诊为 AD。血浆中 NfL 和 Aβ42 可以用来评估罹患痴呆的风险性，NfL 尽管不特异，但可以用来监测 AD 痴呆的进展。

Simren 等[63]评估了血浆中 pTau181、NfL、Aβ、GFAP 等标志物在 MCI、AD 痴呆和认知正常(CU)个体中的诊断和监测价值。如图 6-8 所示，Aβ、总 Tau 在诊断 MCI 和 AD 的价值不高，pTau181、NfL、GFAP 在 MCI 和 AD 患者中明显升高。ROC 指出不同的标志物的诊断准确性不同。pTau181 从 CU 中识别 AD 痴呆 AUC 最高达 0.91；从 MCI 中识别 AD 的 AUC 为 0.75；从 CU 中识别 MCI 的 AUC 为 0.71。

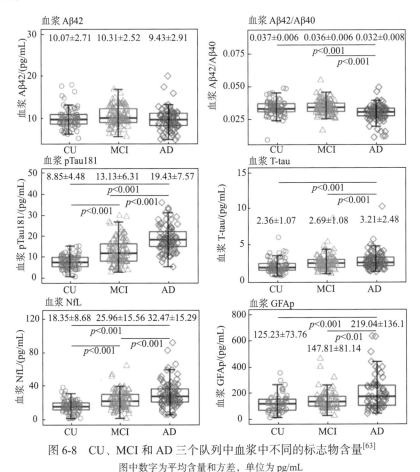

图 6-8　CU、MCI 和 AD 三个队列中血浆中不同的标志物含量[63]

图中数字为平均含量和方差，单位为 pg/mL

Li 等[64]利用 Simoa 平台检测血浆中的 NfL、α-syn、总 Tau、Aβ42 和 Aβ40，

试图建立诊断帕金森综合征(PDS)的标志物组。受试者分成 PD 组(n=45)，多系统萎缩(MSA)组，进行性核上性麻痹(PSP)组和年龄匹配的健康对照组(HC)，各组及各标志物测量平均值见表 6-3。α-syn、$A\beta_{42}$、$A\beta_{40}$、$A\beta_{42}/A\beta_{40}$、NfL 的标志物组区分 PDS 和 HC，以及区分 PD 和 HC 的 AUC 分别为 0.983 和 0.977。总的来看，在区分 PD 以及 APD 的时候，标志物组的诊断准确性高于单一指标。

表 6-3　Simoa 检测血浆中神经退行性疾病标志物含量[64]

标志物/(pg/mL)	PD (n=45)	MSA (n=13)	PSP (n=8)	HC (n=33)
NfL	20.43±14.09	86.53±33.74	53.9±22.97	16±5.18
总 Tau	1.08±0.66	0.51±0.18	0.55±0.17	0.93±0.63
$A\beta_{42}$	10.1±2.99	5.3±1.17	5.83±2.28	5.26±2.01
$A\beta_{40}$	167.35±49.41	119.5±23.78	136.39±30.76	103.9±31
$A\beta_{42}/A\beta_{40}$	0.04±0.01	0.04±0.01	0.04±0.01	0.05±0.01
α-syn	43.5±33.63	44.01±18.51	53.75±52.18	10.36±5.51

6.3　心血管疾病标志物检测

心血管疾病(cardiovascular disease，CVD)是一组心脏和血管疾病的统称，包括冠心病(coronary heart disease)、脑血管病(cerebrovascular disease)、风湿性心脏病(rheumatic heart disease)等。据《中国心血管健康与疾病报告 2021》，CVD 是我国城乡居民死亡的首位原因，农村 46.74%，城市 44.26%，而且处于持续上升阶段，推算 CVD 现患人数 3.3 亿，其中高血压 2.45 亿，卒中 1300 万，冠心病 1139 万，心力衰竭 890 万，给居民和社会带来的经济负担日渐加重。CVD 的危险因素主要包括高血压、血脂异常、糖尿病、慢性肾脏病、代谢综合征、空气污染等。

心血管系统疾病复杂多样，其生物标志物可作为反映心血管病及其严重程度的敏感和特异性替代指标，包括心肌坏死的生物标志物，肌钙蛋白(cTn)；心肌缺血的生物标志物，D-二聚体；心脏功能的生物标志物，B 型利钠肽(BNP 和 NT-proBNP)；炎症反应的生物标志物，C 反应蛋白(CRP)、肿瘤坏死因子-α(TNF-α)等。炎症标志物不具有心血管疾病特异性，关于它们的数字免疫分析方法单独列入炎症标志物检测一节。本节主要介绍心肌梗死标志物——心肌肌钙蛋白(cardiac troponin，cTn)的检测与应用。由于心血管疾病的突发性和复杂性以及心血管疾病生物标志物的多样性，临床检测方法不仅要求快速诊断以便及时治疗，还需要满足多种标志物同时检测以达到精准的诊断结果，单分子计数方法有助于突破目前检测方法的局限，提高心血管生物标记物检测的灵敏度、特异性和多重性。

cTn 是心肌细胞内的结构蛋白,与原肌球蛋白和肌动蛋白结合构成肌原纤维的细肌丝,参与心肌的收缩和舒张过程。cTn 由三种分子质量各不相同的亚基组成,即钙离子结合亚基 cTnC,抑制亚基 cTnI(22.5 kD)和原肌球蛋白结合亚基 cTnT(37 kD)。在心肌细胞膜完整的情况下,cTn 完全储存在心肌细胞中,无法透过细胞膜进入血液循环。当心肌受损时,cTn 随肌原纤维破坏而释放进入血液。其中 cTnC 不适合作为心脏特异性标志物,因为骨骼肌中也表达 cTnC,且氨基酸序列与心肌表达的 cTnC 完全相同。

cTnI 是诊断急性心肌梗死(AMI)的金标准生物标志物。心肌损害发生后的3~4 h 内,人体血液中的 cTnI 浓度迅速增加,变化范围从几 ng/L 到数千 ng/L。2000年欧洲心脏病学会和美国心脏病学会重新定义了急性心肌梗死的诊断标准,推荐以参比人群中的第 99 百分位的 cTn 浓度为分界点,批内测量不精密度小于 10%。这就要求检测方法不仅要高灵敏度,而且检测速度要快,适合床边或救护时的检测要求。cTnI 也可以作为非急性心肌损伤的标志物,比如药物对心肌毒性的防护性监测、心脏移植的排斥性监控等。

2006 年 Singulex 公司推出了流式单分子计数免疫分析仪,评估了 cTnI 的分析效果[65]。Neumann 等[66]为了评估检测方法的灵敏度对罹患 CVD 风险的预测能力,用三种检测方法测量了 7899 名无主要心血管不良事件(MACE)史的参与者的cTn 含量,并跟踪测量了 14 年。三种方法灵敏度高低不同,分别是 STAT cTnI免疫法(LOD,10 pg/mL;10%变异系数测量值为 32 pg/mL),STAT 高灵敏方法(LOD,1.9 pg/mL;10%变异系数测量值为 5.2 pg/mL)和 Singulex 的单分子计数超灵敏免疫分析法(LOD,1.0 pg/mL,10%变异系数测量值在 0.78~1.6 pg/mL)。单分子超灵敏免疫可以检测到人群中 93.9%的 cTnI 水平,cTnI 含量越高未来罹患心肌疾病的风险越高。随后他们[67]用超灵敏 cTnI 测量方法对 1534 名疑似 MI 进行诊断,建立了更低浓度的截止值。入院时血浆 cTnI 含量小于 1 ng/L 或小于 2 ng/L且 1 小时后升高浓度小于 1 ng/L,排除 MI。入院一次测量的结果可以排除 25%以上的患者,两次测量排除 50%的患者,阴性预测值 99.7%。排除组中一年后发生MI 的比率为 1%左右。如果入院时血浆 cTnI 含量大于 25 ng/L 或 1 小时后升高浓度大于 6 ng/L,则分诊为非 ST 段抬高型心肌梗死组,接近 20%进入此组,阳性预测值 79.5%。该组中一年后发生 MI 的比率为 11.6%。单分子超灵敏检测方法为快速分诊疑似 MI 患者提供技术支持。

Jing 等以明场成像记录金颗粒标记的夹心免疫复合体个数,分别以时间差和空间差的方式建立了两种均相数字免疫分析方法。在时间差的方法中[68],标记了金纳米颗粒的检测抗体与 cTnI 的样品反应后,添加到捕获抗体涂层的传感器表面,利用明场显微镜计数单个金纳米颗粒与传感器表面的结合情况,以此来检测抗体-cTnI-抗体的形成。利用此种方法检测未稀释人血中的 cTnI，在 10 min 的检测时间，检测限为 5.7 ng/L，定量限为 6.6 ng/L。在空间差的方法中[69]，他们设计了四个分区的微流控通道，注入 1 μL 血浆样品，免疫复合体沿着通道产生 cTnT 浓度梯度，通过光学成像对不同区域结合的检测抗体进行计数，并通过不同区域之间的差异计数值对 cTnT 的浓度进行量化，检测时间为 30 min，检测限 1.8 ng/L，定量限为 6.2 ng/L。

Jarolim 等[70]利用 Simoa 平台建立了 cTnI 的数字免疫分析方法，45 分钟内完成测量，LOD 为 0.01 ng/L（SD，0.0053 ng/L），LOQ 为 0.079 ng/L（SE，0.034～0.039 ng/L），变异系数 10%的测量值为 2.0 ng/L。97 个健康对照者血浆中 cTnI 含量中间值为 0.65 ng/L，最低值为 0.072 ng/L。362 个心力衰竭患者中间值为 15.3 ng/L，明显高于健康对照组。Empana 等[71]以 Simoa 平台检测了 9503 名未患有 CVD 的志愿者的血浆 cTnI 水平，平台检测限为 0.013 pg/mL，99.6%的参与者的 cTnI 含量可以被检测到，中位数值为 0.63 pg/mL。平均跟踪 8.34 年后，516 人记录了 612 次 CVD 相关就诊。cTnI 识别 CVD 就诊事件的能力最强，可以作为 CVD 一级预防的独立标志物。cTnI 越高，与 CVD 就诊事件越相关。

6.4　炎症标记物检测

炎症标志物多是一些细胞因子（cytokine，CK），由免疫细胞和非免疫细胞受刺激后分泌的多肽类或蛋白质分子，是细胞与细胞之间交流的媒介。细胞因子通过结合细胞表面的相应受体发挥调控免疫应答、参与抗炎反应、促进创伤愈合、参与肿瘤消长及调节细胞增殖、分化等多种作用。按照功能不同分为肿瘤坏死因子（tumor necrosis factor，TNF）、白细胞介素（interleukin，IL）、干扰素（interferon，IFN）、生长因子（growth factor，GF）、集落刺激因子（colony stimulating factor，CSF）等。当机体发生感染、炎症或者其他免疫应答激活时，体内的细胞因子浓度发生改变，因此细胞因子可作为多种疾病的生物标志物。比如，HIV 患者血浆中的 TNF-α、IL-6、IL-8 浓度显著升高；活动性结核患者血清中的 IFN-γ 明显升高。细胞因子在预后和治疗效果反馈也很重要，多种细胞因子的浓度分布可以作为某种疾病的特异指纹图谱。已有报道发现在良性和恶性甲状腺病 19 种 CK 的浓度是不同的[72]。在健康人体内大多数 CK 浓度低于常规方法的检测限，只有当急性病症发作时才能检测得到。因此需要高灵敏的检测方法在症状发生前就能够进行诊断。数字免疫分析就能满足这样的要求。

6.4.1 肿瘤坏死因子

肿瘤坏死因子（tumor necrosis factor α，TNF-α）是由活化的单核巨噬细胞产生的一种多效促炎细胞因子，由 157 个氨基酸构成，分子量 17 kD。TNF-α 是一种具有多功能的重要细胞因子，参与体内协调炎症、免疫和神经激素，可以产生促炎性因子，如 IL-1、IL-6 和 IL-8。TNF-α 一般情况由胸腺分泌，炎性刺激后在心脏、肾脏等部位也有分泌。生理状态下 TNF-α 浓度很低，10^{-10} mol/L 水平。当其浓度达到 10^{-8} mol/L 时，则可能产生微血管凝血等问题。因此 TNF-α 可作为炎症疾病、肿瘤早期检测的蛋白质标记物。

Wang 等[73]基于单分子检测定量法和杂交链式反应，开发了一种新颖、灵敏的非均相 TNF-α 荧光检测方法，成功实现了将杂交链式反应信号放大应用于单分子定量检测(图 6-9)。将固定了 TNF-α 抗体的玻璃基板与 TNF-α 结合，冲洗后，加入生物素化的 TNF-α 抗体，最终在玻璃基质表面形成三明治型免疫复合物。生物素化免疫复合物形成后，依次连接链霉亲和素和生物素化 DNA 起始链，链霉亲和素起到了连生物素化免疫复合物和起始链的桥梁作用，其提供了三个位点来固定生物素化起始链，然后引发剂链引发杂交链式反应，形成长双螺旋聚合物，最后将 SYBR Green Ⅰ嵌入 DNA 中，发射荧光，可以用倒置显微镜荧光成像系统对其进行单分子计数。该方法已成功用于实际血清样本中 TNF-α 的检测，检测范围为 50 fM～1 pM。该免疫传感器具有优异的精密度、重现性、高特异性以及低基质效应，通过改变相应的抗体，可以很容易地扩展到检测其他低丰度的生物标志物。

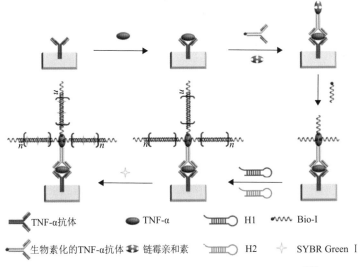

图 6-9　基于杂交链式反应的 SMD 定量方法示意图[73]

Wu 等[74]用 Simoa 平台通过优化了的抗体对,建立了 10 种细胞因子的检测方法,检测限在 0.09~5.92 fM 之间,同时检测了健康人血清中的细胞因子的含量,尝试建立基线标准。表 6-4 汇总了 Simoa 检测 10 种细胞因子的 LOD 和健康人血清中位值。由于抗体制备过程的不稳定性导致测量结果的不重复,他们用慢速解离修饰适配体(slow off-rate modified aptamers,SOMAmers)代替检测抗体进行数字免疫分析[75]。SOMAmers 具有结合亲和力高、化学结构稳定等优点,可作为一种极具吸引力的蛋白质识别试剂。捕获抗体不变,以 SOMAmers 代替检测抗体,在 Simoa 的微孔阵列内形成磁珠-捕获抗体-抗原-SOMAmers-酶的免疫复合体。在微池中加入半乳糖苷酶荧光底物,装载了结合有抗原的磁珠的微池发光。利用 SOMAmers 代替传统的检测抗体构成三明治免疫复合物被证实具有更强的灵敏度,该方法实现了 TNF-α 更低的检测限为 0.67 fM(0.012 pg/mL)。2017 年,Wu 等[76]继续用单组分和多组分 Simoa 平台监测了健康人血清中 15 种细胞因子 14 周内的含量变化情况,以建立参考基线。每个志愿者的 15 种 CK 含量在 14 周内都保持稳定,个体内波动十分小。个体间波动分成两种情况。一种是低波动组,包括 IL-15、TNF-α、IL-12 p70、IL-17A、GM-CSF、IL-12 p40、IL-10、IL-7、IL-1α、IL-5。另一组是高波动组,包括 IL-8、IFN-γ、IL-2、IL-6、IL-1β。低波动组的标志物有望用于建立标准阈值区间。高波动组的标志物适于用作个性化诊疗监测标志物。他们还发现 IL-1α 和 GM-CSF 的检出率比较低,分别是 24%和 20%。

表 6-4　Simoa 检测细胞因子效果汇总表[74]

细胞因子	Simoa(LOD)		ELISA(LOD)	健康人血清含量中位数		可检样本数/总样本数
	fM	pg/mL	pg/mL	fM	pg/mL	
GM-CSF	0.09	0.001	0.26	10.25	0.14	14/15
TNF-α	0.72	0.013	0.191	73.17	1.28	15/15
IFN-γ	1.03	0.017	0.69	46.72	0.79	14/15
IL-1β	0.30	0.0051	0.14	13.23	0.22	15/15
IL-2	5.92	0.089	0.25	34.97	0.52	3/15
IL-4	0.62	0.0093	0.22	11.92	0.18	3/15
IL-5	1.67	0.0217	1.08	29.06	0.41	12/15
IL-6	0.21	0.0043	0.11	46.61	0.95	15/15
IL-7	0.43	0.0073	0.1	15.73	0.27	15/15
IL-10	0.26	0.0048	0.17	68.57	1.28	15/15

6.4.2　白细胞介素

白细胞介素(interleukin,IL)简称白介素,是一类由淋巴细胞、单核巨噬细胞产生调节免疫细胞间相互作用的细胞因子。最初发现是由白细胞产生又在白细胞间发挥调节作用，因而得名。白介素的生物学功能广泛，且十分复杂，主要包括参与免疫应答与免疫调节，刺激造血细胞发育、分化，参与损伤组织恢复、细胞凋亡和抗肿瘤，炎症和免疫病理性损伤等过程。白介素命名按其发现顺序编号命名，已命名 40 种，即 IL-1～IL-40。它们的分子特性和功能各不相同，可参阅相关文献[77]。

克罗恩病(CD)是一种病因不明的慢性炎症性肠病，其特征是可能影响胃肠道任何部位的炎症。在急性炎症发病期间，细胞因子的浓度会发生显著变化。慢性炎症疾病的进展也被认为是由这些蛋白质介导的。Song 等[78]使用灵敏的数字 ELISA，测定 CD 患者接受抗 TNF-α 治疗前后血浆中的 TNF-α 和 IL-6 的含量。研究收集了 17 例 CD 患者(抗 TNF-α 治疗之前)的血浆，并测定每位患者的克罗恩病活动指数(CDAI)，对一部分患者在治疗开始 12 周后进行随访，还收集了与这些患者年龄和性别相匹配的对照组的血浆。经测量发现，CD 患者血浆中 TNF-α 和 IL-6 的浓度分别为 3.6 pg/mL ± 0.9 pg/mL 和 10.9 pg/mL ± 11.2 pg/mL。与对照组相比，患者和健康对照组的 TNF-α 水平没有显著差异，但患者血浆中的 IL-6 水平显著升高。治疗后，游离 TNF-α 和 IL-6 浓度的平均降低率分别为 46%和 58%。该研究使用数字 ELISA 首次定量测量了 CD 患者血浆中 TNF-α 和 IL-6 的浓度，对它们的检测限分别为 0.008 pg/mL 和 0.006 pg/mL，并且由于数字 ELISA 的高灵敏度，能够对治疗后的细胞因子浓度进行量化，可用于监测治疗效果。2015 年，他们[79]开发了 6 组分全自动 Simoa 系统，检测血浆中 IL-6、TNF-α、GM-CSF、IL-10、IL-1β、IL-1α 六种细胞因子的含量，检测限分别是 IL-6(10 fg/mL)，TNF-α(24 fg/mL)，GM-CSF (16 fg/mL)，IL-10(26 fg/mL)，IL-1β(13 fg/mL)，IL-1α(26 fg/mL)。比较它们在 CD 患者接受 TNF-α 抗体药物治疗前后血浆中的含量，以及 I 型糖尿病患者血清中的含量。发现只有 IL-6 在 CD 患者和正常人间有显著差异。用药后 IL-6、TNF-α 和 GM-CSF 浓度分别降低了 52%、34%和 25%。6 组分的检测结果与单组分的检测结果相比，IL-6 的结果高度相关，TNF-α 的相关性相对较差。同时他们也发现 I 型糖尿病患者血清中 TNF-α、GM-CSF、IL-10 和 IL-1β 四种细胞因子的含量高于健康人。

IL-12p70 表达水平经常用来衡量检查点抑制剂治疗的药效动力学效应，然而 IL-12p70 丰度非常低，只有 60～1000 fg/mL。Gupta 等[80]优化了 Simoa 平台检测血浆中 IL-12p70 的检测条件，使定量限达到 0.08 pg/mL，满足 IL-12p70 的检测要求。在 29 份样本中检测到 27 份样品中 IL-12p70，且 CV 小于 20%。随后他们比较测量了黑色素瘤患者使用阿替利珠单抗(Atezolizumab)15 天后血浆中 IL-12p70 含量变化，绝大多数患者表现出 IL-12p70 含量上升的效果，表明 IL-12p70 可用作癌症免疫治疗后的预后生物标志物，数字免疫分析技术也适合用于监测 IL-12p70 表达水平变化。

Song 等[81]提出了预平衡数字免疫分析（PE-dELISA）策略，在免疫反应的早期阶段（15～300s）终止反应，实现快速测量。对于 IL-6，15 s 的反应时间可以达到 25.9 pg/mL 的检测限，动态范围最高为 10 ng/mL。在多指标检测中，仅需要 15 μL 样品，检测限＜0.4 pg/mL，4 小时内完成从采血到结果输出全过程，能实现 ICU 中监测。利用该方法连续 2 周监测了进入 ICU 的 2 例 COVID-19 患者血清中 IL-6、TNF-α、IL-1β 和 IL-10 含量变化。2 例患者都经历了严重的细胞因子风暴和急性呼吸窘迫综合征，经过选择性粒细胞吸附装置（selective cytopheretic device）的治疗表现较好的治疗效果。测量结果显示，IL-6 和 IL-6/IL-10 呈现下降趋势。而在研究托珠单抗对 COVID-19 患者的效果时发现，个体的差异性非常明显，各检测参数的 CV 在 100%上下，但 IL-6 水平在用药组中显著升高。他们进一步改进方法[82]，将机器学习和双色标记及空间编码相结合，提高了检测通量和检测准确度，实现了血清中 12 种细胞因子的联检，从进样到出结果 40 分钟，其中孵育 5 分钟，仅需 15 μL 样品，检测浓度＜5 pg/mL。这种方法可以用来监测嵌合抗原受体 T 细胞治疗过程中患者血液中细胞因子含量变化情况。

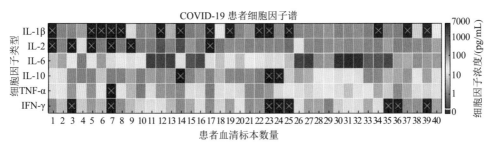

图 6-10　40 位新型冠状病毒感染患者血清中细胞因子含量分布热图[83]

每个像素中的值为 6 次测量的平均值。× 表示浓度低于检测限，未检出

Gao 等[83]在微流控平台的不同通道中固定上不同的捕获抗体，以 100 nm 的银纳米颗粒为标记物连接到不同抗原对应的检测抗体上，在微流控通道中免疫结合，不同位置处对应着不同种类的抗原，银纳米颗粒的个数对应着抗原的数量，以暗场显微镜成像结合机器学习计数定量抗原。仅需 3 μL 血清即可完成 6 组分细胞因子的检测，检测限分别是 0.91 pg/mL（IL-1β）、0.47 pg/mL（IL-2）、0.46 pg/mL（IL-6）、1.36 pg/mL（IL-10）、0.71 pg/mL（TNF-α）、1.08 pg/mL（IFN-γ）。用 5 块芯片 5 小时内对 40 份 COVID-19 重症患者的人血清标本重复检测了 6 次，共进行了 1440 次测试，平均结果如图 6-10 所示。1～25 号患者未经任何治疗，与健康人细胞因子含量相比较均上调，IL-6、IL-1β、IL-2、TNF-α、IFN-γ 上调人数的比率分

别是 52%、60%、64%、52%和 80%。细胞因子含量的上调意味着患者可能发生细胞因子风暴。26～35 号和 36～40 号患者分别经托珠单抗和 SCD 治疗。这些患者的细胞因子含量都明显更高。

Walt 等[84]开发了基于磁珠和 DNA 滚环放大的流式数字免疫分析技术（MOSAIC），与 Simoa 平台相比，不需要实体微孔阵列进行离散，流式检测方式的检测效率更高，因此灵敏度更高，多组分检测能力更强。其细胞因子的单组分和多组分检测能力见表 6-5 和表 6-6。分别用 MOSAIC 和 Simoa 检测唾液中 IFN-γ 含量，前者可检测到 65%（17/26）的样品中含有 IFN-γ，后者可检测到 42%（11/26）。

表 6-5(a)　MOSAIC 单组分检测限[84]（以基线+3 倍方差计算）(aM)

磁珠数	IL-10	IFN-γ	IL-6	IL-1β	IL-8	IL-12p70
100000	255.5	99.9	421.3	152	109.9	5.8
50000	43.3	20.7	263.7	124	98.8	16.7
20000	15.9	43.1	227.9	517.1	105.2	6.9
10000	24.8	18.9	877.1	425.5	37.9	9.6
5000	22.7	34.8	607.6			
2000	30.1					

表 6-5(b)　MOSAIC 单组分检测定量限（以基线+10 倍方差计算）(aM)

磁珠数	IL-10	IFN-γ	IL-6	IL-1β	IL-8	IL-12p70
100000	809.1	304.5	900.1	467.9	359.8	19.9
50000	124.7	67.4	809.9	401.5	262.2	52.9
20000	45.9	107.5	699.0	1280.40	322.4	23.5
10000	72.1	47	2447.0	1236.40	120.2	30.5
5000	67.6	78	1578.20			
2000	77.3					

表 6-6　血浆中八组分和四组分检测效果的比较[84]（[ ]为波动范围）

	LOD (aM)		LLOQ (aM)	
	MOSAIC	Simoa（磁珠 125000）	MOSAIC	Simoa
IFN-γ	166.0 [136.6～194.4]	308.7 [240.3～717.6]	524.9 [434.3～614.3]	1053.2 [714.4～2192.7]
IL-1β	445.5 [230.4～520.9]	322.1 [161.1～364.7]	1357.8 [748.9～1380.6]	976.3 [555.9～1175.1]
IL-5	942.0 [539.4～1373.3]	532.0 [352.1～1139.5]	2995.2 [1523.4～3470.6]	1683.2 [1175.6～3920.6]
IL-6	707.2 [87.5～1570.6]	426.7 [344.8～670.2]	1919.7 [297.7～4687.8]	1350.7 [1043.1～1856.8]

续表

	LOD（aM）		LLOQ（aM）	
	MOSAIC	Simoa（磁珠 125000）	MOSAIC	Simoa
IL-10	59.1 [33.2～107.2]	377.4 [216.4～381.0]	157.2 [106.3～287.1]	1106.7 [682.4～1257.3]
IL-12 p70	54.6 [23.0～271.4]	83.6 [80.8～125.3]	163.1 [72.7～807.8]	312.0 [287.8～375.5]
IL-18	11141.6 [4922.8～37997.9]	1497.2 [1319.0～2460.8]	29356.8 [16539.1～114204.2]	4265.7 [3958.0～7678.9]
VEGF	3056.7 [1965.9～3673.4]	986.4 [766.5～1163.7]	10325.7 [6963.4～10831.0]	2864.1 [2583.8～3002.8]

2023 年，Su 等[85]集成了数字免疫传感与组织芯片，原位监测脑内皮细胞屏障细胞因子分泌水平。如图 6-11A 所示芯片上层培养鼠脑微血管内皮细胞，下层为可移动三组分数字免疫微孔阵列。中间的纳米孔膜和内皮细胞起到模拟脑微血管和脑之间的屏障作用。在上层施加内毒素刺激，内皮细胞分泌细胞因子，部分穿过屏障与微孔中固定的捕获蛋白结合。数字免疫分析方法中不需要磁珠，在芯片的不同区域结合不同的细胞因子抗体，结合好细胞因子的微孔阵列芯片直接加入酶标抗体和底物，避免了磁珠离散效率低的问题，MCP1、IL-6 和 KC 的检测限分别为 0.576 pg/mL、0.101 pg/mL 和 0.433 pg/mL。这一方法可以在 10 小时内测量屏障两侧若干个时间点的细胞因子含量，不同的细胞因子的分泌速率和穿过屏障的速率各不相同，血管侧细胞因子 6 个小时达到稳态,脑侧 10 小时内一直上升。这为在器官芯片上连续测量多组分细胞因子的分布提供了技术支持。

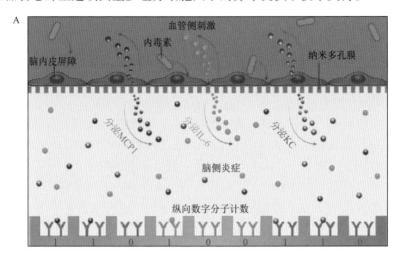

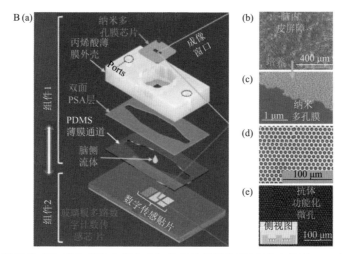

图 6-11　A. 数字免疫传感集成脑血管内皮细胞芯片监测细胞因子示意图；B. 芯片结构图及检测效果图[85]

6.4.3　干扰素

干扰素(interferon，IFN)是一种糖蛋白，具有抗病毒、抑制细胞增殖、调节免疫及抗肿瘤作用。根据结构和来源不同，主要有白细胞干扰素(IFN-α)、成纤维细胞干扰素(IFN-β)和免疫细胞干扰素(IFN-γ)三大类。干扰素分为Ⅰ型和Ⅱ型，Ⅰ型耐酸和热，主要包括 IFN-α 和 IFN-β。Ⅱ型在酸热条件下失活，主要是 IFN-γ。

Rodero 等[86]最早开展了干扰素的超灵敏测量，建立了基于 Simoa 平台的Ⅰ型 IFN-α 检测方法，检测限 0.23 fg/mL。比较了健康志愿者(n=20)、Ⅰ型干扰素疾病患者(n=27)、青少年皮肌炎(dermatomyositis)患者(JDM，n=43)、系统性红斑狼疮患者(SLE，n=72)以及由于特异染色体突变引起的视网膜血管病与脑白质营养不良患者(RVCL，n=30)血清中 IFN-α 水平。其中干扰素疾病患者按照突变基因的不同，分成了不同类型，如图 6-12 中最右侧彩色点所示。RVCL 患者 IFN-α 水平变化的结果历来没有过报道，可作为阴性对照，其含量与健康人(中位值 1.6 fg/mL，四分位距[IQR]0.95～4.6 fg/mL)没有显著差别。干扰素疾病(中位值 310 fg/mL，IQR 71～2223 fg/mL)、SLE(中位值 20 fg/mL，IQR 0.69～234 fg/mL)和 JDM(中位值 56 fg/mL，IQR 14～120 fg/mL)患者的 IFN-α 水平均显著上升。将患者血液中不同类型的细胞分离裂解后，分别测量 IFN-α 水平，结果发现 STING 患者(Ⅰ型干扰素疾病的一种)的 $CD14^+$ 单核细胞和浆细胞样树突细胞中的 IFN-α 水平最高，其他患者的细胞以及 STING 患者的其他细胞与健康人没有显著不同。

Ⅰ型干扰素(IFN-Ⅰ)通路的激活是多种系统性自身免疫性疾病(systematic autoimmune disease，SAD)的病理生理学特征，然而 IFN-Ⅰ亚型的多样性和低含

量使得通过常规技术（如 ELISA）对生物样品中 IFN-Ⅰ蛋白进行定量变得复杂，超
灵敏 Simoa 技术的发展促进了 IFN 蛋白在多种与免疫性疾病相关的患者血液中的
直接测量，为疾病的诊断、分型、进展及预后提供了可能的技术支撑。以下简要
介绍数字免疫分析检测干扰素含量在系统性红斑狼疮、结核病、登革热病毒感染、
干燥综合征等疾病中的应用案例。

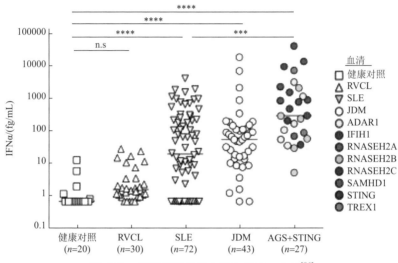

图 6-12　不同疾病患者血清中 IFN-α 含量[86]

　　系统性红斑狼疮（systemic lupus erythematosus，SLE）是一种病因不明的慢性
自身免疫性疾病，可累及患者全身多个脏器及系统。临床上还是根据美国风湿病
协会的 SLE 分类诊断标准进行诊断，缺乏定量化诊断标准。许多研究者认为干扰
素（IFNs）的失调是 SLE 中观察到的免疫异常的一个主要原因。患者血清 IFNα 水
平升高与 SLE 活动和严重程度相关。因此，IFNα 过度表达与 SLE 活动之间的密
切关联表明监测这种细胞因子可能有助于医生更好地评估疾病。Mathian 等[87]利
用数字 ELISA 对 150 例 SLE 患者血清中的 IFNα 浓度进行定量，在健康志愿者血
清 IFNα 水平的基础上，设定 IFNα 不正常阈值为 136 fg/mL，SLE 活动组与稳定
组的 IFNα 阈值为 266 fg/mL，用这一阈值区分活动与稳定病例的 AUC 为 0.83。

　　结核病是结核分枝杆菌引起的严重影响人类健康的慢性传染病，我国是结核
高负担国家。结核分枝杆菌经由呼吸道侵入人体，在临床上形成活动性结核病在
（active tuberculosis）和潜伏感染（latent tuberculosis infection，LTBI）。LTBI 患者的
结核抗原为阳性，但没有结核病临床症状和放射学表现，是结核发病的蓄水池。
5%～15%的 LTBI 会发展为活动性结核病。控制和减少 LTBI，把结核病消灭在
LTBI 状态是控制结核病疫情的关键措施。γ干扰素（IFNγ）释放测试是一种筛查结

核病的方法，但是有些测试结果不能明确阳性还是阴性，处于不确定范围，高灵敏的数字免疫分析也许能够测试出更精准的结果。Salah 等[88]利用 Simoa 技术分析了 30 例阴性、35 例阳性、25 例不确定阴性、31 例不确定阳性以及 30 例不确定样本,定量限为 0.002 IU/mL,0.05～1.04 IU/mL 之间的批间 CV 为 3.7%～8.2%,比常用方法更灵敏、更精密。Simoa 的分析结果显示 83.3%的不确定结果可以归类为阴性；74%的不确定阳性归类为阳性；72%的不确定阴性重新归类为不确定阳性或阳性。Llibre 等[89]则测量了结核病患者血浆中 IFNα 和 IFNβ 的浓度，发现两种蛋白在活动结核病患者和 LTBI 患者中没有明显差异，比健康对照仅是微弱升高，反而是流感患者的两种蛋白含量显著高于健康对照和结核患者。然而血液中转录组特征的研究则显示活动性结核患者转录组特征打分高于 LTBI 患者，与血液中直接测量蛋白含量的结果不一致，这为进一步理解结核分枝杆菌感染的免疫过程提供了帮助。

Upasani 等[90]的研究表明登革热病毒感染患者血液中 I 型 IFN 水平明显高于正常人，其中 IFNα 比 IFNβ 更显著。Simoa 定量 IFNα 比 IFNβ 的检测限分别是 0.005 fg/mL 和 0.05 pg/mL。病毒载量与蛋白水平正相关，病毒载量越高，血液中 IFN 水平越高。IFN 的受体亚基基因 IFNAR2 及 IFN 相关 IRF7 基因的 mRNA 表达量在患者外周血单核细胞中上调。

干燥综合征(Sjogren's syndrome，SS)是自身免疫功能紊乱累及外分泌腺体导致的疾病，除局部症状之外，还会引起其他器官的免疫性损伤。Huijser 等[91]招募了两个独立的原发性 SS(pSS)队列(n=85，n=110)，一个系统性硬化症队列(systemic sclerosis，SSc，n=23)，一个 SLE 队列(n=24)以及两个健康对照组(HC)(n=40，n=28)，以 Simoa 测量参与者血清 IFN-α2 含量，RT-PCR 测量全血中 IFN 刺激基因(ISGs)表达量，酶免疫测量全血中黏病毒抗性蛋白 A(MxA，IFN 诱导表达的抗病毒蛋白)含量。结果显示,Simoa 可以检测到 75.3% 的 pSS,75%的 SLE,56.5% SSc 以及 45%的 HCs 血清中的 IFN-α2 含量。相比 HC(中位值≤5 fg/mL)，pSS(中位值61.3 fg/mL)、SSc(中位值 11.6 fg/mL)、SLE(中位值 313.5 fg/mL)患者的 IFN-α2 含量均显著上升。三种疾病患者的 IFN-α2 含量与 ISG 表达和 MxA 含量均正相关，其中 SLE 患者相关系数最高。这些工作是对 IFN 激活通路的进行直接测量的一种尝试。

Trouillet-Assant 等[92]探讨了以 IFN-α 为标志物区分发热小儿是细菌感染还是病毒感染的可行性。Simoa 定量限为 30 fg/mL,2%(1/46)的病毒感染和71%(39/55)的细菌感染患者血清中 IFN-α 含量低于定量限。病毒感染者 IFN-α 含量(7856 [3096～62395] fg/mL)的中位值显著高于细菌感染者(406[68～3708] fg/mL)。IFN 评分结果与之类似，且二者之间强相关。

由于数字免疫分析的超高灵敏度，近几年很多关于 SAD、病毒感染以及相关药物治疗的研究中使用 Simoa 平台直接测量血液中的干扰素含量，结合转录组学特征(transcriptional signature)技术和 IFN 诱导蛋白表达等生物学技术联合研究疾病种类、疾病进程、疾病用药与不同 IFN 及 IFN 亚型含量的关系，探讨 IFN 的激活通路，为理解疾病的发生、演进、治疗提供了新的认知[93-97]。

6.4.4 C 反应蛋白

C 反应蛋白(C-reactive protein，CRP)由细胞因子诱导肝脏产生，最早发现于急性炎症患者体内,因其能够和肺炎双球菌细胞壁的 C 多糖反应沉淀而得名,CRP 的水平与炎症的发生、发展密切相关，在其他疾病如心血管疾病、肿瘤等也有作用。目前认为低水平的 CRP 变化与心血管疾病相关。CRP 由 5 个完全相同的多肽链球形单体共价结合组成，分子量约 100 kD，不耐热，半衰期 19 小时。健康人血液中 CRP 浓度低于 10 mg/L，病毒感染者体内 CRP 含量为 10~40 mg/L，活动性炎症和细菌感染体内 CRP 含量为 40~200 mg/L,严重细菌感染升高到 200 mg/L 以上。已有研究表明[98]，发生创伤、组织坏死、急性发炎时，血液中 CRP 在 48 小时内迅速增高到基线值的 1000 倍；另一方面，CRP 长期低于 5 mg/L 在冠心病、局部缺血脑卒中和急性心肌梗死等疾病的发展起到关键作用；另外，在 COVID-19 患者中，血液 CRP 是一个描述疾病严重程度的指标，大于 26.9 mg/L 有发展为重症的风险。

Altug 等[99]建立了光学异常透射(EOT)的数字免疫分析方法,其检测原理如图 6-13 所示，当金纳米颗粒位于纳米孔内或临近处(<100 nm)，引起 EOT 峰的强烈降低，这种差异用于实现对单个金颗粒的成像。在纳米孔阵列表面修饰上捕获抗体，加入抗原和标记了金颗粒的检测抗体，形成夹心结构的免疫复合体，在明场显微镜下记录 EOT 降低的金颗粒个数，作为定量抗原的参数。非特异吸附的金颗粒作为背景扣除。以 CRP 为检测对象，缓冲液中检测限为 27 pg/mL，细胞培养液中检测限为 69 pg/mL。2020 年他们[100]进一步制成了便携式设备，重量少于 1 kg，在临床上检测了脓毒症患者、非传染性全身炎症反应综合征患者(SIRS)以及健康人血清中 CRP 和降钙素原(PCT)的含量，检测限分别是 36 pg/mL 和 21.3 pg/mL，动态范围 3 个数量级，检测仅需要 20 μL 样品，15 分钟内完成。患者的 CRP 和 PCT 含量都显著高于健康人，区分健康人的 AUC 为 1。PCT 区分脓毒症和 SIRS 的 AUC 达到了 0.995。Zhang 等[101]利用类似的研究思路，但不需要金颗粒标记检测抗体,直接将免疫复合体连接到纳米孔中,获得了 2.36 ng/mL 的 CRP 检测效果。

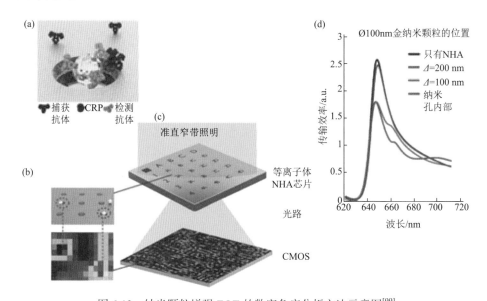

图 6-13　纳米颗粒增强 EOT 的数字免疫分析方法示意图[99]

(a)纳米孔内免疫结合金纳米颗粒；(b、c)纳米孔阵列局部图；(d)EOT 透光比率，结合了金颗粒的透射率显著降低

CMOS：互补金属氧化物半导体

6.5　病　毒　检　测

6.5.1　新型冠状病毒

　　新型冠状病毒(severe acute respiratory syndrome coronavirus 2，SARS-CoV-2)感染引起新型冠状病毒肺炎(COVID-19)。新冠病毒为β属冠状病毒，有包膜，呈圆形或椭圆形，直径 60～140 nm，由核壳蛋白(nucleiocapsid，N)包裹病毒 RNA 基因组构成核衣壳，核衣壳外包裹着病毒膜，膜里嵌有刺突蛋白(spike，S)、膜蛋白(membrane，M)和包膜蛋白(envelope，E)。S 蛋白包括 S1 和 S2 两个亚基，S1 亚基包含 N 端区和受体结合域(RBD，C 端区)。病毒入侵人体呼吸道后，RBD 与宿主细胞表面的受体血管紧张素转化酶 2(ACE2)结合，引起感染[102]。N 蛋白是引起患者产生抗体的主要抗原。COVID-19 传染性强，严重患者可出现多器官衰竭致死。快速和高灵敏的检测病毒识别感染者是大面积早期筛查患者，防控疫情的关键。常用的检测方法主要包括核酸检测、抗原检测、血清学检测。实时反转录定量 PCR 是新冠病毒诊断的金标准，灵敏度多为 10～150 拷贝/反应，对环境和仪器要求较严格，需要熟练的操作人员，样本周转时间为 4～6 小时，甚至更长。侧向流抗原检测是核酸检测的补充、快捷、简便，适于家庭自测，然而其总

体检测灵敏性偏低(34%～92%)，病毒载量越低，灵敏度越低，阳性一致百分比只有 22.9%～71.4%[103]。从切断转播链，防止蔓延的角度讲，高灵敏的检测方法可以最大限度地减少漏诊阳性病例的可能性。血清学检测是针对患者血液中的新冠特异性抗体(IgM/IgG)的检测方法,但只有患者感染一周后才产生可被检测的抗体，因此血清学检测只能作为既往感染判别，不适用于快速筛查，也不适用于再次感染患者。图 6-14 显示了新冠病毒感染过程的免疫响应过程，也给出了不同检测方法的窗口期[104]。在无症状阶段，病毒 RNA 和病毒抗体是适宜的检测标志物，但这时浓度很低需要高灵敏检测方法，数字免疫分析也是一种有效的检测方案。RT-PCR 无法提供疾病进展情况，患者已经血清转化或康复几星期了，依然测量为阳性。血清学测量可以鉴别患者经历了免疫应答，但不能用于感染早期的监测。

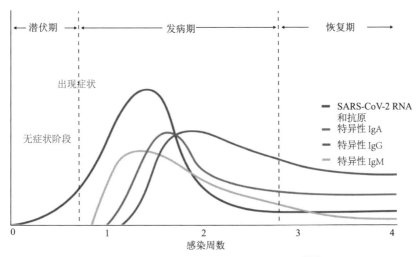

图 6-14　新冠病毒的特异抗体相应过程[104]

潜伏期相对较长，有 5～10 天。IgM 最快响应，并在 7 天内达到峰值。IgA 和 IgG 在 IgM 响应后的几天内升高，其后含量并不降低

　　鼻咽拭子采集样品是最常用的样品收集方式，患者感觉不舒适，需专业人员，采集过程有感染风险。唾液样本具有采集方便、快速、可自行采集等优势，受到重视。但是唾液中抗原浓度低，检测难度大，Breshears 等[105]用生理盐水漱口水为样本，加到纸基芯片上，蒸干使病毒附着在芯片表面，再加入荧光颗粒标记的新冠病毒核壳蛋白(N)抗体，发生免疫凝集反应，形成荧光团聚物，以智能手机计数团聚物的个数，定量检测新冠病毒含量，检测限为 10 ag/μL(1 个拷贝的病毒约为 1 fg)。对 27 份样本(其中 13 份为 RT-qPCR 阳性)检测，灵敏度、特异性、准确性分别为 100%、86% 和 93%。他们[106]用这一技术考察了 S 和 N 蛋白的单克

隆抗体分别对新冠病毒变种 Delta 和 Omicron 的 N 蛋白和 S 蛋白的交叉反应。S 蛋白单克隆抗体(mAb-S)与 Omicron 的 S 蛋白(O-S)和 N 蛋白(O-N)均发生免疫结合。N 蛋白的单克隆抗体(mAb-N)仅与 Omicron 的 N 蛋白(O-N)结合。为了克服已有数字免疫分析仪比较庞大的缺点(141 cm × 79 cm × 161 cm),Chiba 等[107]设计制作了一款面向新冠病毒 N 蛋白抗原检测的台式全自动数字免疫分析仪(32 cm × 60 cm × 57.5 cm)。他们的仪器有三个特点,一是不使用流动通道和额外的储液池,在杯型装置的底部制作微孔阵列,反应、离散、检测均在杯中完成;二是磁珠的装载程序简单,向杯中加入密度大于缓冲液的油,由于重力油向下移动,在替换下层缓冲液的过程完成磁珠离散;三是使用黑染料覆盖在杯中降低荧光背景。该装置检测 N 蛋白的检测限为 0.0043 pg/mL,CV 14.2%,检测时间 28 分钟。利用该方法比对检测了 159 个 RT-PCR 阴性和 88 个 RT-PCR 阳性患者的鼻咽拭子样本,截断值为 0.029 pg/mL 时,阳性样本灵敏度为 94.3%(83/88),阴性样本特异性为 98.1%(156/159)。

  Ogata 等[108]联合使用基于 Simoa 平台开发的病毒抗原分析法及病毒血清分析法,定量检测了 COVID-19 患者血浆中的 3 种抗原(S1,S,N)以及 7 种抗 SARS-CoV-2 的免疫球蛋白(总 IgA,IgM,IgG,IgG1,IgG2,IgG3,IgG4)。三组分联检 S1,S 和 N 抗原的检测限分别为 5 pg/mL(0.07 pmol/L)、70 pg/mL(0.39 pmol/L)和 0.02 pg/mL(0.4 fmol/L),检测限的差异来自于抗原抗体解离常数的不同。在 64 名 RT-PCR 阳性患者中,可以检测到 41 人血浆中的 S1 和 N 抗原,只能检测到 5 人血浆中的 S 蛋白。在阴性对照中,流行病前健康人和流行病前患者中也有少量个体检测到 S1 和 N 蛋白。随后他们监测了入院患者血浆中抗原和抗体的变化情况。抗原浓度在感染初期为高浓度,随后逐渐降低至最后清除。抗体浓度则随时间逐渐增高,血浆抗体达到稳态时,意味着患者完成了血清转换,通常发生在第一次鼻咽 RT-PCR 阳性测试后(7 ± 1)天,病毒清除(S1 和 N 浓度均不可检测)发生在血清转化后的(5 ± 1)天。S1 蛋白浓度与临床发展为重症的相关性更高。按 S1 浓度分成 0 浓度组,低浓度组(低浓度组 6～50 pg/mL,0.08～0.65 pmol/L),高浓度组(>50 pg/ mL,>0.65 pmol/L),各组进入 ICU 的比例分别为 30%(7/23),52%(12/23),77%(14/18)。入院后各组开始插管的时间也与 S1 浓度高度相关,高浓度组入院 1 天内插管。

  Olsen 等[109]利用 Simoa 平台技术开发了病毒 N 蛋白的检测方法,以 148 份 RT-PCR 阳性和 73 份阴性口咽拭子对分析对象,截断值为 0.01 pg/mL,灵敏度为 95%,特异性为 100%。Shan 等[110]也利用 Simoa 平台检测血液、干血以及唾液中的 N 蛋白。检测限 0.099 pg/mL(0.046～0.204 pg/mL),定量下限(0.313 pg/mL)。与 RT-PCR 相比,无论是有症状患者、无症状患者还是出现症状前的 PCR 阳性患者,在所有的基质中 Simoa 阴性测量准确性＞98%，阳性测量准确性＞90%，认为 N 蛋白能够指示早期无症状和有症状的新冠病毒感染。

Zhao 等[111]以修饰了 S 蛋白的光子晶体为基底，以偶联了 IgG 二抗的海胆形金纳米颗粒为探针，当样品中存在病毒 S 蛋白特异抗体时，光子晶体表面形成夹心结构的免疫复合体，固定在光子晶体表面的金颗粒强烈地猝灭了光子晶体的反射光强度，从而可以识别并计数单个金颗粒，实现数字免疫分析。利用这个方法，作者实现了 15 分钟内 4 μL 血清中 COVID-19 IgG 的定量检测，检测限和定量限分别为 26.7 pg/mL ± 7.7 pg/mL 和 32.0 pg/mL ± 8.9 pg/mL。

Ou 等[112]认为利用高灵敏的数字免疫分析技术可以缩短检测到病毒特异抗体的血清转换时间，进而在更早的时间点检测病毒感染。他们分别以 S1 蛋白的受体结合域(RBD)和 S2 蛋白中氨基酸序列(S2-78)修饰磁珠，在 Simoa 平台上检测到康复患者血清中的新冠病毒特异抗体 IgM 和 IgG。随后监测了健康人接种疫苗后的抗体含量变化，Simoa 可以在第一次接种后 7.5 天检测到 IgG 含量明显上升，8.6 天检测到 IgM 含量上升，而流式细胞仪则分别需要 21.5 天和 24 天。

中和抗体(neutralizing antibody)指机体受病毒表面抗原刺激产生的能与病毒结合，阻断病毒传播的抗体。血清中和抗体效价的测量对于理解病毒诱导的宿主免疫响应过程、评估疫苗效力以及筛选中和抗体治疗血浆等方面有积极意义。Gilboa 等[113]利用Simoa平台建立的竞争性免疫方法评估COVID-19患者血浆中的中和蛋白水平。其原理是：磁珠标记 S 蛋白，ACE2 偶联半乳糖苷酶，二者形成复合体(磁珠-S 蛋白-ACE2-酶)。当加入 COVID-19 康复患者血浆中含有中和抗体时，中和抗体阻断 S 蛋白与 ACE2 的结合，导致复合体个数降低，降低的程度代表血浆中中和抗体的含量。与传统中和抗体分析相比，此方法灵敏度更高，时间短，两小时内完成，而且不需要活病毒或细胞，可在生物安全 2 级实验室进行。

Norman 等[114]开发了多重 Simoa 检测法，以 4 种新冠病毒抗原(S 蛋白，RBD，S1，N 蛋白)检测对应的免疫球蛋白(IgG，IgM 和 IgA)，只需要小于 1 μL 的血浆样本，就能完成 12 种血清抗体的分布情况。识别 COVID-19 流行前健康对照样本和 RT-PCR 阳性患者样本的准确度为 99%。

6.5.2 人类免疫缺陷病毒

人类免疫缺陷病毒(human immunodeficiency virus，HIV)是获得性免疫缺陷综合征(AIDS)的病原体，是一种慢性病毒，能破坏免疫系统，导致机体容易遭受细菌、病毒、真菌等多种感染而致死。AIDS 是一种高死亡率的传染病，即使经过联合抗逆转录病毒治疗(cART)，由于病毒整合在宿主基因组形成的病毒储存库避开了免疫监视和清除,使得 AIDS 难以治愈。HIV 为球形病毒颗粒,直径 100~120 nm,最外层有包膜,膜上镶嵌由两种糖蛋白(gp120 和 gp41)构成的刺突,膜内侧为 p17 内膜蛋白。gp120 与宿主细胞表面的受体结合,诱导机体产生中和抗体。HIV 受体主要是 $CD4^+T$ 淋巴细胞表达的 CD4 分子。病毒内部含有由衣壳包裹着的核衣壳。衣壳由衣壳蛋白 p24 构成,每个 HIV 颗粒大约包括 2000 拷贝的 p24 蛋白。核衣壳由核衣壳蛋白 p7 构成,内有两条正链 RNA 及其复制需要的酶。

在 AIDS 的筛查、诊断、指导治疗等过程中,病毒检测技术都十分重要,早确诊能有效地阻断 HIV 传播,给予抗病毒治疗。常用的病毒检测技术包括病毒抗体、病毒抗原和病毒核酸检测。在临床环境中,核酸检测(NAT)是高灵敏度检测和诊断 HIV 感染的金标准。NAT 灵敏度约为 60 个 HIV RNA 拷贝/mL(30 病毒/mL)。相比检测血清转换出现的抗体,NAT 显著缩短了初始感染和检测之间的时间。但在医疗资源较差以及高发病区,常规的免疫分析依然是主要筛查手段。HIV 急性期比慢性期的传染性强 10 倍,这时急需高灵敏检测方法快速筛查。p24 抗原在病毒颗粒外半衰期长,是监测 HIV 感染、疾病进展、治疗效果的有价值标志物。急性期,HIV 抗体尚未出现,血浆中含有高水平的 HIV RNA 以及 p24 抗原显阳性。然而,NAT 检测限的 30 个病毒/mL 相当于 6000 个 p24/mL,也就是 3 fg/mL,这个检测范围远远低于常规免疫方法的检测限(11~70 pg/mL)。灵敏度低的免疫方法会造成漏检急性期感染病例。

Chang 等[115]建立了基于 Simoa 原型机的 p24 检测方法,以 p24 为检测对象测得检测限为 4.87 fg/mL。以培养的病毒为检测对象测得检测限为 90 RNA/mL(45 个病毒/mL)。二者基本相当。数字免疫分析与 NAT 方法的检测结果高度相关,而且在灵敏度上基本相当,比其他免疫分析方法早 7~10 天检测到 p24 抗原异常。随着 Simoa 平台的自动化,他们也开发了 p24 蛋白的全自动数字免疫方法[116]。向血清中加入 p24 测得检测限 2.5 fg/mL,相当于 63 个 RNA 拷贝/mL,定量下限 7.6 fg/mL。比较三种检测方法检测急性 HIV 患者的结果表明,数字免疫分析的灵敏度与 NAT 法 100%吻合,而常规免疫只有不到 40%的吻合度。光子晶体联合金颗粒成像的方法[117]也用到了 HIV p24 的检测上,血清中检测限为 1 pg/mL(42 fM,1 万个病毒/mL)。Passaes 等[118]以酸介导解离免疫复合物的方式进行血浆处理,将数字免疫分析检测血浆中的 p24 的效果进一步提高。以 HIV 阴性志愿者血浆中 p24 平均值(24 fg/mL)为截止值验证筛查 HIV 携带者的准确性。在病毒载量大于 10^4 拷贝/mL 时,p24 检测准确度为 18/19,病毒载量低时,检测准确度显著下降 1/6。在 92 个原发 HIV 患者的血浆样本中,准确率为 72/92,在 137 个慢性 HIV 感染中,准确率为 98/137,经 cART48 天治疗后,89/108 检测不到 p24。

　　AIDS 之所以难以彻底治愈，就在于 HIV 储存库的存在，对于储存库的准确、灵敏检测也是数字免疫分析的应用方向之一。Passaes 等[119]利用 Simoa 的 p24 检测方法（检测范围 0.017～37.8 pg/mL）在细胞培养上清液中检测到了 1 个感染细胞产生的 p24 蛋白（0.096～0.36 pg/mL）。为了监测 HIV 储存库的再激活，他们从 cART 治疗患者的外周血中分离出 CD4$^+$T 细胞，用激活剂激活，流式细胞仪在激活 14 天（中位数）后检测到 p24，而数字免疫只需要 3.5 天（中位数），提前了 7～10 天观察到再激活现象。而且数字免疫分析在激活 1 天后，就可以检测到 43% 的再激活个体产生的 p24。这为 HIV 储存库的检测提供了一种新的思路。Wu 等[120]也证实数字免疫分析在测量 HIV 储存库中应用潜力。他们将 ART 治疗的 HIV 阳性患者 CD4$^+$T 再激活，利用 Simoa 检测平台测量 CD4$^+$T 细胞裂解液中 p24，检测限达到 5 fg/mL。他们的研究发现，组蛋白脱乙酰基酶抑制剂（HDACis）在体外能够有效地刺激产生 HIV p24 病毒抗体，且能进一步诱导靶向 gp120/CD3 的多特异性抗体杀伤细胞，提供了一种 HIV 治疗效果的可能评估手段。

6.5.3　其他病毒

1. 登革热病毒（dengue virus）

Simoa 检测 II 型登革热病毒抗体 IgG 和 IgM[121]，以灭活病毒抗原修饰磁珠，捕获血浆中病毒特异抗体，再加入 IgG 或 IgM 的酶标特异抗体，形成免疫复合物，再将磁珠收集后离散到 46 fL 的微池中，进行酶催化反应，只有结合了 IgG 或 IgM 的磁珠能够催化底物发出荧光，计数荧光微池的个数定量 IgG 或 IgM。通过梯度稀释带有登革热病毒血浆，同时用 ELISA 和 Simoa 检测，比较两种方法的检测灵敏度。表 6-7 中列出了两种方法能检测到阳性结果的最大稀释倍数。表明 Simoa 方法的检测灵敏度至少是 ELISA 的 1000 倍。

表 6-7　病毒稀释倍数[121]

	IgG	IgM
ELISA	10000	100
Simoa	10000000	1000000

2. 流感病毒（influenza virus）

禽流感病毒（avian influenza virus）可引起禽类的急性传染性呼吸系统，有多种亚型，其中一部分亚型能传染给人，也是一种流行性感冒。张志凌等[122]提出了用于 H7N9 禽流感病毒检测的电化学数字酶联免疫单病毒分析技术。磁性纳米球上同时标记病毒抗体和碱性磷酸酶(ALP)，磁珠捕获病毒后置于单层金纳米颗粒修饰的微电极阵列表面(500 个)，ALP 催化 pAPP 生成 pAP，pAP 还原银离子为银单质沉积在电极上，产生电化学信号，根据阵列上出现电化学信号的概率计算病毒个数，检测限为 7.8 fg/mL。2019 年，他们[123]实现了 H9N2、H1N1 和 H7N9 三组分病毒的同时检测。在磁性纳米粒子上包裹量子点并偶联病毒对应的抗体，制备荧光磁性多功能纳米球(直径在 340～370 nm)，不同病毒种类对应发光不同的微球。在修饰了三种抗体的玻璃基底上覆盖打孔的 PDMS 层，形成一个微孔阵列(500 孔)。纳米球装载结合到微孔中，发出的荧光代表病毒种类，发光微孔的个数用于病毒定量，三种病毒的检测限为 0.02 pg/mL。

Leirs 等[124]用自制微孔阵列数字免疫分析检测 A 型流感的核蛋白。他们筛选了 7 种商业化抗体，发现解离常数最高的抗体反而测量效果最好。将磁珠上形成的免疫复合物离散到微孔中，计数发光微孔个数定量核蛋白，缓冲液和拭子溶液中检测限分别为 4 fM± 1 fM 和 10 fM± 2 fM，按照每病毒内含 1000 个蛋白计算，相当于 3.35 log10 和 4.79 log10 病毒颗粒/mL(log 值转化为病毒颗粒数，$10^{3.35}=2239$，$10^{4.79}=6.2\times10^4$)。Noji 课题组[125]开发了不需要抗体捕获的 NA 催化流感病毒计数方法，并制作了手机成像装置[126]。如图 6-15 所示，流感病毒表面的跨膜蛋白神经氨酸苷酶(neuraminidase，NA)可以催化甲基香豆素基唾液酸(2′-(4-甲基伞形基)-α-D-N-乙酰神经氨酸，MUNANA)水解生成发荧光的 4 甲基伞形酮(4-MU)。直接将 H1N1 PR8 病毒溶液离散到微孔阵列中，封入催化底物，计数发光微孔个数定量病毒。检测限为 10^3 PFU/mL(10^5 个/mL)，常见的商业化快速病毒诊断测试最低检测 10^7 PFU/mL，10^6 PFU/mL 则检测不到。这一方法还有个优点不需要富集，直接混合样品和底物，检测只需 15 分钟，非常快捷，适宜床边检测和便携检测。

Ashiba 等[127]使用 0.5pL 微孔(而不是几十 fL)离散检测 A 型流感血凝素(hemagglutinin，HA)。他们比较了三种检测方法。一是 NA 催化检测法。原理如图 6-15，检测限为 1×10^4 拷贝/mL；二是聚集诱导发光(AIE)染料检测法。利用肽适体连接的噻咯衍生物与 HA 结合后发光的现象检测 HA，测量时间 1 分钟，检测限 3×10^5 拷贝/mL；三是高密度磁珠捕获病毒结合 NA 催化法。1 μm 直径的磁珠上修饰 HA 抗体，利用高密度磁珠高效率捕获病毒，再与 MUNANA 封装到微孔中反应 10 分钟，进行荧光成像。磁珠终浓度为 10^8 个/mL 左右，数字免疫分析使用的磁珠浓度通常为 10^8 个/mL，捕获率效率低(2%，反应 100 分钟 20%)，高密度磁珠缩短反应时间(10 分钟)，提高捕获效率(80%)，导致每个微孔中装载了大量的磁珠，提高了检测灵敏度，检测限为 1×10^2 拷贝/mL。

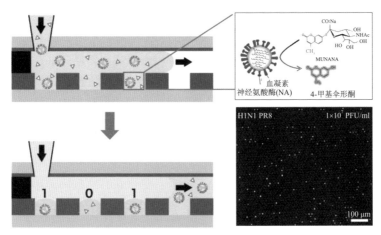

图 6-15　直接离散病毒的数字免疫分析方法示意图[125]

6.6　其 他 应 用

6.6.1　视紫红质

糖尿病视网膜病变(DR)是糖尿病的主要并发症之一,是导致发病成年人视力损害和失明的主要原因。除了视网膜病变,Ⅱ型糖尿病的成年患者也是发生青光眼、白内障和血性视神经病变等眼部疾病的高危人群。由于 DR 在很大程度上是无症状的,直到患者发生视网膜损伤才能被察觉到,因此,早期和及时的检测尤为重要,以防止不可逆的视网膜变化导致视力受损和失明。目前还没有发现检测视网膜病变和神经病变的血液生物标志物。Petersen 等[128]基于蛋白质通过缺陷的血-视网膜屏障泄漏导致视紫红质(rhodopsin)出现在血液循环的理论,假设血液中的视紫红质为视网膜损伤的早期标志物,并采用 Simoa 技术对患有 DR 的糖尿病患者血浆中的视紫红质含量进行检测,方法的检测限为 0.26 ng/L,定量下限为 3 ng/L,检测 5 ng/L 的 CV 为 19%。测量结果显示,患有 DR 的糖尿病患者($n = 466$)、未患有 DR 的糖尿病患者($n = 134$)、健康对照($n = 169$)之间的视紫红质血浆浓度没有统计学显著差异,且该方法无法检测患有和不患有 DR 的糖尿病患者中视紫红质浓度的差异。

6.6.2　干血斑

干血斑(dried blood spot, DBS)是指将少量血液(也可以是其他体液)样本收集在滤纸上,使其干燥形成斑点样本。与血浆样本相比,DBS 具有采样方便、储存方便、运输方便、样本稳定性高、生物安全风险低等优势，特别适合在资源有限及采血困难的条件下处理血液样本。DBS检测的潜在挑战包括由于采血技术不当导致的分析前误差、血细胞干扰、需要有效提取分析物以及血容量不足。然而，通过仔细的质量控制和校准策略，单分子计数技术可以实现与静脉血检测相当的精度和重现性。Mukherjee等[129]采用Singulex的单分子计数技术对指尖血干样本中的cTnI、PSA和CRP进行检测，检测结果与血浆中的单分子计数测量结果或商业化方法非常相关，cTnI、PSA和CRP三种标志物的相关斜率分别为1.08、1.04、0.99。这表明单分子计数DBS具有可重复的灵敏度、精密度和定量低丰度生物标记物所需的稳定性，并且这些分析没有受到红细胞压积或样本采集技术正常变化的显著影响。随后他们[130]用SMC-DBS检测运动员在完成马拉松竞赛前后的cTnI水平。竞赛前马拉松运动员cTnI浓度显著高于非运动员（中位值3.1 pg/mL *vs* 0.4 pg/mL），竞赛后98%运动员（41/42）的cTnI水平显著升高（中位值40.5 pg/mL）。

6.6.3 艰难梭菌毒素

艰难梭菌（*Clostridioides difficile*）是一种革兰氏阳性杆菌，是人类肠道的正常菌群，对氧极敏感，因常规厌氧条件下不易检出而得名。当长期使用某些抗生素后，引起菌群失调，产生耐药菌株并释放外毒素，导致患者出现艰难梭菌感染（CDI）。临床表现为腹泻、腹痛，并伴有全身中毒症状，严重者可致死。CDI复发率高、耐药率高、病死率高、医疗费用高，尽早检测到艰难梭菌毒素，识别CDI对疾病的诊疗与预防具有重要意义。艰难梭菌能产生六种毒素，其中的毒素A（TcdA）和B（TcdB）是导致腹泻和结肠炎的主要毒素。2018年，Singulex公司开发了[131]基于单分子计数免疫技术的TcdA和TcdB的检测方法。TcdA和TcdB在缓冲液中检测限为0.8 pg/mL和0.3 pg/mL，在粪便中为2.0 pg/mL和0.7 pg/mL，与PCR技术相比，SMC检测毒素的灵敏度为97.7%，特异性为100%。2019年，他们[132]进行了前瞻性多中心研究比较CDI的测试方法。首先以897例疑似CDI的队列设置了单分子计数免疫技术的截止值为12.0 pg/mL。再测试1005例疑似CDI样本，通过与细胞培养细胞毒性中和试验（CCCNA）结果相比较进行验证。CCCNA结果校正后，单分子计数免疫技术的阳性一致率为96.3%，阴性一致率为93.0%。

6.7　展　　望

数字免疫分析的提法从2010年开始[12]，而单分子计数免疫分析的思路则可以追溯到2000年以前[133, 134]。我们认为单分子计数是数字化的一种形式，数字免疫可以是单分子计数的二进制编码，也可以是十六进制的多分子计数，还可以不对分子计数而统计阴性空间。数字免疫分析的概念更具包容性，包括的内容更宽泛。经过几十年的发展，数字免疫分析在多个领域取得了长足的进步，我们将文献中报道比较多的应用领域集中在这一章中介绍，包括肿瘤标志物、神经退行性疾病标志物、细胞因子、病毒等。比较而言，神经退行性疾病标志物的检测研究最多，进展最快，内容最丰富。其主要原因有二：一是外周血中神经退行性疾病标志物的检测特别需要超高灵敏的检测方法。由于血脑屏障的存在，这一类标志物在脑脊液中含量高，但在外周血中含量很低，常规方法无能为力，数字免疫分析则能够满足方便、准确、高灵敏的检测需求。二是 Quanterix 公司的 Simoa 自动化平台及相关方法比较成熟，在神经疾病领域受到了医院的认可，因而得到了广泛的应用，频频出现大队列、长时间跟踪检测的前瞻性研究报道。虽然从技术角度来看 Simoa 平台并不完美，但是自动化程度高、稳定性高的检测平台对非专业使用者来说是非常友好的，容易得到认可。

与如火如荼的神经疾病研究相反，蛋白肿瘤标志物的检测是数字免疫分析最早瞄准的对象，期望通过高灵敏的免疫分析在肿瘤发病的极早期发现标志物水平的异常，然而现有常用的肿瘤标志物的敏感性和特异性都不足以区分早期患者，大多数情况下肿瘤标志物的检测成为建立数字免疫分析方法学的模式蛋白，距离肿瘤的早筛查、早诊断目标相差甚远。

在为数不少的疾病标志物检测的群体统计分析中都存在这样的情况，两组队列的标志物检测结果虽然有统计学意义上的差别，但是又有相当一部分数据是重叠的，准确区分疾病早期患者人群和对照人群的可靠性并不高。这导致标志物的检测在个体诊断过程中仅有参考价值，还需要其他更有说服力的方法进行验证，数字免疫分析技术的不可替代性难以体现。但不能否认，数字免疫分析技术具有超高灵敏性的显著优点。为充分发挥其优势我们认为数字免疫分析应在以下几个方向上继续发展。

一是仪器设备升级迭代。检测灵敏度在保证高稳定性的前提下进一步提高，定量限达到亚 zM 级别。开发均相数字免疫分析技术，将数字免疫分析平台发展为高通量、高效率、多组分检测、样本进结果出的自动化 POCT 仪器。

二是加快数字免疫分析在临床上的转化进展，准确地选择生物标志物，实现临床应用的突破，体现出独有的价值。

三是全新生物标志物的筛查与验证。与蛋白质组学及质谱技术相配合在血浆的低丰度蛋白中大规模寻找、筛查和验证新的疾病标志物。

四是诊断标准从群体统计平均的角度转向个体诊疗。群体研究的思路是测量健康人群中的平均基线而建立诊断截止值，以超过基线为诊断指标，以追踪变化而监测疾病的进展程度。然而大量数据已经告诉我们基线与招募人群的真实状态密切相关。高度异质性的人群中，每个人的基线都是不一样的。建立个体的标志物水平三维码(标志物种类、含量、时间)是未来个体诊疗的基石。

参 考 文 献

[1] Chen J, Zou GZ, Zhang XL, et al. Ultrasensitive electrochemical immunoassay based on counting single magnetic nanobead by a combination of nanobead amplification and enzyme amplification. Electrochemistry Communications, 2009, 11: 1457-1459.

[2] Poon CY, Wei L, Xu YL, et al. Quantification of cancer biomarkers in serum using scattering-based quantitative single particle intensity measurement with a dark-field microscope. Analytical Chemistry, 2016, 88: 8849-8856.

[3] Ma J, Zhan L, Li RS, et al. Color-encoded assays for the simultaneous quantification of dual cancer biomarkers. Analytical Chemistry, 2017, 89: 8484-8489.

[4] Wu X, Li T, Tao GY, et al. A universal and enzyme-free immunoassay platform for biomarker detection based on gold nanoparticle enumeration with a dark-field microscope. Analyst, 2017, 142: 4201-4205.

[5] Chen YC, Tian YY, Yang Q, et al. Single-particle mobility analysis enables ratiometric detection of cancer markers under darkfield tracking microscopy. Analytical Chemistry, 2020, 92: 10233-10240.

[6] Liu XJ, Huang CH, Dong XL, et al. Asynchrony of spectral blue-shifts of quantum dot based digital homogeneous immunoassay. Chemical Communications, 2018, 54: 13103-13106.

[7] Zhang QQ, Zhang XB, Li JJ, et al. Nonstochastic protein counting analysis for precision biomarker detection: Suppressing poisson noise at ultralow concentration. Analytical Chemistry, 2020, 92: 654-658.

[8] Tang HR, Wang H, Yang C, et al. Nanopore-based strategy for selective detection of single carcinoembryonic antigen (CEA) molecules. Analytical Chemistry, 2020, 92: 3042-3049.

[9] Ahn S, Zhang P, Yu H, et al. Ultrasensitive detection of alpha-fetoprotein by total internal reflection scattering-based super-resolution microscopy for superlocalization of nano-immunoplasmonics. Analytical Chemistry, 2016, 88: 11070-11076.

[10] Tian S, Zhang Z, Chen J, et al. Digital analysis with droplet-based microfluidic for the ultrasensitive detection of β-gal and AFP. Talanta, 2018, 186: 24-28.

[11] Rissin DM, Kan CW, Campbell TG, et al. Single-molecule enzyme-linked immunosorbent assay detects serum proteins at subfemtomolar concentrations. Nature Biotechnology, 2010, 28: 595-599.

[12] Rissin DM, Fournier DR, Piech T, et al. Simultaneous detection of single molecules and singulated ensembles of molecules enables immunoassays with broad dynamic range. Analytical Chemistry, 2011, 83: 2279-2285.

[13] Kim SH, Iwai S, Araki S, et al. Large-scale femtoliter droplet array for digital counting of single biomolecules. Lab on a Chip, 2012, 12: 4986-4991.

[14] Chen H, Li Z, Zhang L, et al. Quantitation of femtomolar-level protein biomarkers using a simple microbubbling digital assay and bright-field smartphone imaging. Angewandte Chemie International Edition, 2019, 58: 13922-13928.

[15] Schubert SM, Walter SR, Manesse M, et al. Protein counting in single cancer cells. Analytical Chemistry, 2016, 88: 2952-2957.

[16] Shim JU, Ranasinghe RT, Smith CA, et al. Ultrarapid generation of femtoliter microfluidic droplets for single-molecule-counting immunoassays. ACS Nano, 2013, 7: 5955-5964.

[17] Poon CY, Chan HM, Li HW. Direct detection of prostate specific antigen by darkfield microscopy using single immunotargeting silver nanoparticle. Sensors and Actuators B: Chemical, 2014, 190: 737-744.

[18] Zhu L, Li GH, Sun SQ, et al. Digital immunoassay of a prostate-specific antigen using gold nanorods and magnetic nanoparticles. RSC Advances, 2017, 7: 27595-27602.

[19] Farka Z, Mickert MJ, Hlaváček A, et al. Single molecule upconversion-linked immunosorbent assay with extended dynamic range for the sensitive detection of diagnostic biomarkers. Analytical Chemistry, 2017, 89: 11825-11830.

[20] Mickert MJ, Farka Z, Kostiv U, et al. Measurement of sub-femtomolar concentrations of prostate-specific antigen through single-molecule counting with an upconversion-linked immunosorbent assay. Analytical Chemistry, 2019, 91: 9435-9441.

[21] Li X, Wei L, Pan LL, et al. Homogeneous immunosorbent assay based on single-particle enumeration using upconversion nanoparticles for the sensitive detection of cancer biomarkers. Analytical Chemistry, 2018, 90: 4807-4814.

[22] Liu XJ, Sun YY, Lin XY, et al. Digital duplex homogeneous immunoassay by counting immunocomplex labeled with quantum dots. Analytical Chemistry, 2021, 93: 3089-3095.

[23] Liu XJ, Lin XY, Pan XY, et al. Multiplexed homogeneous immunoassay based on counting single immunocomplexes together with dark-field and fluorescence microscope. Analytical Chemistry, 2022, 94: 5830-5837.

[24] Liu CC, Xu XN, Li B, et al. Single-exosome-counting immunoassays for cancer diagnostics. Nano Letters, 2018, 18: 4226-4232.

[25] Yang ZJ, Atiyas Y, Shen H, et al. Ultrasensitive single extracellular vesicle detection using high throughput droplet digital enzyme-linked immunosorbent assay. Nano Letters, 2022, 22: 4315-4324.

[26] Morasso C, Ricciardi A, Sproviero D, et al. Fast quantification of extracellular vesicles levels in early breast cancer patients by single molecule detection array (SiMoA). Breast Cancer Research and Treatment, 2022, 192: 65-74.

[27] Wei P, Wu F, Kang B, et al. Plasma extracellular vesicles detected by single molecule array technology as a liquid biopsy for colorectal cancer. Journal of Extracellular Vesicles, 2020, 9: 1809765.

[28] Huang G, Zhu Y, Wen SH, et al. Single small extracellular vesicle (sEV) quantification by

upconversion nanoparticles. Nano Letters, 2022, 22: 3761-3769.

[29] Janelidze S, Stomrud E, Palmqvist S, et al. Plasma β-amyloid in Alzheimer's disease and vascular disease. Scientific Reports, 2016, 6: 26801.

[30] Vergallo A, Mégret L, Lista S, et al. Plasma amyloid β 40/42 ratio predicts cerebral amyloidosis in cognitively normal individuals at risk for Alzheimer's disease. Alzheimer's & Dementia, 2019, 15: 764-775.

[31] Pratishtha C, Mitra E, Kathryn G, et al. Ultrasensitive detection of plasma amyloid- as a biomarker for cognitively normal elderly individuals at risk of Alzheimer's Disease. Journal of Alzheimer's Disease, 2019, 71: 775-783.

[32] Randall J, Mörtberg E, Provuncher GK, et al. Tau proteins in serum predict neurological outcome after hypoxic brain injury from cardiac arrest: Results of a pilot study. Resuscitation, 2013, 84: 351-356.

[33] Zetterberg H, Wilson D, Andreasson U, et al. Plasma tau levels in Alzheimer's disease. Alzheimer's Research & Therapy, 2013, 5: 9.

[34] Ding XL, Zhang ST, Jiang LJ, et al. Ultrasensitive assays for detection of plasma tau and phosphorylated tau 181 in Alzheimer's disease: A systematic review and meta-analysis. Translational Neurodegeneration, 2021, 10: 10.

[35] Moscoso A, Grothe MJ, Ashton NJ, et al. Time course of phosphorylated-tau181 in blood across the Alzheimer's disease spectrum. Brain, 2021, 144: 325-339.

[36] Palmqvist S, Janelidze S, Quiroz YT, et al. Discriminative accuracy of plasma phospho-tau217 for Alzheimer disease *vs* other neurodegenerative disorders. Journal of the American Medical Association, 2020, 324: 772-781.

[37] Ashton NJ, Pascoal TA, Karikari TK, et al. Plasma p-tau231: A new biomarker for incipient Alzheimer's disease pathology. Acta Neuropathologica, 2021, 141: 709-724.

[38] Kuhle J, Barro C, Andreasson U, et al. Comparison of three analytical platforms for quantification of the neurofilament light chain in blood samples: ELISA, electrochemiluminescence immunoassay and Simoa. Clinical Chemistry Laboratory Medicine, 2016, 54: 655-1661.

[39] Gisslen M, Price RW, Andreasson U, et al. Plasma concentration of the neurofilament light protein (NFL) is a biomarker of CNS Injury in HIV infection: A Cross-Sectional Study, EBioMedicine, 2016, 3: 135-140.

[40] Rojas-Martinez J, Karydas A, Bang J, et al. Plasma neurofilament light chain predicts progression in progressive supranuclear palsy. Annals of Clinical and Translational Neurology, 2016, 3: 216-225.

[41] Rohrer JD, Woollacott IOC, Dick KM, et al. Serum neurofilament light chain protein is a measure of disease intensity in frontotemporal dementia. Neurology, 2016, 87: 1329-1336.

[42] Mattsson N, Andreasson U, Zetterberg H, et al. Association of plasma neurofilament light with neurodegeneration in patients with alzheimer disease. JAMA Neurology, 2017, 74: 557-566.

[43] Byrne LM, Rodrigues FB, Blennow K, et al. Neurofilament light protein in blood as a potential biomarker of neurodegeneration in Huntington's disease: A retrospective cohort analysis. Lancet

Neurology, 2017, 16: 601-609.

[44] Piehl F, Kockum I, Khademi M, et al. Plasma neurofilament light chain levels in patients with MS switching from injectable therapies to fingolimod. Multiple Sclerosis Journal, 2018, 24: 1046-1054.

[45] Siller N, Kuhle J, Muthuraman M, et al. Serum neurofilament light chain is a biomarker of acute and chronic neuronal damage in early multiple sclerosis. Multiple Sclerosis Journal, 2019, 25: 678-686.

[46] Oskar H, Shorena J, Sara H, et al. Blood-based NfL: A biomarker for differential diagnosis of parkinsonian disorder. Neurology, 2017, 88: 930-937.

[47] Ashton NJ, Janelidze S, Al Khleifat A, et al. A multicentre validation study of the diagnostic value of plasma neurofilament light. Nature Communications, 2021, 12: 3400-3412.

[48] Gleerup HS, Sanna F, Hogh P, et al. Saliva neurofilament light chain is not a diagnostic biomarker for neurodegeneration in a mixed memory clinic population. Frontiers in Aging Neuroscience, 2021, 13: 659898.

[49] Oeckl P, Halbgebauer S, Anderl-Straub S, et al. Glial fibrillary acidic protein in serum is increased in Alzheimer's disease and correlates with cognitive impairment. Journal of Alzheimer's Disease, 2019, 67: 481-488.

[50] Elahi FM, Casaletto KB, La Joiel R, et al. Plasma biomarkers of astrocytic and neuronal dysfunction in early- and late-onset Alzheimer's disease. Alzheimer's & Dementia, 2020, 16: 681-695.

[51] (a)Verberk IMW, Thijssen E, Koelewijn J, et al. Combination of plasma amyloid beta(1-42/1-40) and glial fibrillary acidic protein strongly associates with cerebral amyloid pathology. Alzheimer's Research & Therapy, 2020, 12: 118; (b)Verberk IMW, Laarhuis MB, van den Bosch K, et al. Serum markers glial fibrillary acidic protein and neurofilament light for prognosis and monitoring in cognitively normal older people: A prospective memory clinic-based cohort study. Lancet Healthy Longevity, 2021, 2: e87-e95.

[52] Asken BM, Elahi FM, La Joie R, et al. Plasma glial fibrillary acidic protein levels differ along the spectra of amyloid burden and clinical disease stage. Journal of Alzheimer's Disease, 2020, 78: 265-276.

[53] Benussi A, Ashton NJ, Karikari TK, et al. Serum glial fibrillary acidic protein (GFAP) is a marker of disease severity in frontotemporal lobar degeneration. Journal of Alzheimer's Disease, 2020, 77: 1129-1141.

[54] Chatterjee P, Pedrini S, Stoops E, et al. Plasma glial fibrillary acidic protein is elevated in cognitively normal older adults at risk of Alzheimer's disease. Translational Psychiatry, 2021, 11: 27.

[55] Cicognola C, Janelidze S, Hertze J, et al. Plasma glial fibrillary acidic protein detects Alzheimer pathology and predicts future conversion to Alzheimer dementia in patients with mild cognitive impairment. Alzheimer's Research & Therapy, 2021, 13: 68.

[56] Ng ASL, Tan YJ, Lu Z, et al. Plasma alpha-synuclein detected by single molecule array is increased in PD. Annals of Clinical and Translational Neurology, 2019, 6: 615-619.

[57] Cariulo C, Martufi P, Verani M, et al. Phospho-S129 alpha-synuclein is present in human plasma but not in cerebrospinal fluid as determined by an ultrasensitive immunoassay. Frontiers in Neuroscience, 2019, 13: 889.

[58] Youssef P, Kim WS, Halliday GM, et al. Comparison of different platform immunoassays for the measurement of plasma alpha-synuclein in Parkinson's disease patients. Journal of Parkinson's Disease, 2021, 11: 1761-1772.

[59] Sugarman MA, Zetterberg H, Blennow K, et al. A longitudinal examination of plasma neurofilament light and total tau for the clinical detection and monitoring of Alzheimer's disease. Neurobiology of Aging, 2020, 94: 60-70.

[60] Wu X, Xiao ZX, Yi JW, et al. Development of a plasma biomarker diagnostic model incorporating ultrasensitive digital immunoassay as a screening strategy for Alzheimer disease in a Chinese population. Clinical Chemistry, 2021, 67: 1628-1639.

[61] Huang YL, Li YH, Xie F, et al. Associations of plasma phosphorylated tau181 and neurofilament light chain with brain amyloid burden and cognition in objectively defined subtle cognitive decline patients. CNS Neuroscience & Therapeutics, 2022, 28: 2195-2205.

[62] De Wolf F, Ghanbari M, Licher S, et al. Plasma tau, neurofilament light chain and amyloid-β levels and risk of dementia: A population-based cohort study. Brain, 2020, 143: 1220-1232.

[63] Simren J, Leuzy A, Karikari TK, et al. The diagnostic and prognostic capabilities of plasma biomarkers in Alzheimer's disease. Alzheimer's Dement, 2021, 17: 1145-1156.

[64] Li Q, Li Z, Han XX, et al. A panel of plasma biomarkers for differential diagnosis of parkinsonian syndromes. Frontier in Neuroscience, 2022, 16: 805953.

[65] Wu AHB, Fukushima N, Puskas R, et al. Development and preliminary clinical validation of a high sensitivity assay for cardiac troponin using a capillary flow (single molecule) fluorescence detector. Clinical Chemistry, 2006, 52: 2157-2159.

[66] Neumann JT, Havulinna AS, Zeller T, et al. Comparison of three troponins as predictors of future cardiovascular events-prospective results from the FINRISK and BiomaCarRE studies. PLoS One, 2014, 9: e90063.

[67] Neumann JT, Sörensen NA, R ü bsamen N, et al. Evaluation of a new ultra-sensitivity troponin I assay in patients with suspected myocardial infarction. International Journal of Cardiology, 2019, 283: 35-40.

[68] Wang Y, Yang JZ, Chen C, et al. One-Step digital immunoassay for rapid and sensitive detection of cardiac troponin. ACS Sensors, 2020, 5: 1126-1131.

[69] Jing WW, Wang Y, Chen C, et al. Gradient-Based rapid digital immunoassay for High-Sensitivity Cardiac Troponin T (hs-cTnT) detection in 1 uL Plasma. ACS Sensors, 2021, 6: 399-407.

[70] Jarolim P, Patel PP, Conrad MJ, et al. Fully automated ultrasensitive digital immunoassay for cardiac troponin I based on single molecule array technology. Clinical Chemistry, 2015, 61: 1283-1291.

[71] Empana JP, Lerner I, Perier MC, et al. Ultrasensitive troponin I and incident cardiovascular disease. Arteriosclerosis, Thrombosis, and Vascular Biology, 2022, 42: 1471-1481.

[72] Linkov F, Ferris RL, Yurkovetsky Z, et al. Multiplex analysis of cytokines as biomarkers that

differentiate benign and malignant thyroid diseases. Proteomics Clinical Applications, 2008, 2: 1575-1585.

[73] Dai S, Feng C, Li W, et al. Quantitative detection of tumor necrosis factor-alpha by single molecule counting based on a hybridization chain reaction. Biosensors and Bioelectronics, 2014, 60: 180-184.

[74] Wu DL, Milutinovic MD, Walt DR, et al. Single molecule array (Simoa) assay with optimal antibody pairs for cytokine detection in human serum samples. Analyst, 2015, 140: 6277-6282.

[75] Wu D, Katilius E, Olivas E, et al. Incorporation of slow off-rate modified aptamers reagents in single molecule array assays for cytokine detection with ultrahigh sensitivity. Analytical Chemistry, 2016, 88: 8385-8389.

[76] Wu DL, Dinh TL, Bausk PB, et al. Long-term measurements of human inflammatory cytokines reveal complex baseline variations between individuals. The American Journal of Pathology, 2017, 187: 2620-2626.

[77] Akdis M, Burgler S, Crameri R, et al. Interleukins, from 1 to 37, and interferon-g: Receptors, functions, and roles in diseases. The Journal of Allergy and Clinical Immunology, 2011, 127: 701-721.

[78] Song L, Hanlon DW, Chang L, et al. Single molecule measurements of tumor necrosis factor α and interleukin-6 in the plasma of patients with Crohn's disease. Journal of Immunological Methods, 2011, 372: 177-186.

[79] Rivnak AJ, Rissin DM, Kan CW, et al. A fully-automated, six-plex single molecule immunoassay for measuring cytokines in blood. Journal of Immunological Methods, 2015, 424: 20-27.

[80] Gupta V, Kalia N, Yadav M, et al. Optimization and qualification of the single molecule array digital immunoassay for IL-12p70 in plasma of cancer patients. Bioanalysis. 2018, 10: 1413-1425.

[81] Song Y, Ye Y, Su SH, et al. A digital protein microarray for COVID-19 cytokine storm monitoring. Lab on a Chip, 2021, 21: 331-343.

[82] Flora C, Singer BH, Ghosh M, et al. Machine learning-based cytokine microarray digital immunoassay analysis. Biosensors and Bioelectronics, 2021, 180: 113088.

[83] Gao Z, Song Y, Hsiao TY, et al. Machine-learning-assisted microfluidic nanoplasmonic digital immunoassay for cytokine storm profiling in COVID-19 patients. ACS Nano, 2021, 15: 18023-18036.

[84] Wu C, Dougan TJ, Walt DR. High-throughput, high-multiplex digital protein detection with attomolar sensitivity. ACS Nano, 2022, 16: 1025-1035.

[85] Su SH, Song YJ, Stephens A, et al. A tissue chip with integrated digital immunosensors: *In situ* brain endothelial barrier cytokine secretion monitoring. Biosensors and Bioelectronics, 2023, 224: 115030.

[86] Rodero MP, Decalf J, Bondet V, et al. Detection of interferon alpha protein reveals differential levels and cellular sources in disease. Journal of Experimental Medicine, 2017, 214: 1547-1555.

[87] Mathian A, Mouries-Martin S, Dorgham K, et al. Monitoring disease activity in systemic lupus erythematosus with single-molecule array digital enzyme-linked immunosorbent assay

quantification of serum interferon-α. Arthritis & Rheumatology, 2019, 71: 756-765.

[88] Salah B E, Dorgham K, Lesenechal M, et al. Assessment of an ultra-sensitive IFNI gamma immunoassay prototype for latent tuberculosis diagnosis. European Cytokine Network, 2018, 29: 136-145.

[89] Llibre A, Bilek N, Bondet V, et al. Plasma type I IFN protein concentrations in human tuberculosis. Frontiers in Cellular and Infection Microbiology, 2019, 9: 296.

[90] Upasani V, Scagnolari C, Frasca F, et al. Decreased type I interferon production by plasmacytoid dendritic cells contributes to severe dengue. Frontiers in Immunology, 2020, 11: 605087.

[91] Huijser E, Gopfert J, Brkic Z, et al. Serum IFN-alpha2 measured by single-molecule array associates with systemic disease manifestations in Sjögren's syndrome. Rheumatology, 2021, 61: 2156-2166.

[92] Trouillet-Assant S, Viel S, Ouziel A, et al. Type I interferon in children with viral or bacterial infections. Clinical Chemistry, 2020, 66: 802-808.

[93] Vieira M, Régnier P, Maciejewski-Duval A, et al. Interferon signature in giant cell arteritis aortitis. Journal of Autoimmunity, 2022, 127: 102796.

[94] Mähönen K, Hau A, Bondet V, et al. Activation of NLRP3 inflammasome in the skin of patients with systemic and cutaneous lupus erythematosus. Acta Dermato-Venereologica, 2022, 102: 00708.

[95] Trutschel D, Bost P, Mariette X, et al. Variability of primary Sjögren's syndrome is driven by interferon-α and interferon-α blood levels are associated with the class II HLA-DQ locus. Arthritis & Rheumatology, 2022, 74: 1991-2002.

[96] Devi-Marulkar P, Moraes-Cabe C, Campagne P, et al. Altered immune phenotypes and HLA-DQB1 gene variation in multiple sclerosis patients failing interferon β treatment. Frontiers in Immunology, 2021, 12: 628375.

[97] Casey KA, Smith MA, Sinibaldi D, et al. Modulation of cardiometabolic disease markers by Type I interferon inhibition in systemic lupus erythematosus. Arthritis & Rheumatology, 2021,73: 459-471.

[98] Nagy-Simon T, Hada A-M, Suarasan S, et al. Recent advances on the development of plasmon-assisted biosensors for detection of C-reactive protein. Journal of Molecular Structure, 2021, 1246: 131178.

[99] Belushkin A, Yesilkoy F, Altug H, et al. Nanoparticle-enhanced plasmonic biosensor for digital biomarker detection in a microarray. ACS Nano, 2018, 12: 4453-4461.

[100] Belushkin A, Yesilkoy F, González-López JJ, et al. Rapid and digital detection of inflammatory biomarkers enabled by a novel portable nanoplasmonic imager. Small, 2020, 16: 1906108.

[101] Zhang W, Dang T, Li Y, et al. Digital plasmonic immunosorbent assay for dynamic imaging detection of protein binding. Sensors and Actuators B: Chemical, 2021, 348: 130711.

[102] 中华人民共和国国家卫生健康委员会. 新型冠状病毒感染诊疗方案（试行第十版）. [2023-1-5]. http://www.nhc.gov.cn/.

[103] Scheiblauer H, Filomena A, Nitsche A, et al. Comparative sensitivity evaluation for 122 CE-marked rapid diagnostic tests for SARS-CoV-2 antigen, Germany, September 2020 to April

2021. Eurosurveillance, 2021, 26: 2100441.

[104] Azkur AK, Akdis M, Azkur D, et al. Immune response to SARS-CoV-2 and mechanisms of immunopathological changes in COVID-19. Allergy, 2020, 75: 1564-1581.

[105] Breshears LE, Nguyen BT, Akarapipad P, et al. Sensitive, smartphone-based SARS-CoV-2 detection from clinical saline gargle samples. PNAS Nexus, 2022, 1: 1-9.

[106] Kim S, Eades C, Yoon JY. COVID-19 variants' cross-reactivity on the paper microfluidic particle counting immunoassay. Analytical and Bioanalytical Chemistry, 2022, 414: 7957-7965.

[107] Chiba R, Miyakawa K, Aoki K, et al. Development of a fully automated desktop analyzer and ultrahigh sensitivity digital immunoassay for SARS-CoV-2 nucleocapsid antigen detection. Biomedicines, 2022, 10: 2291.

[108] Ogata AF, Maley AM, Wu C, et al. Ultra-sensitive serial profiling of SARS-CoV-2 antigens and antibodies in plasma to understand disease progression in COVID-19 patients with severe disease. Clinical Chemistry, 2020, 66: 1562-1572.

[109] Olsen DA, Brasen CL, Kahns S, et al. Quantifying SARS-CoV-2 nucleocapsid antigen in oropharyngeal swabs using single molecule array technology. Scientific Reports, 2021, 11: 20323.

[110] Shan D, Johnson JM, Fernandes SC, et al. N-protein presents early in blood, dried blood and saliva during asymptomatic and symptomatic SARS-CoV-2 infection. Nature Communications, 2021, 12: 1931.

[111] Zhao B, Che C, Wang W, et al. Single-step, wash-free digital immunoassay for rapid quantitative analysis of serological antibody against SARS-CoV-2 by photonic resonator absorption microscopy. Talanta, 2021, 225: 122004.

[112] Ou F, Lai D, Kuang X, et al. Ultrasensitive monitoring of SARS-CoV-2-specific antibody responses based on a digital approach reveals one week of IgG seroconversion. Biosensors and Bioelectronics, 2022, 217: 114710.

[113] Gilboa T, Cohen L, Cheng CA, et al. A SARS-CoV-2 neutralization assay using single molecule arrays. Angewandte Chemie International Edition, 2021, 60: 25966-25972.

[114] Norman M, Gilboa T, Ogata AF, et al. Ultrasensitive high-resolution profiling of early seroconversion in patients with COVID-19. Nature Biomedical Engineering, 2020, 4: 1180-1187.

[115] Chang L, Song L, Fournier DR, et al. Simple diffusion-constrained immunoassay for p24 protein with the sensitivity of nucleic acid amplification for detecting acute HIV infection. Journal of Virological Methods, 2013, 188: 153-160.

[116] Chang L, Stone M, Busch M, et al. Rapid, fully automated digital immunoassay for p24 protein with the sensitivity of nucleic acid amplification for detecting acute HIV infection. Clinical Chemistry, 2015, 61: 1372-1380.

[117] Che C, Li N, Long KD, et al. Activate capture and digital counting (AC + DC) assay for protein biomarker detection integrated with a self-powered microfluidic cartridge. Lab on a Chip, 2019, 19: 3943-3953.

[118] Passaes C, Delagreverie HM, Avettand-Fenoel V, et al. Ultrasensitive detection of p24 in plasma samples from people with primary and chronic HIV-1 infection. Journal of Virology, 2021, 95:

e00016-21.

[119] Passaes CPB, Bruel T, Decalf J, et al. Ultrasensitive HIV-1 p24 assay detects single infected cells and differences in reservoir induction by latency reversal agents. Journal of Virology, 2017, 91: e02296-16.

[120] Wu G, Swanson M, Talla A, et al. HDAC inhibition induces HIV-1 protein and enables immune-based clearance following latency reversal. JCI Insight, 2017, 2: e92901.

[121] Gaylord ST, Abdul-Aziz S, Walt DR. Single-molecule arrays for ultrasensitive detection of host immune response to dengue virus infection. Journal of Clinical Microbiology, 2015, 53: 1722-1724.

[122] Wu Z, Guo WJ, Bai YY, et al. Digital single virus electrochemical enzyme-linked immunoassay for ultrasensitive H7N9 avian influenza virus counting. Analytical Chemistry, 2018, 90: 1683-1690.

[123] Wu Z, Zeng T, Guo WJ, et al. Digital single virus immunoassay for ultrasensitive multiplex avian influenza virus detection based on fluorescent magnetic multifunctional nanospheres. ACS Applied Materials & Interfaces, 2019, 11: 5762-5770.

[124] Leirs K, Tewari KP, Decrop D, et al. Bioassay development for ultrasensitive detection of influenza a nucleoprotein using digital ELISA. Analytical Chemistry, 2016, 88: 8450-8458.

[125] Tabata KV, Minagawa Y, Kawaguchi Y, et al. Antibody-free digital influenza virus counting based on neuraminidase activity. Scientific Reports, 2019, 9: 1067.

[126] Minagawa Y, Ueno H, Tabata KV, et al. Mobile imaging platform for digital influenza virus counting. Lab on a Chip, 2019, 19: 2678-2687.

[127] Yasuura M, Fukuda T, Hatano K, et al. Quick and ultra-sensitive digital assay of influenza virus using sub-picoliter microwells. Analytica Chimica Acta, 2022, 1213: 339926.

[128] Petersen ERB, Olsen DA, Christensen H, et al. Rhodopsin in plasma from patients with diabetic retinopathy - development and validation of digital ELISA by Single Molecule Array (Simoa) technology. Journal Immunological Methods, 2017, 446: 60-69.

[129] Mukherjee A, Dang T, Morrell H, et al. Expanding the utility of high-sensitivity dried blood spot immunoassay testing with single molecule counting. Journal of Applied Laboratory Medicine, 2018, 2: 674-686.

[130] Dang T, Morrell H, Estis J, et al. Effect of health and training on ultrasensitive cardiac troponin in marathon runners. Journal of Applied Laboratory Medicine, 2019, 3: 775-787.

[131] Sandlund J, Bartolome A, Biscocho S, et al. Ultrasensitive detection of *Clostridioides difficile* toxins a and b by use of automated single-molecule counting technology. Journal of Clinical Microbiology, 2018, 56: e00908-18.

[132] Hansen G, Young S. Ultrasensitive detection of *Clostridioides difficile* toxins in stool by use of single-molecule counting technology: Comparison with detection of free toxin by cell culture cytotoxicity neutralization assay. Journal of Clinical Microbiology, 2019, 57: e00719-19.

[133] Rosenzweig Z, Yeung ES. Laser-based particle-counting microimmunoassay for the analysis of single human erythrocytes. Analytical Chemistry, 1994, 66, 10: 1771-1776.

[134] Schultz S, Smith DR, Mock JJ, et al. Single-target molecule detection with nonbleaching multicolor optical immunolabels. Proceedings of the National Academy of Sciences of the United States America, 2000, 97: 996-1001.